반도체 제조장치 입문

前田 和夫 著
임 종 성 譯

Semiconductor
Manufacturing
Equipment

 성안당

반도체 제조장치 입문

原 書 名 : はじめての半導體製造裝置
著作權者 : 前田 和夫
ⓒ 1999 株式會社 工業調査會 刊

한국어 번역 출판에 즈음하여

이번에 필자의 저서 "はじめての半導體 製造裝置(工業調査會刊)"가 임종성씨에 의해 번역되어, 한국에서 출판되게 된 것을 무한한 영광으로 생각합니다. 원래 본 서는 일본의 반도체 업무에 종사하는 사람들을 위해 반도체 제조장치에 관한 입문서로서 기획된 것입니다. 출판되자마자 큰 호평을 얻어, 많은 기업에서 교과서 혹은 교육용 자료로서 이용되고 있습니다. 이러한 결과는, 그 만큼 반도체 기술의 진보가 눈부시게 진전되고 있을 뿐만 아니라, 끊임없이 개발되어 새로운 첨단제품 VLSI가 생산되고 있으면서도, 지금까지 그 제조 라인에서 이용되는 "장치"에 관한 입문서 혹은 해설서가 존재하지 않았다는 것을 단적으로 보여준 것이라 할 수 있습니다. 이제, "반도체 제조장치"의 비즈니스 사이즈는 반도체 제품인 칩 자체의 비즈니스 스케일의 20~30%가 되어, 거대한 산업분야를 형성하기에 이르렀습니다. 이러한 상황 속에서 처음이다시피 한 "장치"에 관한 서적이 출판된 것은 임팩트가 컸다고 생각합니다.

본 서에서는 반도체 프로세스, 디바이스의 해설에 이어, 각 공정별 장치의 기본 취지나 실례를 들어 설명하고, 향후 동향을 전망하였습니다. 앞으로 VLSI의 발전과 함께 장치는 어떻게 변해갈 것인가, 또 어떻게 변화시켜야 하는가를 논하였으며, 여기에는 저자 자신의 의견이 상당부분 포함되어 있습니다. 이번 한국에서의 번역서 출판에 즈음하여, 이러한 점에 대해 한국 독자 여러분들의 고견을 듣고 싶습니다.

필자 자신은 1980년대 중반부터 몇 번이나 출장 차 한국을 방문하여 한국의 반도체 기술의 발전 상황을 구체적으로 조망할 수 있었습니다. 이제, 한국은 전세계 속에서 반도체 생산과 개발의 중심적 역할을 감당할 정도의 급속한 성장을 이루었습니다. 그 무렵부터 친구로 지내 온 임종성씨가 이 번 기회에 한국어로 번역하여, 한국에서 출판될 수 있게 된 것은 큰 의의가 있다고 생각합니다. 또한 본 서가 (주)서울일렉트론의 채인철 사장의 도움과 협력으로 반도체 교육용 자료로서 널리 쓰일 수 있게 되었다고 하니, 이 또한 뜻밖의 성과라고 할 수 있을 것입니다.

가능한 한 많은 사람들이 본 서를 통해 새로운 지식을 흡수할 수 있을 뿐만 아니라, 번뜩이는 아이디어 혹은 힌트를 얻을 수 있게 되는 것이 필자의 가장 큰 희망이며, 또한 본 서의 내용과 개념에 대한 한국 독자들의 코멘트나 질문, 비판 등이 나와준다면 본 서의 출판은 성공했다고 할 수 있을 것입니다.

마지막으로 본 서의 한국어 출판을 적극 권해준 임종성씨와 큰 협력을 아끼지 않았던 (주)서울일렉트론의 채인철 사장, 또 한국 및 일본의 출판 관계자 여러분께 깊은 감사를 드립니다.

2000년 4월
주식회사 반도체 프로세스 연구소
대표이사 前田 和夫

−"はじめての半導体製造装置" 韓国語訳出版に際して−

　私の著書　"はじめての半導体製造装置(工業調査会刊)"がこのたび林鍾聲氏の翻訳により、韓国で出版されることになったのは大変名誉なことと思っています。　もともと本書は、日本において半導体業務に従事する人々の半導体製造装置に関する入門書として企画されたものでした。　出版された結果、多大の評価を得ることができ、多くの企業で教科書あるいは教育用の資料として使われております。その理由として、これだけ半導体技術の進展がめざましく、絶えず開発が行われ、新しい先端製品のVLSIが生産されていながら、これまでその製造ラインで用いられる　"装置"に関する入門書あるいは解説書が存在していなかったことが挙げられます。　今や"半導体製造装置"のビジネスサイズは半導体製品であるチップそのもののビジネススケールの20〜30%の規模となり、巨大な産業分野を形成するに至っています。　こうした状況の中で　"装置"に関するほとんどはじめてのまとまった書物が出版されたことはインパクトが大きかったと思っています。

　さて、本書では、半導体プロセス、デバイスの解説に引き続き、各工程別の装置の基本的考え方や実例を挙げて説明し、今後の動向を展望しています。　今後のVLSIの発展とともに装置はどのように変わっていくのか、また変えていくべきかを論じており、そこには著者自身の私見がかなり入っています。　今度韓国での翻訳が出版されるにあたっては、それらの点について読者の方々からご意見を伺いたいと思っています。

　私自身、1980年代半ばから韓国へは仕事で何回も出張し、韓国の半導体技術の発展状況をつぶさに眺めてきました。　今や全世界の中で半導体生産と開発の一つの中心的基地としての役割を果たすまでに急速に成長してきています。そのころからの友人でもある林鍾聲氏の翻訳を経て本書が韓国で出版されることは大変意義があることと思っています。
本書にとってはまたソウルエレクトロンの蔡社長の賛と協力を得て、　半導体教育用のツールとしての位置付けができたことも素晴らしいと思っています。

　できるだけ多くの人たちが本書に接し、そこから知識の吸収ができ，新しいアイデアあるいはヒントを得られることが私の最大お希望であり、また本書の内容と考え方に対するコメントや質問，批判等が出てくれば本書の出版は成功したと言えます。

　最後に本書の韓国出版を強く進めてくれた林鍾聲氏，　多大な協力をいただいたソウルエレクトロンの蔡社長，また韓国および日本の出版関係者各位に深く感謝いたします。

2000年 4月
株式会社半導体プロセス研究所
代表取締役　　前田　和夫

역자의 말

- 우리 반도체 장치 산업의 기초와 미래를 생각하면서 -

최근 한국의 반도체 산업은 질적 양적으로 대단한 발전을 거듭하여, 전 세계에 걸쳐 LSI의 생산기지로서 미국, 일본, 대만, EC와 함께 5극화(極化) 상태를 연출하고 있다.

이와 함께 설비투자 금액도 막대한 규모가 되어, LSI 생산금액의 약 1/3을 다음 연도의 투자에 할당하는 정도가 되었다. VLSI 생산에서 제조장치는 필요 불가결한 것으로, 제조장치 산업의 규모도 LSI 산업과 비교할 수 있을 정도로 거대해졌다.

그러나 현실적으로 한국의 LSI 공장에서 사용되어지고 있는 반도체 제조장치는 극히 몇 몇 품목을 제외하면 대부분 수입 또는 일부 외국과의 합작에 의해 녹다운(knock-down) 생산하고 있다. 일본의 약 20년 전의 모습과 매우 유사한 상황이라 할 수 있다. 만약 국내 자체적으로 반도체 제조장치의 순국산화가 가능하게 되면 그 의의는 대단히 크다고 본다.

LSI 생산의 인프라(infrastructure)로서 제조장치가 국내에서 자체 개발, 생산으로 공급되어질 때, 그 경제적 효과와 동시에 LSI 제조기술 그 자체의 독창성이 해외 장치 메이커에 지배되지 않고 국내에 유지되어 한국 고유의 기술을 한국 내에서 개발할 수 있게 되고, 또한 우수한 장치는 수출가능성도 항상 열려 있게 된다. 이런 이유로 매우 어려운 일이긴 하지만 장치 및 제조기술의 독창성 확보와 함께 장치의 국산화는 반드시 이루어져야 한다고 생각한다. 아울러 이를 뒷받침하기 위해선 현재 매우 취약한 상태인 반도체 제조장치 관련 기술인력 및 저변확충이 선결되어야 함은 두말할 나위가 없다.

이상의 배경에서 아직 유아기에 머물고 있는 국내 반도체 제조장치 산업 및 관련 종사자 혹은 앞으로 반도체 제조장치에 관심을 갖고자 하는 모든 분들에게 조금이라도 도움을 주기 위해 우리와 비슷한 상황을 경험한 바 있고, 일본 반도체 업계의 원로 중 한 분이면서, 반도체 제조장치 산업의 발전을 위해 왕성한 활동을 계속하고 있는 前田 和夫 (Maeda Kazuo) 박사가 저술한 "はじめての

半導體製造裝置"를 번역 출판하게 되었다. 내용 중 많은 부분이 일본의 상황을 대변하고 있어 아쉽기는 하지만, 디바이스 등의 주변기술과 함께 장치부문의 기초지식을 습득하면서, 우리의 현실을 직시하고 미래를 조망해 보는 데 도움이 된다면 매우 다행이겠다.

이 책을 출간함에 있어 무엇보다도 염두에 둔 부분은 저자의 참뜻을 올바르게 전달하는 일이었으나 역자의 짧은 식견으로 내용이 어색하거나 충실하지 못한 부분이 있다면 독자 여러분의 넓은 이해가 있기를 부탁하며, 질문과 비판은 감사하는 마음으로 수용하겠다. 또 표기 중에 전문용어, 외래어 등을 많이 사용하였는데, 이는 반도체 부문의 특성상, 여과 없이 있는 그대로 소화해 주기를 거듭 당부한다.

끝으로, 본 역서가 출판되어 나오기까지 많은 이들의 지원이 있었음을 밝혀두며, 특히 사명감을 갖고 양질의 출판을 위해 애쓴 성안당 편집자들의 노고를 고맙게 여기고, 본 역서에 애정을 가지고 측면지원을 아끼지 않은 (주)서울일렉트론의 채인철 사장 그리고 한국어 출판에 솔선해서 동기를 부여해준 저자 前田和夫 박사에게 깊이 감사를 드린다.

역자 임 종성

머 리 말

본 서에서 이제부터 찾아가고자 하는 곳은 반도체 제조장치의 세계이다.

한 마디로 반도체 제조장치라고 하더라도, 그것이 IC나 LSI를 가리키는 것인지, 이와 같은 칩을 탑재한 컴퓨터나 디지털 기기를 가리키는 것인지, (그러나 그것이 이 세계의 실체이지만) "반도체 디바이스를 제조하기 위한 설비"를 가리키는 것인지 분명하지 않다. 또한 반도체 장치 혹은 반도체 설비라는 용어도 있어, 통일성이 결여되는 부분도 있다. 특허공보 중에서 "반도체 장치"라는 경우에는, 넓은 의미를 포함하는 것이 많다.

이와 같이 서술하면 쓸데없이 혼란을 초래할 염려가 있으므로 여기서 말하는 반도체 제조장치는 "반도체 디바이스 (IC · LSI 등)를 제조하기 위한 수단"이라고 명확히 정의해 두자. 영어로는 Semiconductor Manufacturing Equipment이다.

일본에는 「반도체 제조장치 협회」가 있고, 미국에는 세계적으로 조직화 된 SEMI(Semiconductor Equipment and Materials Institute 반도체장치 · 재료협회)가 있다. 여기서는 Semiconductor와 Equipment 사이에 Manufacturing이란 단어가 들어 있지 않기 때문에 아직은 단정적으로 말할 수 없지만, 반도체 제조장치와 관련재료 업체들의 단체인 것만은 분명하다. 여하튼 이 반도체 제조장치의 세계로 이제부터 들어가 보기로 하자.

본 서는 전부 10장으로 이루어졌는데 다소 변형된 구성을 택하기로 했다. 반도체 제조장치의 세계를 들여다 볼 때에는, 산업이라는 커다란 시야로 볼 필요가 있다. 기술적, 사업적으로 보았을 때, 어디에 초점을 맞추어야 할 것인지 알 수 있어야 한다. 그러나 처음으로 반도체 제조장치의 세계에 발을 내딛는 독자에게 갑자기 이것을 요구한다면 조금은 어려울 것이다. 그래서 먼저 본 서에서는, 제0장에서 산업으로서의 반도체 제조장치를 해설하였는데, 이해하기 어려울 경우에는 그 부분을 건너 뛰고 읽어도 좋다. 그리고 마지막 장인 제9장을 다 읽은 다음 제0장으로 돌아가, 이것을 제10장으로서 읽어 볼 수 있다면 반도체 제조장치의 세계를 대강 이해했다는 자신감을 가져도 좋을 것이다.

그러면, 제1장부터 제9장까지의 내용을 요약해 보겠다.

제1장에서는 반도체 디바이스의 제조공정과의 관계를, 제2장에서는 반도체 제조기술의 진보와 함께 어떤 의미에서는 그 진보의 역사 그 자체였다고 말할 수 있는 장치의 기술 변천사를 회고해 본다.

제3장부터 제5장까지는, 반도체 제조장치가 가지는 역할, 분류, 구조, 방식 그리고 장치별로 각론에 들어가 보기로 한다.

제6장에서는 반도체 공장의 현장 관점에서 반도체 제조장치를 바라본다.

제7장 이후는 보다 넓은 시야로 반도체 제조에 대해 생각해 보기 위하여 준비하였는데, 여기에서는 반도체 제조장치의 기본적 요소, 제8장에서는 반도체 제조장치 기술의 로드 맵, 제9장에서는 21세기의 반도체 장치에 대해서 서술한다.

반도체 제조장치의 세계는 기술적으로든, 산업적으로든 다른 분야에 없는 특수성을 가지고 있다는 것을 보여준다.

또한, 이 세계의 입구는 좁지만 일단 들어가 보면, 그 안은 끝없이 넓다. 그리고 그곳은 반도체 디바이스와 반도체 산업 전체를 공유하는 세계이다. 누구에게나 기회가 주어지고 발견하고 싶은 것을 발견할 수 있으며 들어가고 싶은 곳은 어디라도 들어갈 수 있는 세계라 말할 수 있다.

저　자

CONTENTS

5 장 ▶ 각종 반도체 제조장치의 개요

8 장 ▶ 반도체 제조장치 기술의 로드 맵(Road Map)

9 장 ▶ 21세기의 반도체 제조장치 ─ 반도체 제조장치 진화론─

─── 칼 럼 ───

0

반도체 제조장치의 세계

반도체 산업이라는 것은 모든 산업 중에서도 최고의 첨단 제조 기술에 의해 제품을 생산하는 분야로서, 그것을 생산하고 있는 것이 반도체 제조장치이다.

그 반면, 다른 성숙된 산업과 달리, 아직까지 사람들의 수작업을 필요로 하고, 축적되어진 노하우, 농업적 요소 등이 무시할 수 없는 중요성을 가지고 있다. 그러나 그런 타 산업과의 차이점이야 말로 반도체 제조장치라는 세계의 기술적 매력이라 할 수 있다.

아직까지도 "농업적" 이란 용어를 쓰면, 시대 착오적이라고 말하는 사람이 있을지도 모른다. 그러나, 그런 사람이야말로 현실을 모른다고 말할 수 있다. 기술적으로 미성숙, 미완성된 분야이기 때문에 반도체 제조기술, 반도체 제조장치의 세계는 무한하며, 또한 그 분야를 연구하려는 사람들에게는 매력적인 세계인 것이다.

0·1 반도체 제조장치란 무엇인가

트랜지스터가 발명되어진 뒤 50년 이상이 경과되었고, 반도체 산업의 역사도 반세기에 이르고 있다. 그 동안 기술의 진보는 눈부신 성장을 이뤄, IC부터 LSI, 초LSI로의 고밀도화, 고집적화를 차례차례 달성시켰다. 반도체 산업이라고 하면 모든 산업 중에서 최첨단의 제조기술에 의한 제품을 생산하는 분야로서 그것을 생산하고 있는 것이 반도체 제조장치이다.

반도체 제조장치는 반도체 디바이스를 제조하기 위해 필요한 "제조장치"로서, 바꿔 말하면 "툴(Tool)", 즉 도구이다. 이 최첨단 도구 없이 반도체 제품을 생산하는 일은 불가능하다. 반도체 디바이스의 지금까지의 진보는 반도체 제품을 생산하기 위한 제조기술 및 가공기술의 진보로서, 그것을 양산기술로 가능하게 하는 "제조장치의 진보"에 의해 달성되어 왔다고 해도 과언은 아니다.

"훌륭한 디바이스 생산을 위해서는 우수한 장치"라고 하는 관계가 엮어지게 되었고, 반도체 산업은 "설비산업", "돈 먹는 벌레"라고 일컬어지게 되었다. 그런 의미에서 반도체 제조장치는 하이테크의 에센스로서, 여러 가지 물리적 또는 화학적 가공기술과 메카트로닉스가 고도로 합류된 종합적 기계라고 할 수 있다.

그러나 반도체 제조장치는, 어디까지나 반도체 디바이스를 생산하기 위한 도구로써 그 자체가 단독적인 가치가 있는 것은 아니다. 또한, 반도체의 제조공정에 따라 다른 기능을 가진 장치를, 사용자의 기술적 요구나 수준에 따라서 선택하고 조합하여 가장 적합한 최적의 제조환경을 만들어 낸다는 데에 그 기술적 독자성이 존재한다는 것도 강조될 점이다. 다시 말하면 사용자는 반도체 디바이스 메이커이며 반도체 제조장치는 "사용자가 사용하기 용이하도록 설계된 도구"가 아니면 안 된다. 제철업에는 제철을 위한 일관된 설비가 있으며, 자동차 산업, 화학 플랜트도 마찬가지이다. 그러나 그것들과 반도체 산업이 결정적으로 틀린 점은,

· 일관장치란 것이 존재하지 않고, 지금까지 성공한 적도 없다.

· 제조장치에는 절대평가란 존재하지 않는다.

· 공정이 아주 길다. 예를 들면 동일제품을 만들 경우라도 디바이스 메이커에 따라 제조 흐름이 다르게 되어 있다.

· 수작업이 일부 동원되고 작업자의 숙련도가 요구되며, 노하우적 지식, 농업적 요소 등이 아직까지는 무시할 수 없는 중요성을 가지고 있다.

는 점이다. 반도체 제조공정은 그림 0·1에 나타낸 바와 같이, 몇 개로 구분된다. 장치에 대한 자세한 설명은 제5장에서 하기로 하고, 여기서는 기본적 사항만 기술하기로 하자.

반도체 디바이스 제조공정은 그림에 나타낸 것과 같이 단결정 제조공정, 마스크 제조공정, 전공정, 후공정으로 분리되어진다. 단결정과 마스크 제조공정은 각각 전문 메이커의 영역이므로, 일반적으로 반도체 제조장치라고 하면 전공정, 후공정, 공통 장치 등으로 분류한다. 전공정은, 실리콘 기판을 가공처리하는, 즉 웨이퍼 프로세스(Wafer Process)라고 불리는 공정이며, 후

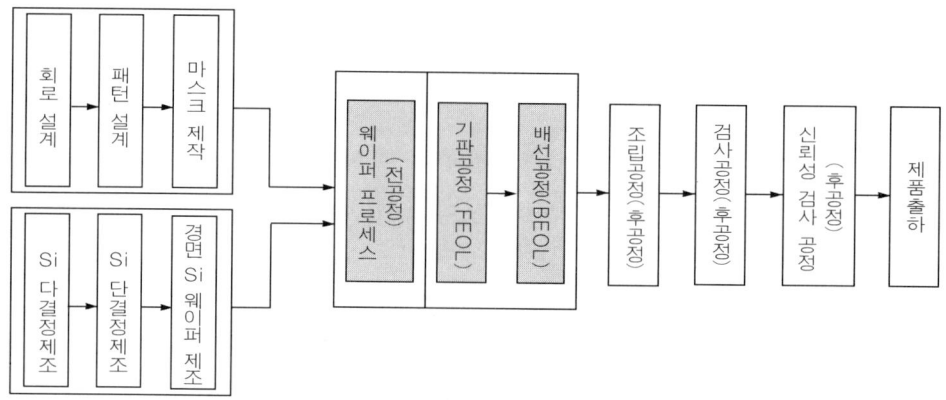

그림 0·1 반도체 제조장치의 구분

공정은 웨이퍼 프로세스 종료 후에 칩을 패키지화 하여 검사하는 공정이다. 최근에는 이 전공정을 또다시 전반과 후반으로 구분하여, 기판가공 프로세스와 배선공정으로 구분하기도 한다.

 칼럼 ①

반도체 골드러시

　1980년대는 반도체 산업의 황금시대로서, 세계적으로 호황이었던 시기였다. 반도체 디바이스뿐만 아니라, 장치, 재료 등 다방면에서 각 회사는 대단히 바빴고, 새롭게 반도체 산업에 참여하는 업체도 잇따랐다. 어떤 사람은 이것을 "세미콘덕터 골드러시"라고 말한다. 디바이스 메이커나, 장치 메이커 모두 생산과 납기에 쫓기어, 정작 영업 담당자가 해야 할 업무라는 것이 고객으로부터 주문을 받는 것이 아니라 거절하는 것이 아닌가라고 할 정도였다. 그런 시대가 다시는 오지 않을지도 모른다. 이 황금기는 1849년부터 시작된 캘리포니아에서의 금광 채굴 붐과 같다고 말하는 사람들도 있다. 캘리포니아 골드러시는 금광 채굴 사업 그 자체만으로는 성공하지 못 했던 것 같다. 그러나 골드러시에 휩쓸려 몰려오는 사람들이 핵심이 되어, 새로운 사회 질서(혹은 무질서)가 만들어져 "캘리포니아"가 형성되었다고 한다.
　금광 채굴을 목적으로 그곳에 몰려든 근로자들에게 각종 서비스를 제공하는 것을 시작으로, 채굴과 선별 등을 위한 각종 기계, 장치류의 제공으로 이어졌다. 골드러시에서 금광 채굴 등으로는 거의 이익을 얻지 못했으나 가장 큰 이익을 얻은 곳은 이들 기계를 제조, 판매하는 업자였다는 말을 들은 적이 있다. 금광 채굴·선별 등에는 거대한 고가의 장치를 필요로 했기 때문일 것이다. 그 붐은 이제 지나가 버렸다. 130년 전의 황금기와 지금(현재의) 반도체 산업과의 사이에 어떤 공통점이 있는 것일까?

0·2 왜 반도체 제조장치인가

반도체 제조장치는 기술면에서 뿐만 아니라 사업면에서도 화제가 된 경우가 많다. 그것은 반도체 산업에 있어서 투자 중심으로서의 매력과, 지금은 시장 규모가 작은 것이라도 앞으로 크게 성장할 가능성을 안고 있는 분야이기 때문에 최첨단기술과 부딪혀 나감으로써 다음 세대에는 그것에 능동적으로 참여할 수도 있다는 기대를 갖기 때문이다.

실제로, 현재 상태를 보면 반도체 제조장치 시장은 거대하며, 반도체 산업 시장 규모의 20%에서 40%의 규모를 차지하고 있다.

더욱이, 먼저 언급한 바와 같이 미지의 영역, 미개척의 영역도 많고, 기술 개발에 의한 사업적 돌파구의 기회도 많이 남겨져 있다는 점도 들 수가 있다. 반도체 제조장치는 이미 독립된 산업계를 형성하고 있고 그 시장 규모는 1996년의 실적으로 전 세계에 2.5조엔 정도, 일본에서는 7천억엔에 다다르고 있다고 볼 수 있다. 매년 반도체 디바이스의 총 생산금액의 20% 이상이 설비투자에 할당된다. 상세한 데이터는 나중에 제시하겠지만, 이 숫자만 보더라도 비즈니스로서 대단한 매력을 느낄 수 있다.

반도체 제조장치 메이커의 상위 5개 회사를 보면 연간 매상고가 각각 거의 1000억엔 이상으로, 그 공급처는 전부 반도체 디바이스 메이커이다. 그 반도체 디바이스 메이커 중, 일본의 상위 몇 회사, 미국의 상위 몇 회사, 한국의 상위 한두 회사를 제외하면, 개개의 반도체 제조장치 메이커의 연간 매상고와 비교해서, 이들 나머지 디바이스 메이커의 연간 반도체 디바이스 매출액 내지 생산액은 대부분이 밑돌고 있다.

바꿔 말하면, 사용자보다도 설비 공급자 쪽이 기업으로서 규모가 크고, 그것이 상호 기술적 균형과 기업으로서의 체력에까지 영향을 미치고 있는 상황이다.

이것은 경우에 따라서 상당히 흥미 있는 현상이다. 어쩌면 공급자가 사용자의 기술을 컨트롤하고, 장래의 방향까지 결정해 버리는 사태가 일어날지도 모르기 때문이다. 경우에 따라서는 공급자인 "반도체 장치 메이커"가 사용자인 반도체 디바이스 메이커의 이익까지 컨트롤하는 것도 어렵지 않다.

이상의 것은 무엇을 의미하고 있는 것일까? 지금, 반도체 제조장치가 주목받고 있는 것은 사업으로서의 규모, 첨단기술이라는 것 이외에, 이와 같은 장래, 디바이스 메이커의 방향을 컨트롤해 버릴지도 모른다는 것에 있다고 생각할 수 있다. 그 정도로 반도체 제조장치는 힘을 가지고 있으며 장래성을 갖고 있다고 말할 수 있다.

그러나 그 한편에서 디바이스 제조가 장치 또는 장치 메이커에 의하여 통제될 수 있다는 가능성에 대해 불안을 느껴, 벌써 그것에 대응하는 움직임이 나타나기 시작했다. 앞에서 기술한 것과 같은 사용자와 공급자의 매상고 역전현상은 어쩔 수 없다고 하더라도 디바이스 메이커로서 기술적 독자성의 확립은 필요하다. 이것을 통해서 오히려 반도체 제조장치는 기술적 진보를 달성시키는 것이 필요하며, 이것이 건전한 모습이기도 하다.

⓪·❸   반도체 산업에서의 반도체 제조장치

반도체 산업의 규모는 매년 증대하고 있다. **실리콘 사이클**, 반복되는 DRAM 불황, 특히 일본에서는 민생용 전자기기의 부진 등의 영향으로 정체도 있었으나, 크게 보면 10년마다 몇 배씩 성장을 기록해 왔다. 예를 들면, 일본에서 1970년에 겨우 500억엔 정도였던 집적회로의 생산고가 1980년에는 6000억엔까지 달성되었으며 1990년에는 3조엔을 기록하고 있다. 그러나 1990년 이후, 신장률이 저하된 것은 이미 잘 알려진 사실이다.

LSI라고 불리어지는 집적회로 디바이스가 등장한 것은 1970년으로서, 그 최초의 제품이 미국 인텔사의 i-1103이라 불리어지는 1K비트의 **MOS 메모리**였다. 이것은 현재의 **고밀도 DRAM**의 출발점이 된 디바이스인데, 반도체 제조장치 분야가 산업으로서 성립된 것도 이 시점이라 할 수 있다. 이것에 대해서는 0.4절에서 언급하기로 하고, 여기서는 1970년을 기점으로 반도체 제조장치 산업이 어떤 식으로 변해 왔는지 살펴보기로 하자.

그림 0·2는 일본에 있어서의 일렉트로닉스 산업과 그 중 전자부품 생산고의 추이이다.

일렉트로닉스 생산은 산업용 기기, 민생용 기기, 전자부품의 3가지로 구분되어 통계가 만들어져 있다. 1970~1998년 기간 동안 신장률의 정체 혹은 마이너스 성장 등은 그 시점에서의 경제 동향의 영향을 받고 있다. 또, 여기에는 기록하지 않았지만 민생용 기기가 1970~1990년에 보인 30% 전후의 비율은 거품경제 붕괴 후에는 20% 정도로 저하되었다. 그것도 일렉트로닉스 전체 및 전자제품의 생산고 저하와 무관하지 않다. 전자제품의 통계에는 반도체 디바이스, 전자관, 각종 전자부품 등의 포함과, 1987년 이후는 액정 디바이스도 추가되고 있다. 반도체는 **집적회로** 및 개별 반도체 소자로 나누어져 있으며, 후자의 생산고에 큰 변화는 없지만

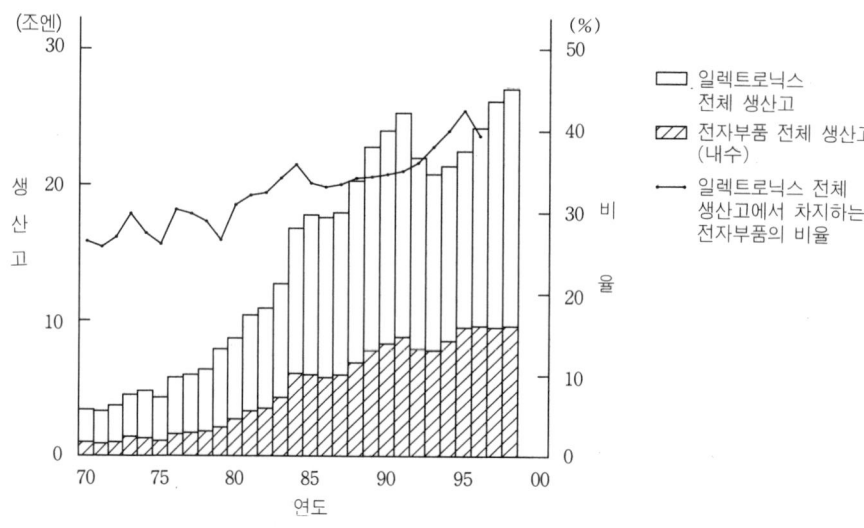

그림 0·2 일본에서의 일렉트로닉스 생산고 추이
(「전자공업연감」 일본. 전파신문사 刊)

집적회로는 신장을 계속한 결과, 전자제품 생산고에서 차지하는 비율이 매년 증가되어 40%에 이르고 있다. 이것을 그림 0·3에 나타내었다. 1987년 이후 10년간 액정 디바이스의 추이가 1970년부터의 집적회로의 금액 및 신장률의 추이와 거의 동일하다. 이것은 액정 디바이스가 제 2의 IC사업으로 될 수 있다는 가능성을 나타낸 것이다. 이와 같은 반도체 산업의 성장과 반도체 제조장치와는 어떠한 관련을 갖고 지금에 이른 것일까?

그림 0·4는 일본의 대형 반도체 메이커 10개 회사의 반도체 생산고와 설비투자 금액의 변천을 1970~1997년까지 나타낸 것이다. 반도체 생산고는 집적회로, 개별 반도체 소자 그 외의 모든 반도체 제품을 포함한 것으로, 대기업 10개 회사가 일본의 전체 생산고의 90%를 커버하고 있다고 볼 수 있다. 또한 설비투자 금액은 반도체 제조장치뿐만 아니라, 공장설비, 건물 그 밖의 모든 것을 포함한 숫자이다.

이것들의 내역에 대해서는 앞으로 설명하겠지만, 이 표에서 볼 수 있듯이 1980년대에 있어서 투자는 이상하다고 느낄 정도로, 일본 전체가 이 시기에 반도체(메모리) 디바이스 생산에 하나같이 나서고 있음을 알 수 있다.

이런 투자 피크 시기가 지나 1986년에는 급속히 하강하여, 그 이후는 비율이 10~20%정도로 머무르고 있다는 것은 오히려 건전한 일인지도 모른다. 1980년은 "반도체 입국 일본"이란 이름으로, 일본이 어떻게 해서 독창적인 반도체 기술, 반도체 제조장치를 탄생시켰는가에 대해 매스컴에서 떠들썩 했던 시기이다. 1990년에 들어서서 그것이 환상이었다는 것을 업계에선 누구나 인정할 수밖에 없었으나 어느 누구도 그것에 대해서 반성하진 않았다. 또한 일본, 미국, 한국, 대만, EC 그 밖의 각 지역별 반도체 생산고, 설비 투자액, 반도체 제조장치 투자액의 추이를 1993~1997년에 걸쳐서 보면, 확실한 것은 반도체 생산 투자에 있어서 일본과 미국의 역전과 대만의 급성장을 들 수 있다.

1997년과 1998년에 있어서 한국, 일본의 경제위기에 의한 정체를 미국, 대만이 순조롭게 보충하고 있는데, 이것은 반도체 제조장치 산업 현상에도 잘 반영되고 있다.

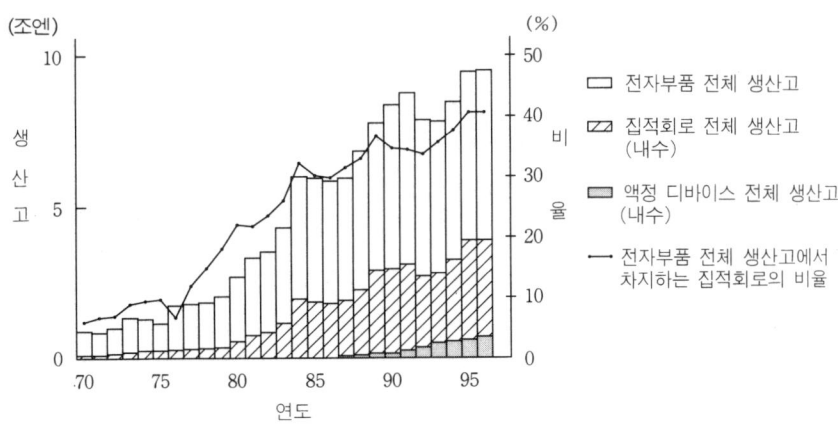

그림 0·3 일본에 있어서 전자부품 생산고 추이

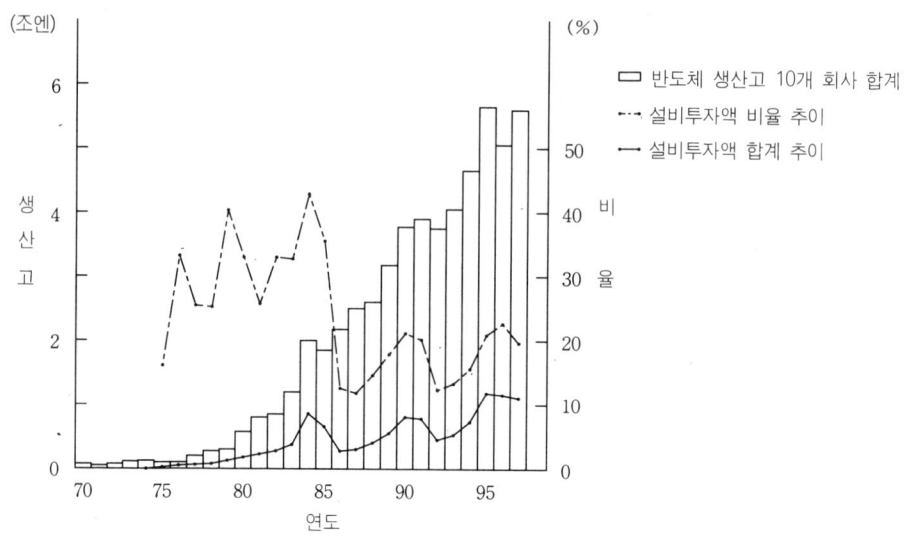

그림 0·4 일본의 주요 10개 회사의 반도체 생산고·설비투자 추이
「반도체연감」· 프레스저널 刊
「전자공업연감」· 전파신문사 刊
「반도체장치. 재료업계 스페셜 서베이」· 프레스저널 刊
일본의 각 신문 발표기사 등에 의해 작성

0·4 반도체 제조장치 산업의 탄생

1970년, LSI(대규모 집적회로)의 등장과 함께 반도체 제조장치 산업이 탄생되었다고 앞에서도 언급했다. 그때까지는 장치산업이라 해도, 메이커의 수는 적고, 산업 단체로서의 조직적인 활동도 없었던 상태였다.

각 디바이스 메이커는 장치 메이커와 개별로 특별 사양의 장치를 조달하거나 또는 어쩔 수 없이 장치의 자체 제작을 진행하고 있었다. 반도체 제조장치 산업의 탄생은 기술의 다양화와 제조기술 고도화의 요구가 초래한 필연이었다고 말할 수 있다. 즉, 전문 장치 메이커가 완성도 높은 장치를 사용자에게 제공하지 않으면 안되었기 때문이다. 또한 디바이스 메이커는 장치를 내제화(內製化 : 자체에서 제작 및 조달)하기보다도 그 자원을 본래의 반도체 생산과 기술 발전 쪽으로 돌리는 것이 가능하게 되었다.

여기에서, 반도체 제조장치 업계라 불릴 만한 환경이 조성되었고, 업계의 역할이 확립되었다. 그것은 반도체 디바이스 메이커의 설비투자 내역을 통해서 알 수 있다.

그림 0·5는 반도체 디바이스 메이커의 생산을 위한 설비투자 내역이다. 일반적으로 설비투자는 반도체 제조장치와 기타 투자로 나누어져, 전자는 대략 60%~65%, 후자는 35~40%로 구성된다. "기타 투자"는 장치, 즉 도구 이외의 공장 건물, 클린룸, 시설, 환경처리 등을 포함

한 것이다. 이것들은 신 공장 건설에서는 반드시 투자되어야 할 대상이지만 기존 라인의 장치를 보충할 경우, 혹은 라인 증설의 경우에는 전부 필요하지는 않다.

  그림 0·6은 반도체 설비투자의 내역과 그 중 반도체 제조장치. 전공정장치 시장 규모의 브레이크 다운이다. 1996년 일본시장의 데이터이지만, 비율은 매년 그다지 변화가 없다.

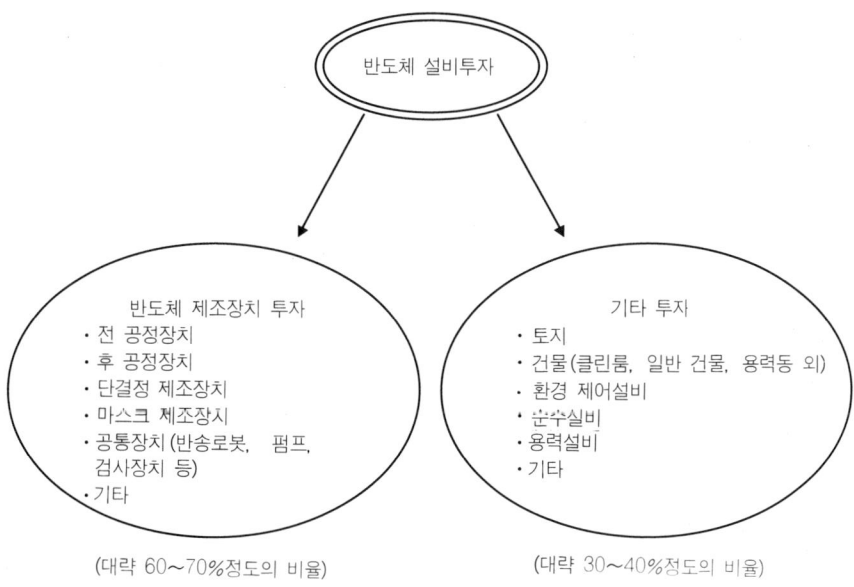

그림 0·5 반도체 생산에 대한 설비 투자

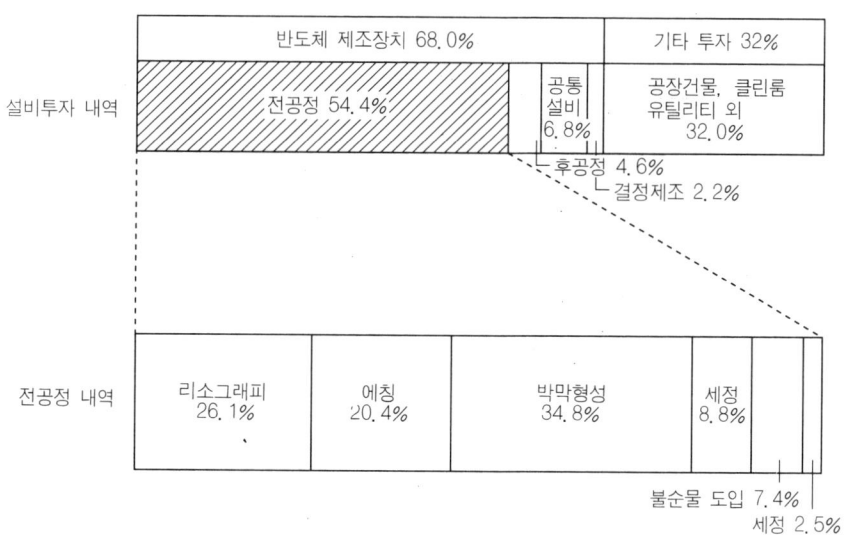

그림 0·6 반도체 설비투자의 내역(1996년)
(1996년 데이터로부터의 추정) 설비투자 내역

0·5   웨이퍼 프로세스의 반도체 제조장치

웨이퍼 프로세스는 반도체 제조에 있어서 "전(前)공정"이라 불리며, 그림 0·6에 나타낸 것과 같이 구분되어 진다.

이 구분은 대략적인 것이지만, 리소그래피, 박막형성, 세정 등은 **기본 프로세스** 또는 요소기술이라고도 불리어져, 장치 또한 이것에 따라서 분류되는 것이 보통이다. 전공정에서는 리소그래피, 에칭, 박막형성이 차지하는 비율이 80%에 이르고 있다.

웨이퍼 프로세스는 반도체 제조의 중심적 존재로서, 전공정 관련의 반도체 제조장치가 설비투자 전 금액의 50% 이상을 차지하고 있기 때문에 반도체 제조장치라고 한다면 전처리장치를 가리킨다 해도 좋을 정도이다. 또한, 이 전처리 공정은 여러 가지의 개념, 다양한 원리를 기초로 한 장치가 필요한 영역으로, 미세가공, 고정밀 제어라고 하는 최첨단기술의 개발이 항상 요구되고 있는 도전적인 세계이기도 하다. 더욱이, 전공정장치는 제조하는 디바이스의 특성과 수율(양품률), 신뢰성과 직접 연결되어 있으며 오염 제거 등에도 충분히 주의를 기울일 필요가 있다.

웨이퍼 프로세스에 대해서는 제1장에서 서술하지만, 여기에서는 산화, 세정, 리소그래피 등의 공정이 몇 십 회씩 반복되어 집적회로로 만들어져 나간다. 공정수도 세는 방식에 따라서는 수백 회에 이르고, 한 공정에 하루가 걸린다고 할 경우 몇 개월에 걸쳐 간신히 완료되는 긴 공정이다. 그것만으로 디바이스 제조원가에서 차지하는 이 공정의 비중은 높고, 제조장치의 감가상각비가 그 30%를 넘는다고도 한다. 따라서 공정을 줄이고, 도입하는 설비의 대수를 줄이는 일은 원가 절감에 현저한 효과를 초래한다. 예를 들면, 가장 효과적인 것이 **마스크** 매수를 줄이는 것이다. 마스크의 사용매수가 줄어들면 공정은 단번에 단축되어 스테퍼(Stepper)의 도입 대수를 줄일 수 있기 때문이다. 현재와 같은 디바이스를 생산하는 경우, 칩의 제조원가를 비교하려면 마스크의 매수를 비교하면 알 수 있다고 할 정도이다.

현재로는 웨이퍼 프로세스를 대표하는 장치는 스테퍼이고 그 도입대수에 따라서 그 라인의 능력, 제조원가 등을 알 수 있다고 한다. 1980년대까지는 반도체 공정은 **확산로·산화로** 등의 노(爐)의 개수로 그 규모, 웨이퍼의 처리능력을 판단해 왔지만(그런 이유로 제조라인을 "확산 라인"이라 부르기도 함) 현재는 스테퍼의 대수로 추정한다.

0·6   반도체 제조장치의 요소기술

반도체 제조장치를 이해하기 위해서는, 반도체 제조장치 그 자체가 어떠한 기술 요소에 기초를 두고 만들어지는가를 아는 것이 중요하다. 이 테마에 대해서는 본서의 제7장에서 다루게 되며, 여기서는 그 내용을 간단히 살펴보기로 한다.

반도체 제조장치, 특히 웨이퍼 프로세스 관련 장치는 여러 가지 기술 요소로부터 만들어지고 있다. **그림 0·7**은 "반도체 제조장치를 이해하기 위해서는?"이란 제목으로 기술 요소의 관계를 정리한 도표이다.

우선 각 장치는 전체가 하나의 시스템이며, 기능 블록의 조합으로 전체가 구성되어 있다. **처리 체임버, 가스 공급계, 진공배기계, 웨이퍼 반송계** 등이 이 기능 블록에 해당되지만, 각각 물리학, 화학, 기계공학, 전자공학, 컴퓨터공학, 소프트웨어 기술 등이 포함되기 때문에, 단지 전기전문가, 기계전문가라는 장르의 일이라고는 말할 수 없다. 반도체 제조장치 전체가 시스템으로 구성되어진 일종의 종합기술적 산물로서, 각 요소기술의 조화에 의해 구성된 고도의 시스템이다.

또한, 반도체 제조장치 시스템은 반도체 제조 라인, 반도체 공장이라는 더욱더 거대한 시스템 속에 포함되고, 일체화되어 가동된다. 반도체 제조장치에 대한 기술 요소로서는, 그림에 표시한 것과 같이 많은 과학기술 분야가 그 배경을 이루고 있다. 또한, 반도체 제조장치를 이해하기 위해서는 기술과 산업의 동향을 파악하지 않으면 안된다.

그리고 지금 무엇이 요구되는지, 무엇이 과제인지, 무엇을 해야 할지를 파악하지 않으면 안된다. 이것이 종합기술이기 때문이다.

또한 반도체 제조기술 (전공정·후공정) 그 자체를 이해할 필요가 있다. "반도체 제조장치"는 반도체 제조에 사용되기 때문이다. 웨이퍼 프로세스의 이해에는 디바이스의 특성, 디바이스

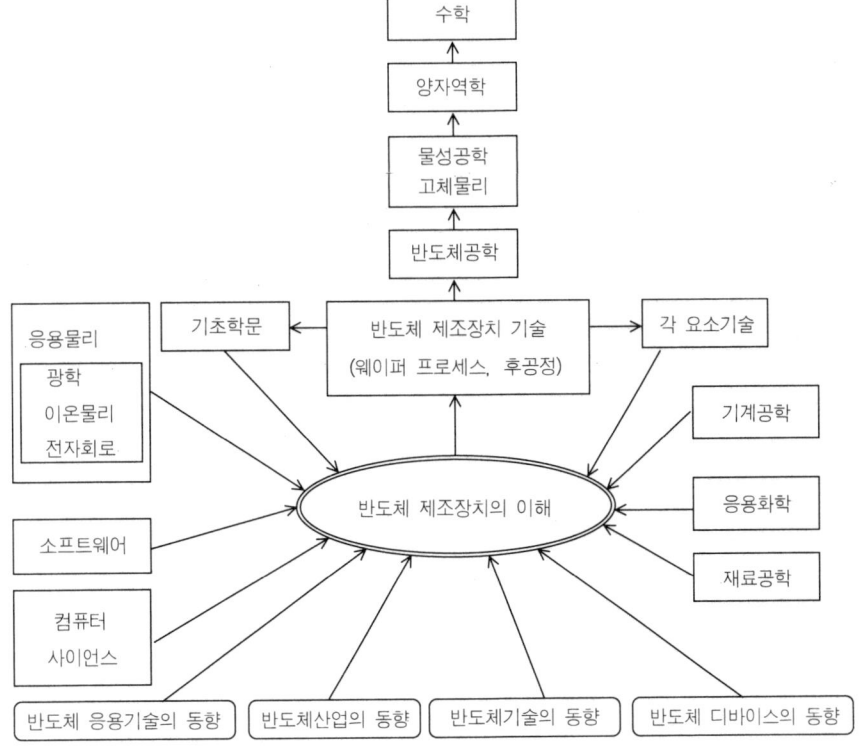

그림 0·7 반도체 제조장치를 이해하기 위해서는?

동작원리, 반도체 이론까지 알아둘 필요가 있으며, 이것을 이해하기 위해서는 고체 물성공학이나 양자역학 등등… 끝도 없이 어디까지 이해해야 되는지 막연할 정도이다. 그러나 이 단계까지 알 필요는 전혀 없고, 우리들은 OJT(On The Job Training)에 의해서 지식의 폭을 넓힐 수는 있어야 한다. 반도체 장치는 이와 같은 많은 핵심적 기술요소를 결합시켜 완성되었다.

반대로 그림 0·7에서 위로부터 아래로의 흐름에 따라 웨이퍼 프로세스나 반도체 제조장치를 이해한다는 것이 곤란할지도 모르겠다. 아직은 쓸데없는 언급일지 모르겠지만, 이 그림 내에 "영어의 이해력"도 넣어 두고 싶다.

0·7 반도체 제조장치의 비즈니스 요소

반도체 산업이 반도체 제조장치 산업이라는 새로운 영역의 사업으로 탄생된 지 벌써 30년 가까이 경과되었다.

현재의 반도체 제조장치 산업의 규모는 디바이스 생산고의 20% 이상이라는 숫자를 기록하고 있다. 게다가 반도체 생산에서는 장치뿐만 아니라, 많은 재료가 필요하다. 이들 재료는 반도체 제조장치가 반도체 공장 내에서 소비하는 것들이다. 장치를 포함한 이들 재료분야도 전부 포함해서 반도체 산업의 주변 산업이라 부르고 있다. 주변 산업에는 어떤 종류가 있는지 그림 0·8에 나타냈다. 우선 재료관련 메이커와 설비관련 메이커가 있다. 반도체 제조장치 메이커는 설비 메이커의 하나라고 생각해도 좋다. 또한 포토마스크 메이커와 결정 메이커는 반도체 제조에 필요한 원 재료를 공급하는 주변 기업이다.

반도체 제조장치가 라인에 도입되어 반도체 디바이스 생산을 위해 가동될 때에는 이것들의 설비 및 재료가 준비되어 있지 않으면 안 된다. 반도체 제조기술의 진보는 새로운 제조장치의 등장을 촉진하고 새로운 고순도 고품질의 재료를 필요로 하게 된다. 거기서 다시 새로운 관련 기업의 참여와 탄생으로 연결된다. 반도체 제조 측으로부터의 요구 내용이 명확하다면 다른 업종 또는 반도체 관련 기술에 전혀 무경험한 기업도 이와 같은 주변 산업에 참가하는 것이 불가능한 것만은 아니다. 반도체 업계에서는 오히려 그와 같은 미지의 세계와의 우연한 만남이 요구된다고 말할 수 있을지도 모른다. 최근의 CMP(Chemical and Mechanical Polishing : 화학적 기계연마)에 의한 평탄화기술과 동(銅)배선을 이용한 다층 디바이스 구조의 도입 등에서 전통적인 웨이퍼 프로세스 기술을 변혁하려는 에너지가 느껴진다. 그것은 다른 업종에서의 기술 축적에 의해 초래될 수 있을지도 모르겠다.

그림 0·8에서는 현재의 반도체 제조장치 메이커의 백본(Backbone)을 나타내고 있다. 미국의 경우에는 전문 메이커가 많지만, 일본의 경우 기존의 각 기업이 자사의 특징 기술을 살려 제조장치에 참여한 메이커들이 많다. 이것은 지금 생각해 보면 다른 업계로부디의 참여였었다고 말할 수 있다.

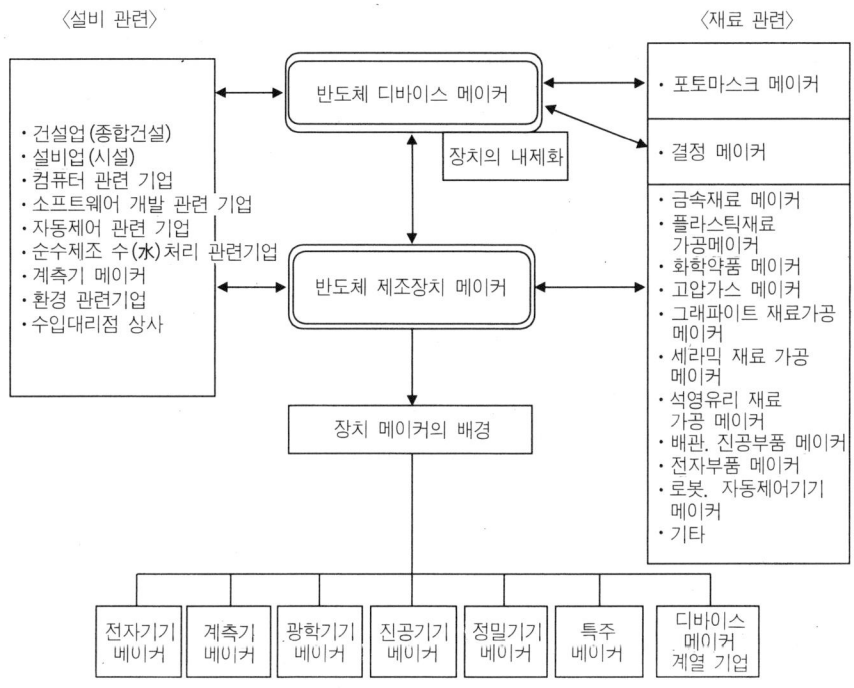

그림 0·8 반도체 디바이스 메이커, 반도체 제조장치 메이커를 둘러싼 업계

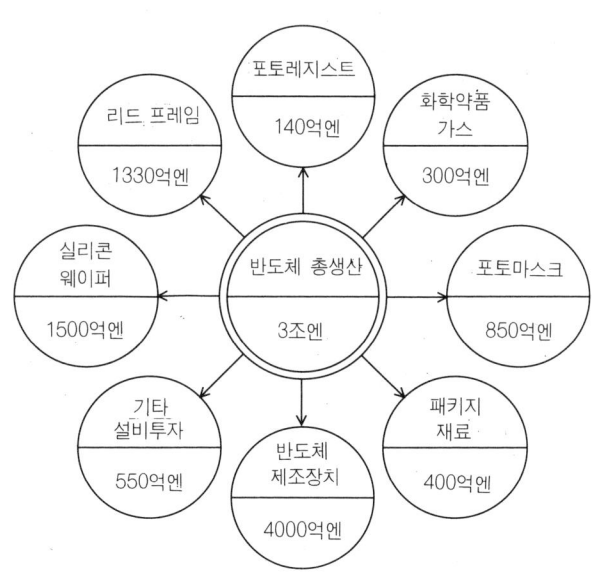

그림 0·9 일본의 반도체 산업과 주요 주변 산업
(1988년. 데이터로부터의 추정 개략값)

그림 0·9 및 0·10은 각기 1988년과 그 8년 후인 1996년에 있어서 일본의 반도체 생산고와 그것을 둘러싼 주변 산업의 비즈니스 규모를 가리킨다. 반도체 제조장치 및 설비 등의 성장도

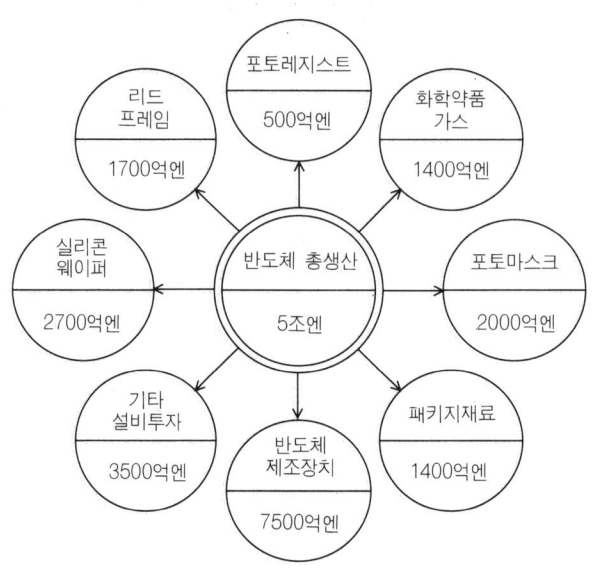

그림 0·10 반도체 산업과 주요 주변 산업(일본)
(1996년, 데이터로부터의 추정 개략값)

활발한 움직임을 보이고 있다. 그 이상으로 포토마스크, 포토레지스트·약품, 가스 등의 소모성 재료의 성장도 활발한 움직임을 보이고 있다.

이것은 프로세스가 고도화되고, 마스크 매수가 증가하는 것은 물론, 가스나 약품에 의한 처리 공정이 급증하고 있다는 것을 나타내고 있다. 더욱이 다시 8년 후인 2004년에는, 이것들의 주변 산업 중에서 어느 분야가 가장 성장할지 예측해 보는 것도 흥미롭다. 디바이스의 구조가 복잡하게 되고, 프로세스 난이도가 높아지면서 반도체 제조장치뿐만 아니라 주변의 산업규모, 특히 소모성 재료시장이 확대되고 있다.

이 그림에 나타나지 않은 재료분야도 이미 존재한다고 보며, 새로운 시장이 형성되어 지는 것도 있을 수 있는 일이다. 비즈니스면에서도 많은 가능성이 숨겨져 있다.

0·8 반도체 제조장치의 세계로

지금까지 기술해 온 것은, 반도체 제조장치에 관한 대략적인 소개이다. 다음 장부터는 전반적인 내용뿐만 아니라 실제로 그 세계의 내부에 들어가 보기로 하자. 지금까지 기술해 온 것으로 알 수 있겠지만, 반도체 제조장치는 기술로서의 첨단성과 비즈니스로서의 매력을 겸비한 분야로서, 일단 아이디어 또는 컨셉(개념)이 히트한다면 반도체 디바이스 제조 라인에 대량으로 도입되어 디바이스의 양산과 수율 및 성능의 향상에 기여하게 된다.

　또, 재료 등의 도입에 있어서도 마찬가지이다. 반도체 제조장치 세계에서는 생존경쟁 또한 격심하다. 기술의 명멸이 두드러지고 동시에 장치 메이커의 부침도 빈번히 일어나는 업계인 것이다. 동전의 앞뒤면과 같이 매력과 리스크가 공존하고, High risk-High return이 문자 그대로 적용되는 세계이기도 하다.

　예를 들면, 1980년대에 드라이에칭 장치가 등장되어, 한 때는 10개 회사를 넘는 장치 메이커가 존재했으나 현재는 3~4개 회사로 좁혀졌다. 같은 예를 앞에서 말한 CMP 장치에서도 들 수 있겠다. 1999년 초의 시점에서 CMP 장치 메이커는 전 세계에 20여개 회사가 존재한다고 알려져 있지만 21세기 초반에는 몇 회사밖에 살아 남지 않게 될 것이다. 누구든지 자신이 성공할 수 있다고 꿈꾸며 노력을 계속하고 있는 세계인 것이다.

칼럼 ②

반도체 프로세스의 틈새기술

　반도체 제조장치 업계는 각 프로세스마다 몇 개의 기업이 참가하여 제품 경쟁을 하는 세계이다. 리소그래피 장치, 박막 형성장치 등 메인인 제품군은 보통 몇 개 사의 장치 메이커가 경쟁하고 있다.

　드라이에처는 1980년 중반에 붐이 일어 몇십 개의 회사가 참가했지만 결국 지금까지 남겨져 있는 것은 몇몇 회사에 불과하다. CMP 장치도 현재 20개 회사 이상이 참여하고 있으나 5년 후에는 몇 회사만 남겨질 것으로 예상되고 있다. 시장이 성장하고 있는 동안은 괜찮지만, 성장해 버리고 나면 성장은 더디어지고 도태된다. 이것은 반도체의 과거 역사에서 일상적인 현상이었다. 그리고 최종적으로는 대기업 메이커 몇몇 회사만이 시장을 점유하게 된다.

　그러나 대기업이 참가하지 않고 있거나, 흥미를 보이지 않는 분야도 있다. 이것을 "틈새기술"이라고 부른다. 시장규모는 별로 크진 않지만, 특수기술로서 그 과제 또한 만만치 않다. 그럼 "지금 무엇이 틈새기술인가"라고 묻는다면 그것은 잘 모르겠다고 답할 수밖에 없다. 즉, 일단 알려졌다면 그것은 이미 틈새기술이 아니다. 그것은 은밀히 찾아낼 수밖에 없을 것이다. 발견할 가능성은 아직 무한하다고 말하고 싶다. 신종 프로세스 재료 등이 그 가능성의 하나일지도 모른다.

1

반도체 디바이스의 제조공정

이 장에서 서술하려는 것은, 반도체 제조장치가 주요 역할을 하게 되는 반도체 디바이스 제조공정에 관해서이다.

여기서는, 디바이스 제조상의 특색, 공정의 기본적 흐름, 디바이스의 기본 구조와 그것을 만들기 위한 기본적 프로세스 등에 대하여 서술한다.

장치 메이커의 기본적 역할은, 공급자로서 장치를 제공하는 것뿐만 아니라, 사용자인 디바이스 메이커가 요구하는 장치성능으로부터 반도체 기술의 흐름을 파악하여, 적극적인 장치 개발과, 상품화를 실행하는 것이다. 그렇지 않으면, 급속한 반도체 기술의 변화에 제조장치가 따라갈 수 없게 될 것이다.

1·1 반도체 디바이스의 제조와 그 특징

반도체 디바이스 제조는 다른 제조분야에 없는 많은 특색을 가지고 있다. 아직, 독자가 알 수 없는 용어도 있지만, 우선 지금부터 반도체 디바이스 제조가 갖는 특색을 열거해 보기로 하자.

① 제조공정이 세분화되어 있고, 투입에서 공정 완료까지 경우에 따라서는 몇 개월을 필요로 하는 긴 공정을 갖고 있다.

② 따라서 모든 공정이 끝나지 않으면, 제품의 양품 혹은 불량은 판단할 수 없으며, 장기간 진행되면서 제품으로서의 부가가치는 축적되어간다.

③ 제품에는 양품률(수율), 신뢰성의 수준 등이 존재하며, 습숙효과에 의하여 향상된다.

④ 원자단위, 분자단위의 오염, 먼지 등이 디바이스의 성능과 양품률을 좌우한다. 그 때문에 제조는 슈퍼 클린룸 안에서 이루어지게 되지만, 그런데도 오염이 발생할 수 있다. 따라서, 그것들을 요인별로 파악, 제거하는 것이 키 포인트이다.

⑤ 디바이스 제조에 적당한 반도체 제조장치를 선택하여 배열한다. 배열 및 조합은 디바이스 메이커의 선택에 의해서 맡겨지며, 각 장치에 대한 "절대평가"는 존재하지 않는다. 다시 말해서, 어떤 디바이스 메이커가 최상이라고 평가하는 장치라도, 다른 디바이스 메이커에게는 최상이 아닐 수 있다.

⑥ 미세화(패턴치수)와 거대화(웨이퍼 사이즈)의 동시 진행으로, 생산성은 올라가고, 칩 제조원가 절감에 기여할 수 있다.

⑦ 디바이스 제조에 있어서는 여전히 수(手)작업에 의한 제어, 재료품질의 영향, 장치마다의 차이 등이 문제가 되며, 그것이 원시적이라고 불리는 이유가 되고 있다.

이와 같은 특색은 주로 웨이퍼 제조공정(웨이퍼 프로세스)에서 자주 볼 수 있지만, 그 후의 조립, 검사(후공정)에 있어서는 그다지 찾아보기 힘들다. 다시 말하면 후공정에서는 장치의 절대평가가 어느 정도 존재한다. 본 서에서 주로 다루고자 하는 것은 "절대평가가 존재하지 않는 장치분야", 즉 웨이퍼 프로세스 장치이다.

그림 1·1은 특색 ⑥에서 들었던 미세화와 거대화의 공존, 그것에 의한 디바이스(메모리) 집적도 향상과의 관계이다.

최첨단 디바이스가 이와 같은 동향을 나타내고 있다는 것을 알아두었으면 한다.

더욱이, 반도체 디바이스 제조현장은 다양화 되어가고 있는 가운데 "최첨단기술을 이용하지 않고 제조하는 최첨단 디바이스"도 존재한다. 즉, 현재 번창하고 있는 파운드리 사업에서는 디바이스의 "설계기술"이 주체가 되어, 굳이 최첨단 가공기술을 이용하지 않고도, "최첨단 디바이스"를 생산하고 있기도 하다. 이와 같은 제품에 있어서 웨이퍼 프로세스 및 장치는 하나의 도구(Tool)이며, 가공기술에서의 차별화는 필요하다고 보지 않는다.

한편, 범용 디바이스에서는, 디바이스 메이커간의 제품의 성능, 신뢰성, 코스트 등의 우위성을 경쟁하기 위한 기술 차별화가 불가결하여, 그렇기에 최첨단기술, 최첨단장치를 필요로 하

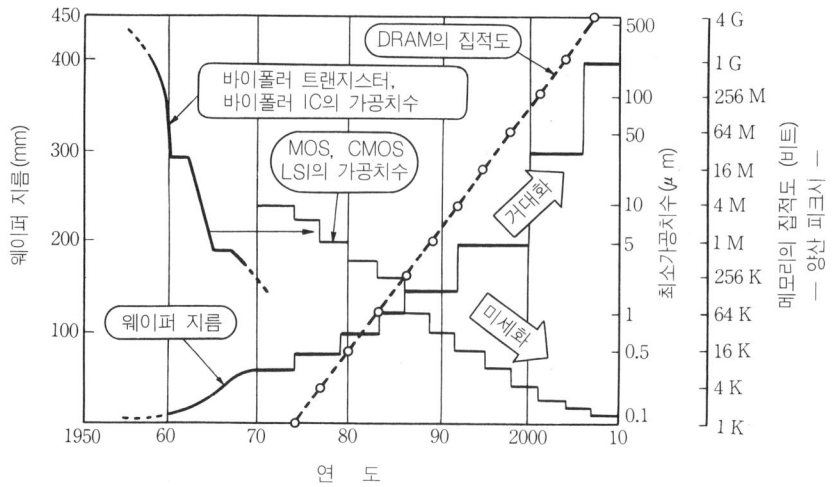

그림 1·1 미세화와 웨이퍼 대구경화의 추이(1958~1998)
(1970년 이전의 데이터는 W.A.Adcock : Semiconductor
Silicon Symposium, May, 1969 부터)

게 된다. 반도체 제조장치에 대한 사고방식은 "디자인 주도"의 디바이스냐, "가공기술 주도"의 디바이스냐에 의해 확연히 달라지게 된다.

1·2 반도체 디바이스의 제조공정

그림 1·2는 반도체 디바이스가 형성되기까지의 과정이다.

먼저, 표 왼쪽 위에 있는 반도체의 기본이 되는, 실리콘(Si)의 단결정을 만들고, 그곳에서 웨이퍼라 불리는 실리콘 기판을 잘라낸다. 한편, 표 오른쪽 위에 있는 것과 같이 웨이퍼 위에 만들어 넣을 회로를 설계하고, 그것을 전사하기 위한 마스크를 제조한다.

웨이퍼 프로세스에서는 실리콘 웨이퍼 및 **포토마스크**가 재료로 투입된다.

일반적으로, 이 웨이퍼 프로세스를 **전공정**, 그리고 조립 및 검사를 **후공정**이라 부르고 있다. 디바이스 제조의 전반과 후반이라는 의미이다.

더욱이, 최근에는 웨이퍼 프로세스를 다시 전반과 후반으로 나누어, 각각을 **전반공정, 후반공정**이라 부른다. 실리콘 기판에 산화 및 확산 등의 가공을 실시하는 공정이 전반이고, 그 표면에 배선을 형성하는 공정을 후반이라 한다. 전반공정을 FEOL(Front End of the Line), 후반을 BEOL(Back End of the Line)이라 부르며 구분한다. 특히 **게이트 어레이**라는 세미 커스텀 LSI, 로직 LSI 등의 제조공정에서 이러한 명칭이 사용되고 있다. 이것은 다층 배선구조의 도입으로 인해 전반보다도, 도리어 후반의 배선공정이 디바이스 제조의 리드 타임에 있어서 중요성이 높아졌음을 나타내고 있다.

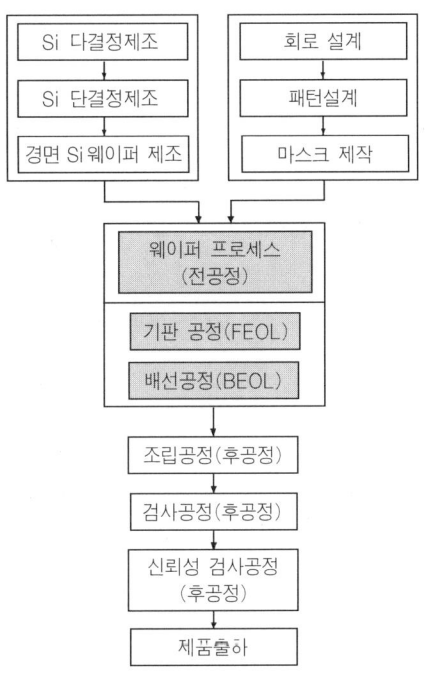

그림 1·2 VLSI의 제조공정

1·3 반도체 디바이스의 기본구조

과거 50년간, 트랜지스터의 등장을 시작으로 여러 가지 디바이스가 발견되어, 제품화 되어 왔다. 그것은 반도체 디바이스의 역사 그 자체로서, 가공기술 (웨이퍼 프로세스)의 역사이기도 하다. 그림 1·3(1)에 나타낸 것과 같이 트랜지스터(바이폴러형)로부터 그 바이폴러형 디바이스를 집적한 IC 제품이 생겨나, 단일 채널형의 MOS IC (같은 그림(2)) 제품과의 공존을 거쳐 현재와 같이 CMOS 디바이스 (같은 그림(3)) 주도의 제품시대로 되고 있다. 물론 여전히 바이폴러형 IC나 트랜지스터 등의 개별 반도체 디바이스도 중요한 시장제품이지만, 반도체 전체의 동향은 "CMOS화"이다.

반도체 디바이스는, 기능에서 **메모리**(DRAM, SRAM, 플래시 메모리 등)와 **로직 디바이스**(MPU 및 주변회로)의 두 갈래로 크게 분류한다. 여기에 양쪽의 기능을 원칩화한 시스템 LSI라 불리어지는 디바이스를 포함해서 거의 모든 디바이스는 CMOS 구조로 형성되어 있다. 반도체 디바이스의 전 세계 생산량의 80%가 집적회로(IC, LSI)이지만, 그 중 90%는 CMOS 디바이스가 점유하고 있을 정도이다. 더욱이, CMOS 디바이스는 소비전력을 절감할 수 있기 때문에 현재의 응용제품(PC 등의 기기)과의 적합성을 생각하면, 앞으로도 메인 디바이스로서의 지위를 계속 유지해 갈 것이 확실하다.

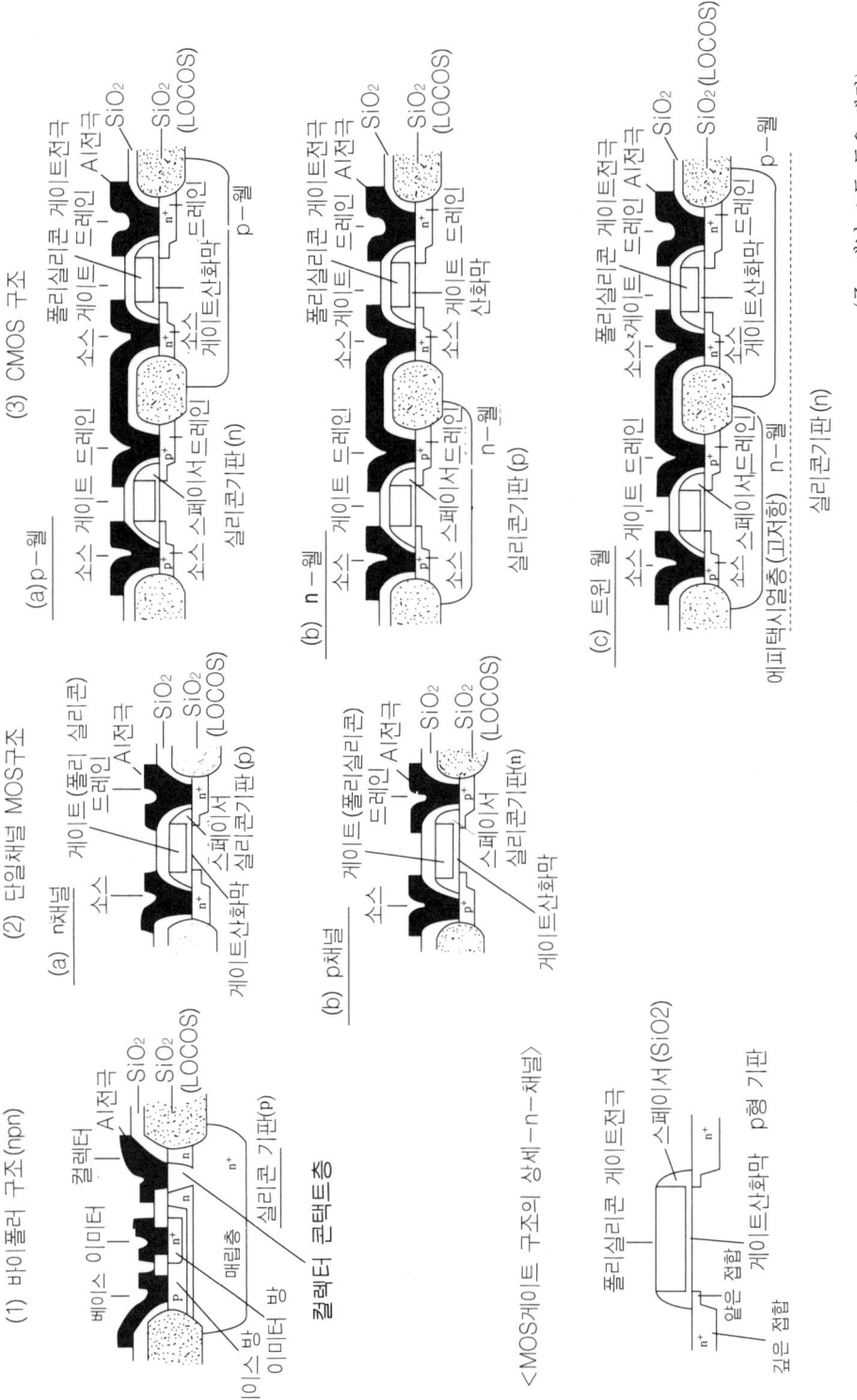

그림 1·3 각종 디바이스의 기본구조 (기판공정)

그림 1·3은 바이폴러형, 단일 채널형 MOS 디바이스, CMOS 디바이스, CMOS에 의한 단일 웰, 트윈 웰 방식의 비교이다(단, 이것은 실리콘 기판의 가공 및 배선의 도중(일층 메탈)까지이며, 뒤에 계속되는 배선공정(BEOL)은 나타나 있지 않다). 또, CMOS의 경우, 웰이라 불리는 분리영역의 형태에 따라 3종류로 나뉘어진다는 것도 기억해 두기 바란다.

한편, 실리콘 기판을 가공해서 형성하는 디바이스 구조는, 몇 개의 기본적인 기술 세그먼트로부터 구성되어져 있다. 각 기술 세그먼트는 프로세스 모듈, 복합 프로세스, 프로세스 인티그레이션 등으로도 불리며, 프로세스 또는 장치 구성상으로도 구분된다.

웨이퍼 프로세스를 기판공정과 배선공정으로 나누어, 그것들의 각 기술을 정리한 것이 **그림 1·4**이다. **그림 1·5**는 그림 1·3에서 나타낸 각 디바이스 구조상에 형성되는 다층 배선의 기본구조이다.

로직 디바이스에 있어서 배선구조는 특히 중요하기 때문에, 그림 안의 콘택트 플러그(Contact Plug), 비어 플러그(Via Plug)라는 용어는 기억해두기 바란다. 최근 다층 배선기술이 눈부시게 진보되어, 절연막 및 배선층에 있어서 새로운 재료와 가공방법이 차례로 도입되고 있다.

이상과 같은 구조, 공정, 가공기술에 의하여 디바이스가 어떻게 형성되고, 또 재료가 어떻게 조합되어 완성되는지를 숙지하고 있다는 것은 장치 기술상 상당히 중요하다. 그것을 통하여 웨이퍼 프로세스의 키 포인트는 무엇인지, 장치에 무엇이 요구되는지를 알 수 있다.

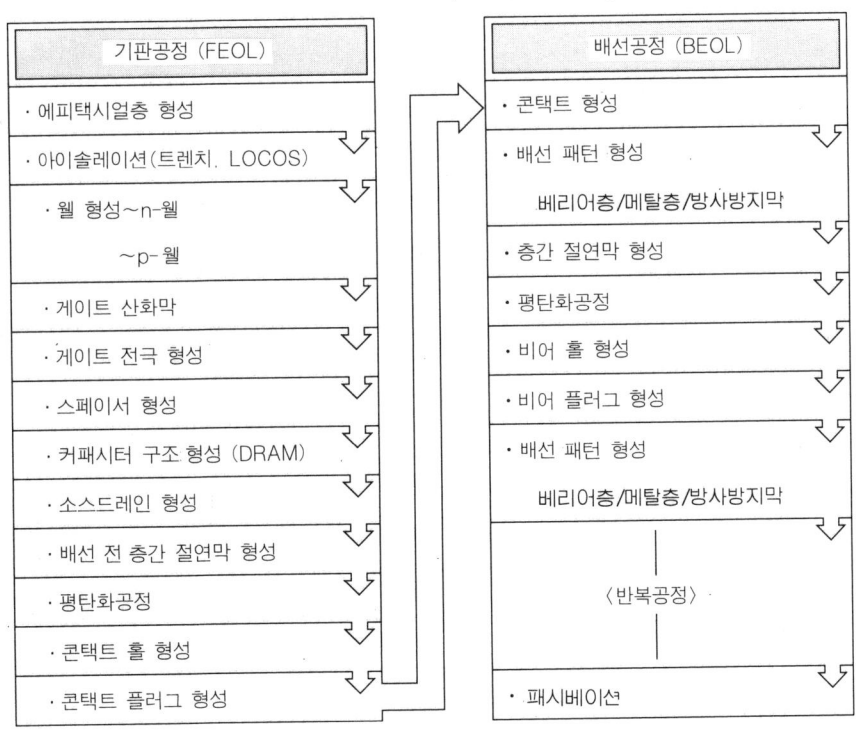

그림 1·4 디바이스 구조형성의 2개 공정 (전공정 웨이퍼 프로세스)

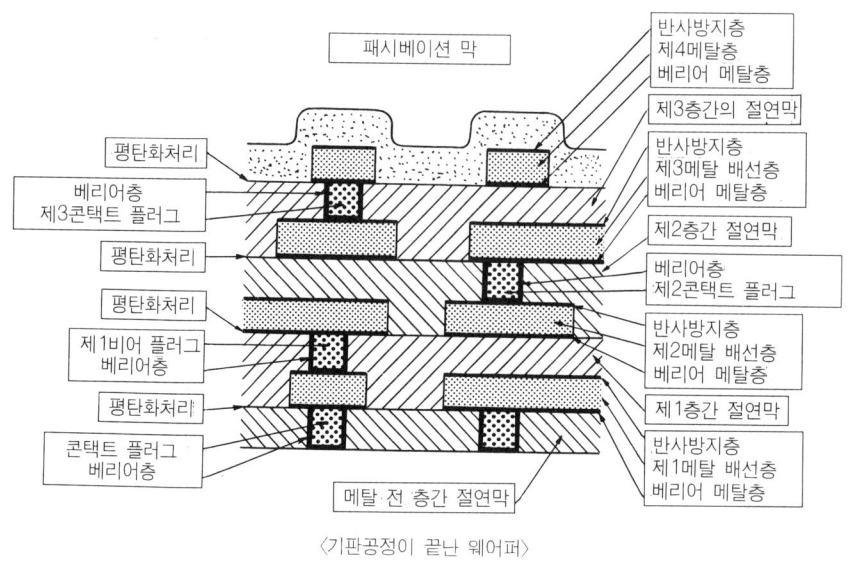

패시베이션 막

반사방지층
제4메탈층
베리어 메탈층

제3층간의 절연막

평탄화처리

반사방지층
제3메탈 배선층
베리어 메탈층

베리어층
제3콘택트 플러그

제2층간 절연막

평탄화처리

베리어층
제2콘택트 플러그

평탄화처리

반사방지층
제2메탈 배선층
베리어 메탈층

제1비어 플러그
베리어층

제1층간 절연막

평탄화처리

콘택트 플러그
베리어층

메탈·전 층간 절연막

반사방지층
제1메탈 배선층
베리어 메탈층

〈기판공정이 끝난 웨어퍼〉

그림 1·5 다층 배선구조 (배선공정)

1·4 디바이스 제조공정의 기본흐름

여기서 서술하고자 하는 것은, 웨이퍼 프로세스의 흐름이다. 웨이퍼 프로세스는 앞서 서술한 것과 같이 "전반"과 "후반"으로 나뉘며, 기판공정과 배선공정으로 구분된다.

전체의 특징은, 리소그래피(패턴 형성을 위한 사진 제판공정)를 중심으로 세정, 열처리, 막 형성 등이 반복되어 이루어지고 있다는 점이다. 리소그래피는 포토마스크를 이용, 포토레지스트에 패턴의 전사를 반복해서 원하는 패턴을 형성하는 것으로, 최첨단 디바이스에 있어서 20~30종류의 포토마스크 기판을 이용, 앞서 언급한 각 처리를 삽입하여 반복된다.

포토마스크 매수는, 기판공정에서는 그다지 변함이 없지만, 배선공정에 있어서는 배선수의 증가에 비례해서 증가한다. 현재, 최첨단의 로직 LSI에서는, 5~7층의 배선이 사용되고 있지만, 앞으로는 더욱 증가할 것이다.

그림 1·6에 그림 1·3에서 표시한 트윈 웰 구조 CMOS 디바이스의 제조공정을 프로세스별로 반복되는 흐름 표로 나타냈다. 이와 같이 표를 작성하면, 각 프로세스가 디바이스의 완성까지 몇 번 반복되는지를 알 수 있다.

또한 그것에 의해서 제조라인을 구성할 때에, 어떤 장치가 어떤 밸런스로 필요한지를 검토할 수 있다. 각 장치가 가지는 처리능력을 확정하고, 투입하는 웨이퍼가 매주 또는 매일 몇 장인지가 정해지면, 장치의 대수를 결정하는 기초 데이터가 된다.

여기서 배선공정은 2층으로 했으나, 층수가 증가하면 공정수도 증가한다. 또한, 이 표의 배선공정에서는, 최근 도입이 진행되고 있는 CMP(Chemical and Mechanical Polishing =

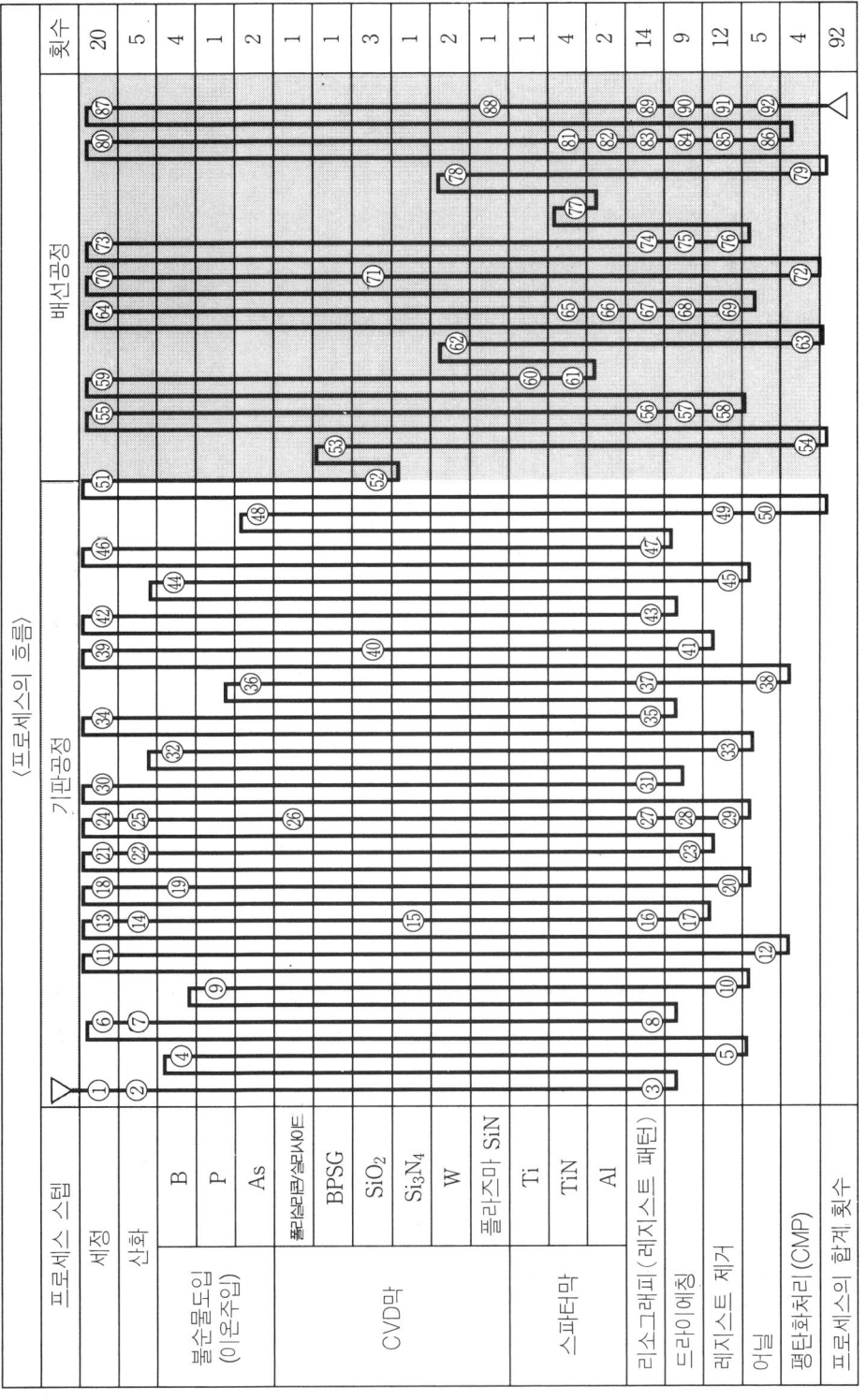

그림 1·6 트윈 웰 CMOS(로직)의 프로세스 흐름 (2층 배선)

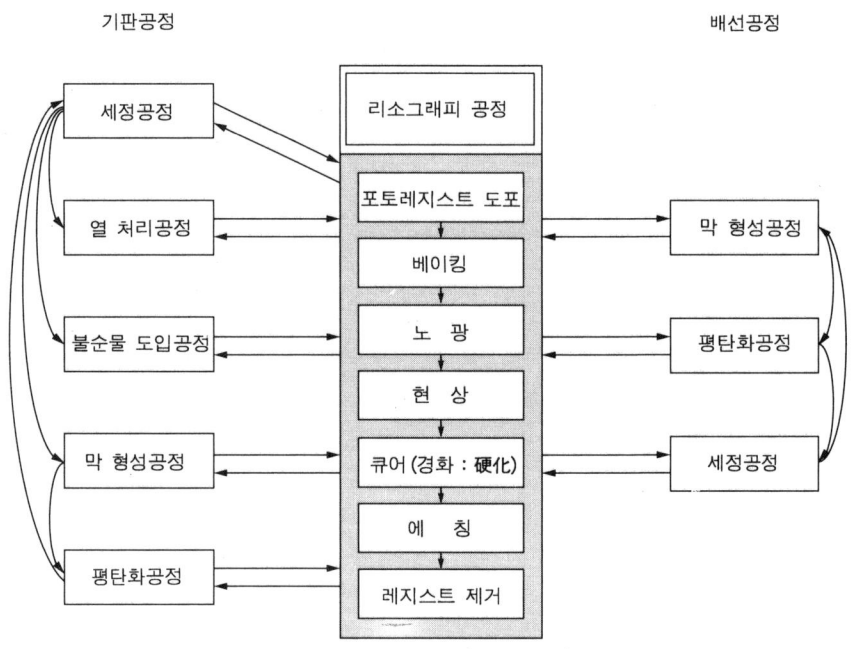

기판공정   배선공정

그림 1·7 웨이퍼 프로세스의 반복적 흐름

화학 기계연마) 기술이 평탄화 수법으로 도입되었다. 이것에 의하여, 배선공정은 아주 간단해진다. 그림 1·7에는 웨이퍼 프로세스에 있어서, 반복적으로 일어나는 각 기술이 어떤 관계에 있는지를 나타낸다. 기본적으로는 그림에 나타낸 것과 같이 리소그래피(사진 제판공정)를 중심으로 각 가공기술이 반복적으로 진행된다.

이와 같이, 기판공정과 배선공정을 구분해서 생각하면 상당히 알기 쉽고, 또 장치 상으로도, 어떻게 구별하여 생각하면 좋은가를 쉽게 이해할 수 있다.

CMP 공정에 의한 평탄화 기술은, 특히 배선공정 안에서 반복되는 기술의 하나이긴 하지만 여타 공정에서도 활용되어지고 있다. 이 기술은 1998년 이후의 반도체 프로세스 관련 기술서에 새로이 추가해야 될 항목이다.

1·5 기본 프로세스 기술

그림 1·6, 그림 1·7에 표시한 각 기술항목을 기본 프로세스 기술 또는, 요소 프로세스 기술이라 부르고 있다. 화학적으로 말하면, 소(素)공정이라 해도 좋을 것이다. 이 구분은 가공기술

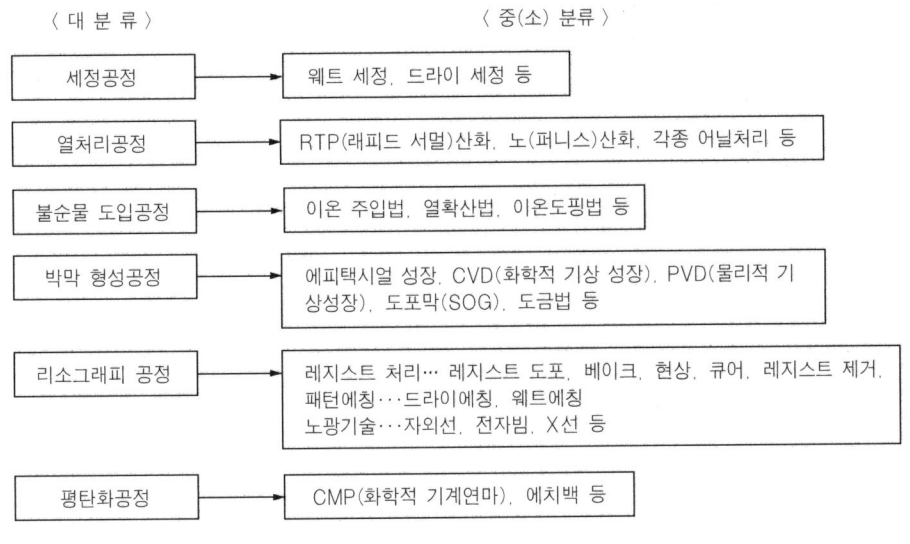

그림 1·8 기본 프로세스 기술의 분류

이라는 점에서, 동일, 또는 이와 유사한 원리에 기초를 둔 방법을 기본으로 하고 있다.

또한, 이러한 각 기술들의 제2차적 분류도 가능하다. 기술의 개발, 장치의 개발도 이것들의 구분에 의해서 행하여지고 있고, 디바이스 메이커에서의 기술부문도 이것에 따라, 조직화되는 경우가 많다. 그림 1·8은 이 기본 프로세스 기술의 대분류와 중(소)분류이다. 각 항목에 "장치" 라는 단어를 붙인다면, 그대로 장치의 분류가 된다.

각 분류 항목별로 기술적 해설을 간단히 하면 다음과 같다.

1·5·1 세정기술 (Cleaning)

세정은, 리소그래피를 처음으로 하는 각 공정 사이에서 반드시 행해야 하는 것으로, 표면 청정화를 위한 공정이다. 또한, 열처리, 산화 등의 공정 전에 행하여지는 것으로, "후처리", "전처리" 라 불리기도 한다. 기술로서는 상당히 표준화하기 어려운 것 중의 한 가지이다.

이 공정은 여전히 약액을 사용하는 웨트처리가 중심으로, RCA 세정의 경우는 H_2SO_4, HCl, NH_4OH, HF, H_2O_2 등의 약액 조합에 의해 처리된다.

세정에 의한 제거 대상물은 유기물 잔사, 산화물 잔사, 금속오염, 파티클(먼지) 등이다. 초음파, 브러시(Blush) 등의 물리적 수법도 필요에 따라 추가된다. "보이지 않는 오염"−결정 결함, 대미지(손상) 등의 제거도 세정의 구분에 포함시키기도 한다. 약액을 사용하지 않는 드라이세정법도 연구개발 단계에 있다.

1·5·2 열처리 (Thermal Treatment)

보통, 실리콘 기판을 800℃ 이상의 고온 산화분위기 속에서 처리하면 표면에 실리콘 차체의 산화막(SiO_2)이 형성된다. 이 막은 절연막으로서, 실리콘을 사용하는 반도체 디바이스 제조의 출발점이다. 실리콘 플레이너(Planar) 방식의 기본이며, MOS 구조에 있어서는 게이트 절연막이 된다.

이들 산화막의 형성에는 청정한 분위기의 확산로가 쓰여지며, 철저하게 세정을 실시한 웨이퍼가 사용된다.

보통, 막두께는 수 100nm 이하이며, 게이트 절연막 두께는 디자인 룰의 축소와 함께 얇아지고 있다. 현재는 5~7nm 수준의 극히 얇은 산화막을 필요로 하는 수준에까지 이르고 있다.

산화분위기 확산로 중에 NO_2, NH_3 등을 혼입하여 어느 정도의 질소원자를 포함한 SiO_2로 하든지, 질화처리 등을 하여 얇은 산화막의 강화를 꾀하는 공정도 있다. 확산로 대신 RTP (Rapid Thermal Processor)라 불리는 램프 가열처리도 사용된다. 열처리에는 산화뿐만 아니라, 모든 목적의 고온처리(어닐)도 포함된다.

1·5·3 불순물 도입(Impurity Doping)

불순물 도입이란, Si 기판 중에 B, As, P 등의 III가 및 V가 족 원소를 불순물로서 도입, pn접합 형성과 불순물 농도제어를 행하는 기술이다. 열적인 확산법과 이온주입법이 있는데 현재로서는 이온주입법이 주류를 이루고 있다.

이온주입법에서는, 진공 상태에서 분리되어진 B, As, P 등의 이온에 고전압을 가해 가속시킴으로써 기판 안에 주입한다. 불순물의 양은 이온전류에 의해 모니터 되고, 열처리에 의해 활성화된다.

이상의 방법은 MOS 트랜지스터의 문턱 전압치(Threshold Voltage)제어, 폴리실리콘 내의 주입에 의한 저항값 제어, 폴리실리콘 저항의 형성 등에도 사용된다. 이온 주입에 관계없이, 열적 확산현상을 이용한 불순물 도입법도 오랫동안 실용적으로 이용되어 왔다. 그러나 pn 접합의 깊이는 매년 얕아지고 있으며 또 공정의 저온화와 정밀한 불순물 도입 등의 필요성으로부터 현재는 이온주입법으로 바뀌어 가고 있다.

1·5·4 박막 형성 (Thin Film Deposition)

기판상에 절연막, 실리콘막, 금속막을 형성(퇴적)시키는 막으로, CVD (Chemical Vapor Deposition: 화학적 기상 성장)및 PVD(Physical Vapor Deposition: 물리적 기상 성장)가 분리되어 사용되고 있다. SiO_2, PSG, BPSG Si_3N_4 등의 절연막, 폴리실리콘막 및 W 등의 금속막은 CVD 법에 의해, Al, TiN 등의 금속 또는 도전성 막은 PVD 법인 스파터링에 의해 형성된다. 그 외의 박막형성법으로서는, 회전 도포에 의한 코팅, 졸겔법이라고 불리는 절연막 형성법이 있다.

또한, 최근 로직 LSI에서 Cu 배선기술의 적용이 주목되고 있는데, 배선으로서의 Cu의 박막형성에 전기화학적 수법(도금법)이 실용화 되고 있다. 이것도 박막형성법의 분류에 포함해야 할 것 같다. 이전부터, Au 또는 납땜 등의 도금이 반도체 제조공정에 사용되어 지기도 했다.

1·5·5 리소그래피 기술 (Lithography)

리소그래피는 포토레지스트를 도포하는 공정으로 시작해, 노광, 현상, 에칭, 포토레지스트 제거에 이르는 일련의 프로세스이다.

현상까지를 레지스트 처리공정으로 하며, 에칭 공정과 분리해서 생각할 수도 있다.

현재, 패턴 노광은 레티클이라 불리는 마스크 기판에 의해 축소 투영 전사시킴으로써 행해지고 있다. 이 공정은 모든 프로세스 기술의 중심이며, 반도체 공장에서도, 가장 많은 금액의 투자를 필요로 하는 장치이다. 패턴 형성 후에는 반드시 에칭 공정이 수반되며, 형성된 포토레지스트 패턴을 마스크로 하여 처리할 수 있다. 이 에칭공정은 대상으로 하는 막의 종류, 형성법과 처리법 등의 차이를 고려해야 하므로, 디바이스 메이커에서 가장 표준화 시키기 어려운, 그래서 절대평가가 곤란한 기술 중의 하나이다.

1·5·6 평탄화 기술(Planarization)

이 기술은, 최근에 와서 새롭게 사용되는 가공기술의 하나라 해도 좋을 것이다.

디바이스의 미세화와 고밀도화가 진행되면서 표면의 구조가 복잡, 凹凸이 심화되어지고, 특히 다층 배선공정에 있어서 단선이나 쇼트의 원인이 되기가 쉽다. 평탄화 기술은 그러한 이유 때문에 필요로 하게 되며, 앞서 언급한 CMP 기술이 그 요체이다.

스테퍼에서 패턴을 투영할 때, 그 초점 심도의 감소에 대응하기 위해 표면을 평탄화하는 것도 필요한데, 항상 평탄한 면에 축소 투영을 실행함으로써 해상도를 높이는 효과가 크다.

평탄화에는 CMP법 이외에 에치백법과 플로(Flow)에 의한 평탄화법도 이용되고 있다. 또 패턴 형성을 위한 드라이에칭이 곤란한 Cu의 얇은 막 등에는 CMP법을 응용한 절연막 홈 내에 박아넣는 다마신(Damascene)법이 이용된다.

이상, 프로세스 기술의 각 항목에 대해서 간단하게 설명했으나 앞에서 서술한 것과 같이 이들 구분은, 반도체 제조장치로서의 구분이기도 하다.

그리고 웨이퍼 프로세스는 복합화 되고, 통합화되어 새로운 디바이스나 복잡한 디바이스 구조에 대응하는 기술의 형태를 갖추게 될 것이다.

1·6 복합 프로세스 기술

복합 프로세스는, 어떤 하나의 디바이스 구조를 완성하기 위해 앞서 언급한 기본 프로세스 기술을 조합시켜서 그것만으로 완성시킨 프로세스이며, 통합적 프로세스 혹은 프로세스 통합화 (Process Integrating)라 불리고 있다. 여기에는 다음과 같은 두 가지 의미가 있다.

· 기본 프로세스를 조합시켜, 어떤 디바이스 구조를 형성하는 복합 프로세스를 완성시키

는 의미에서의 통합화

장치 한 대 안에서의 연속처리를 가능하게 하기 위해, 장치로서의 통합화 혹은 장치를 연결 시킴으로써 프로세스 통합화를 행하는 방법

반도체 메이커로서는 프로세스 통합화를 장치기능의 일부로 간주한다. 예를 들면, 어떤 장치 메이커가 자사의 상품계열 중에서, 프로세스 통합화를 할 수 있는 품목을 갖추는 것 등이 그 예이다.

프로세스 통합화는, 통합화된 장치에 웨이퍼를 투입해서, 전처리, 막 형성, 평탄화, 후처리를 거치면서 처리되어 나오는 방식이라고 생각할 수 있다. 멀티체임버 방식의 장치, 클러스터 형이라 불리는 장치가 그 예이다. 미국에서는, 턴키 프로세스 인티그레이션 장치(Turn-Key Process Integration Equipment) 등으로 불리고 있다. 즉, 코인 자동세탁기 방식의 프로세스 장치이며, 이것이 가능하게 되면 디바이스 메이커의 프로세스 기술자가 할 일이란, 장치의 메인티넌스 정도로 되어 버릴 것이다. 다만, 모든 디바이스에 공통적으로 적용되는 이상적 장치상이라고는 말할 수 없다.

여기에서는 복합 프로세스가 가지는 의미를 구체적으로 서술한다.

복합 프로세스에 의해 달성되어진 내용에는, 다음과 같은 것이 있다.

① 디바이스 그 자체의 형성 (CMOS, 바이폴러 등)

② 디바이스의 기본구조 형성 (아이솔레이션, 콘택트 등)

③ 디바이스의 고성능화를 위한 구조 (고내압화, 고속화, 저전압화 등)

④ 디바이스의 신뢰성 향상, 수율 향상의 수단 (패시베이션, 평탄화 기술 등)

⑤ 프로세스의 간단화를 위한 수단 (셀프얼라인 등)

보통, VLSI 제조기술의 교과서에서는, 프로세스 인티그레이션을 ①의 내용으로 한정해 놓고, 다른 항목은 기본 프로세스에 포함시켜 생각하고 있다. 따라서 배선기술 등의 항목이 산화·확산 등과 같은 대열로 취급받고 있다. 그림1·9에 필자가 생각하는 프로세스 인티그레이션의 구체적인 예를 나타낸다. 이것은 장치로서의 통합화가 아니라, 프로세스를 한 단위로 취급한 것으로, 프로세스 모듈이라 불리고 있다. 그림에서는 기본 프로세스가 조합되어 완성된 것이라고 말할 수 있을 것이다.

> "모듈"이라 부르는 방식에 관해서는, 반도체 공장 제조영역의 기능 구분을 확산 모듈, 리소그래피 모듈이라 부르는 경우도 있으므로 확실한 개념정립이 어렵다. 이 경우, 모듈은 "구성단위"란 의미이다.

프로세스의 복합화, 프로세스 인티그레이션의 중요성은, 그것에 의해서 디바이스 구조를 용이하게 하는 한편, 높은 신뢰성을 갖도록 만들어진다는데 있다. 그것들을 장치로서 실현한다면 코스트 절감, 트러블 절감으로 연결될 것이다. 그렇게 조합되는 프로세스는, 각각 베스트 프로세스여야 된다는 것은 두말할 나위도 없다.

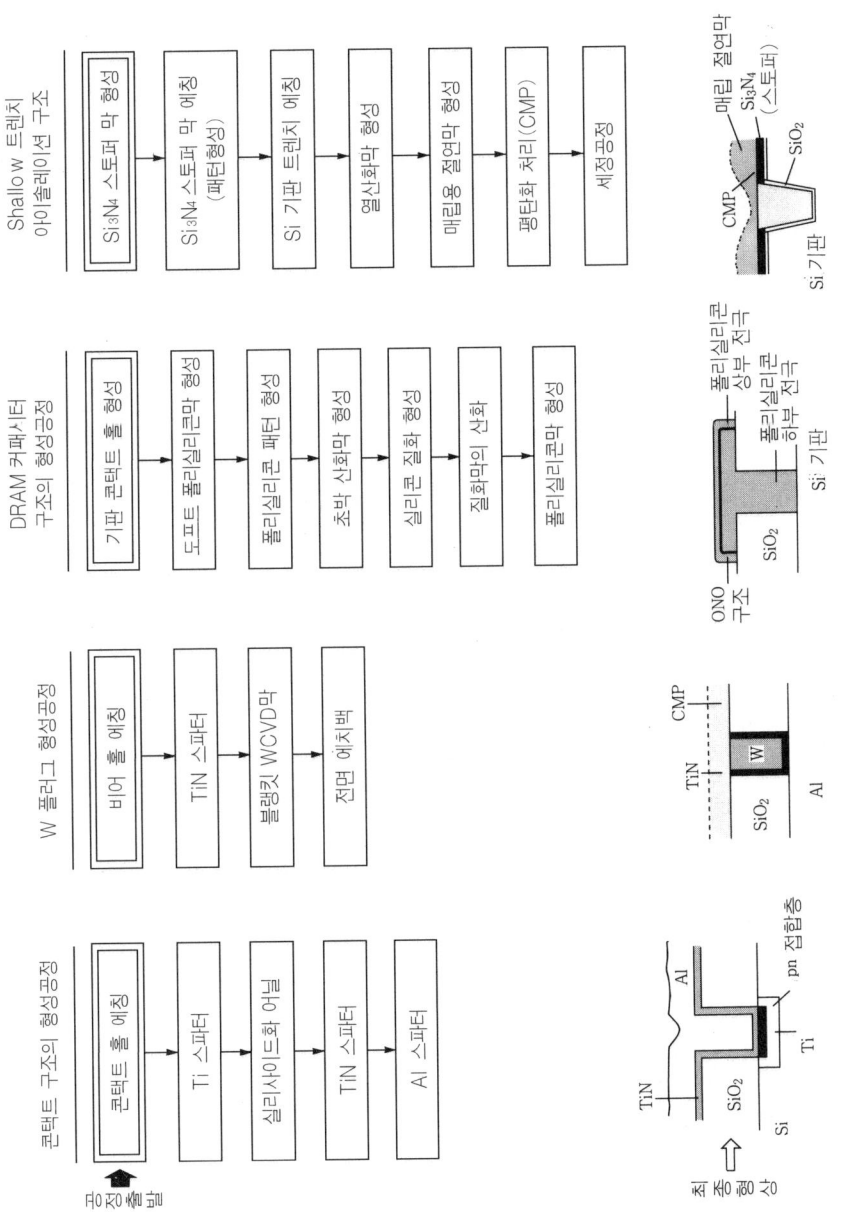

그림 1·9　프로세스 인티그레이션의 예

종래, 따로따로 생산되어 온 메모리 회로와 로직 회로를 원칩화 한 시스템 LSI의 방식도 복합 프로세스적 관점에서 중요하다. DRAM에는 3차원 구조의 커패시터가 각 셀 안에 존재하지만 로직에는 존재하지 않는다. 또, 로직 디바이스에 있어서 개개의 트랜지스터는, DRAM에 비교하면 상당히 높은 성능이 요구된다. 또한, 로직에는 다층 배선이 중요하기 때문에 글로벌 평탄화는 불가결하다. 이와 같은 양자의 상이점을 흡수해서 원칩화 하는 데에는 정합을 위한 프로세스 최적화가 요구되고 있다. 이것도 프로세스 복합화의 중요한 과제이다.

1·7 반도체 디바이스 제조의 3요소

이상과 같이, 반도체 디바이스 제조에는 기본 프로세스에 의한 흐름과 그것을 조합시켜 통합화 한 복합 프로세스가 적용되고 있다.

반도체 디바이스의 제조현장에서, 각종 장치는 클린룸 안에 배열되어 제조가 진행된다. 따라서, 최첨단 제조라인은, 자동반송, 자동제어에 의하게 됨으로써 수(手)작업에 의한 일은 그다지 많지 않다. 사람 손이 관여하는 것은 제조의 메인티넌스, 체크(점검)와 프로세스 결과의 피드백, 피드포워드 등일 때뿐이다. 단, 시작 전 조건의 최적화, 디바이스의 성능과 수율, 신뢰성 확인은 사람이 직접 작업하지 않으면 안 된다.

반도체 디바이스 제조에는, 「제조를 위한 장치」, 「원 재료로서의 실리콘 웨이퍼 및 포토마스크 기판」, 그리고 「그것을 처리하기 위한 레시피」가 필요하다. 이것을 디바이스 제조의 3요소라고 부른다.

장치라는 요소는, 그것을 가동하기 위해 정해져 있는 레시피, 즉 프로세스 조건이 확정되어 있지 않으면 의미가 없다. 또한, 재료가 준비되어 있지 않다면 시작할 수도 없다. 레시피는 웨이퍼 프로세스 조건 그 자체이다.

레시피는 반도체 디바이스 메이커가 가지는 최고의 사양서, 절차서라 말해도 좋고, 장기간의 개발, 시제품 생산 등의 축적된 데이터에서 얻어진 것이라 말할 수 있다. 이것은, 예를 들면 온도, 압력, 농도라는 장치에의 입력조건으로서 정리되며, 그 결과 막두께, 깊이, 저항값, 용량이란 디바이스 파라미터를 얻을 수 있다. 다시 말하면 장치의 운용조건이라 할 수 있다. 이 레시피는 그것을 소유하고 있는 디바이스 메이커 고유의 것으로, 다른 곳에 전용하는 것은 곤란하다. 장치도 재료도 모두 이 레시피에 의해 컨트롤되어 진다.

재료는 원재료로서 실리콘 웨이퍼 및 포토마스크 기판이 있고, 레시피에 따라 장치에 투입된다. 그 밖의 재료로서는 가스, 약품, 타깃, 포토레지스트 등 여러 종류가 있다. 재질, 순도, 파티클 제어 등의 면에서 충분한 관리가 필요하다. 장치는 툴(도구)로 바꿔 말해도 좋을 것이다. 도구로서 자유 자재로 다룰 수 있는 것이 반도체 제조에 있어서는 중요하다. 장치로서 중요한 것은 디바이스 메이커별로 정해진 레시피를 소화 가능하게 할 것, 그 조건에 대해서 장치로서 마진이 생기도록 대응할 수 있도록 하는 것이다.

이상으로 서술한 3요소를 가지고, 반도체 디바이스 제조가 이루어지고 있다고 말할 수 있다.

지금, 장치 메이커가 염두에 두지 않으면 안 되는 것은, "장치는 도구이며, 디바이스 기술로부터의 니즈(요구)에 항상 맞추어 나갈 것, 또한 그 요구에 한발 앞선 요소를 가지고 있지 않으면 안 된다는 것"이다. 그 때문에 디바이스 제조기술, 디바이스의 기본적 구조, 그것을 형성하기 위해 사용되는 프로세스 기술, 더욱이 그것들의 기술적 동향 등을 파악하여, 디바이스 메이커와의 사이에서 그것을 공유할 필요가 있다.

또한, 디바이스 메이커 측에서도 장치를 단지 "물건" 또는 블랙 박스로 보지 말고, 그 내부를 검증하면서 사용해야 한다는 사고방식을 가져야 할 것이다.

칼럼 ③

전문용어와 방언

최근, 반도체 기본용어 표준화의 필요성이 주장되어 지고 있다. 그것은 급속도로 전문용어가 증가하고, 그것을 사용하는 사람들도 늘어났기 때문이다. 표준화는 자연히 이루어지고 있는데 특히, 약어 등은 처음에는 몇 종류, 혹은 각 회사의 독자적인 것으로 사용되다가 최종적으로는 어딘가에 정착해 버리는 일이 많다. LOCOS, SIMOX, LDD, STI, IMD 라고 하는 약어가 그 예이다.

이것들의 용어가 가지는 의미를 명확하게 이해하는 것은 쉽지 않다. 그러나 그것들을 반복해서 듣고 있는 사이에 자연스럽게 머리에 들어와, 이미지로서 정착되어 간다. 용어집 등에서 찾아 보아도 좀처럼 쉽게 머리에 들어오지는 않을 것이다. 실무상, 다시 말해 OJT(On-the Job Training)로서 몸으로 익혀 가는 것이 최고라 할 수 있다. 전문용어를 두려워할 필요는 없다.

용어상 한 가지 더 문제가 되는 것으로서 "반도체 방언"이 있다. 이것은 개별기업 안에서 사용하고 있는 전문용어인데, 각각 고유의 용어를 사용하고 있고, 다른 곳에서는 사용하지 않는 것이 보통이다. 그러나, 이들의 방언이 때로는 외부와의 커뮤니케이션에 있어서 사용되기도 한다. 예를 들면 감광성 수지를, 레지스트, 포토레지, 포토레지스트, PR 등으로 말하기도 하는 것이다. 이처럼 알기 쉬운 용어도 있지만, 이해하기 힘든 것도 있다. 하지만 이것들이 표준화 되는 일은 당분간 없을 것이다.

2

반도체 제조장치의 기술사

앞 장에서는 반도체 제조기술과 제조장치와의 관계에 대해서 설명하였으며, 디바이스의 구조, 프로세스의 흐름, 혹은 구조에 관한 이해가 중요하다는 것을 강조했다.

반도체 제조장치의 각론에 들어가기 전에, 여기서 과거 50년간의 반도체 산업의 역사를 되돌아보며, 제조기술 및 장치가 어떻게 진보해 왔는가를 조망해 보기로 하자.

반도체 디바이스는, 지난 50년간 회로의 집적도는 보다 고밀도로, 패턴 크기는 보다 미세하게, 웨이퍼 사이즈는 보다 대형화로 진보해 왔다. 여기서는 그 세대의 변천과정을 디바이스 기술, 제조 프로세스, 그리고 제조장치의 관점에서 살펴보고자 한다.

2·1　반도체 디바이스의 진보와 제조장치

　반도체 디바이스의 역사는, 반도체 프로세스, 재료, 제조장치의 역사이기도 하다. 그들은 항상 동반적인 진보를 해왔다고 할 수 있다. 이러한 진보가 늦어졌다면 반도체 디바이스의 순조로운 발전은 이룰 수 없었을 것이다. 그림 2·1은 앞 장의 그림 1·1과 같이, **디바이스 집적도**의 변화, **최소 패턴 폭** 및 웨이퍼 사이즈의 변화를 디바이스의 세대교체를 기준으로 정리한 것이다. 디바이스의 예로서는 메모리의 대표로 DRAM을 들 수 있다. 메모리는 집적도가 증가한 만큼 기억용량이 늘어나고, 성능도 향상된다. 그림 속의 둥글게 둘러쳐진 1K 4K····가 기억용량에 의한 DRAM의 세대를 나타내고 있다.

　이처럼, 디바이스 집적도에 관해서는, 3년마다 4배씩 증대한다고 해서 흔히 "무어의 법칙"이라 불리어지며, 과거 20년 이상 기간에 걸쳐서 성립되어 왔다. 이것은 **실리콘 사이클** 현상이나 불황과는 관계없이, 경제동향에서의 기술혁신의 독립성을 나타내기도 한다. 각각의 DRAM 세대는 약3년을 주기로 다음 세대로 착실하게 이어져 오고 있다. 여기서는 메모리 디바이스를 예로 들었지만, **로직 디바이스**에 있어서도 같은 집적도 및 고성능화(동작속도 등) 경향이 존재한다. 따라서 세대교체는 DRAM만의 현상은 아니다. 디바이스의 진보에 대응해서 프로세스, 재료, 장치에서도 세대교체가 필요하다. 그림 2·1에 나타낸 것과 같이 DRAM의 생존주기곡선이 반도체 제조장치의 생존주기곡선과 거의 비슷하게 보조를 맞추어 왔다고 해도 좋을 것이

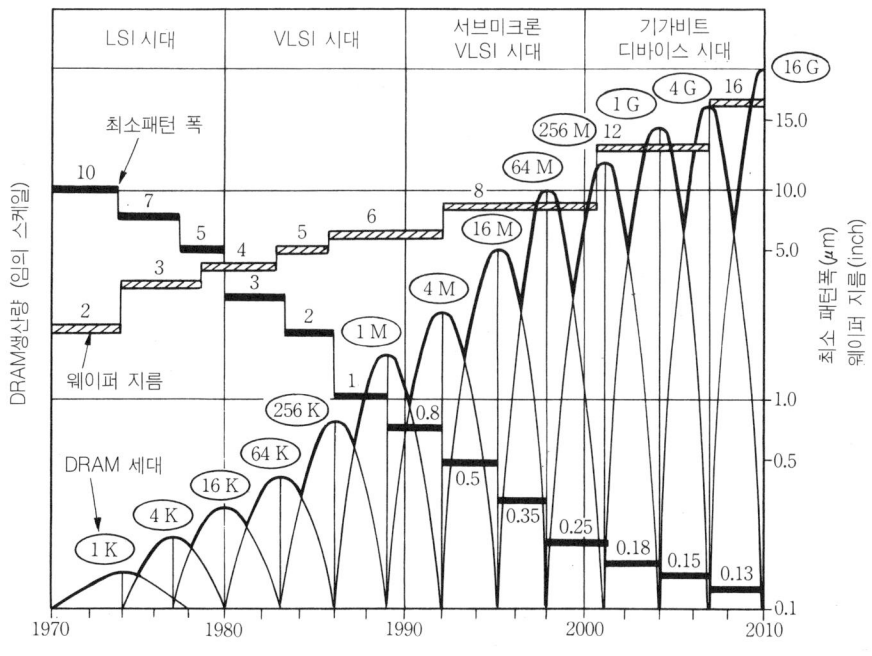

그림 2·1 디바이스의 세대교체

다. 특히 웨이퍼 사이즈의 변화에 있어서, 장치의 세대교체는 불가피한 것이었다. 웨이퍼가 변화할 때에는, 모든 반도체 제조장치도 따라서 바뀌어 간다. 과거의 웨이퍼 지름은 4인치에서 6인치, 6인치에서 8인치의 추이로 바뀌어 왔지만, 현재 지름 300mm(12인치) 웨이퍼 도입에 있어서는 0.18μm 레벨의 디자인 룰이 본격적으로 도입되는 것과 중복되기 때문에 장치에서 해결되어야 할 테마는 대단히 많다.

반도체 50년의 역사는 결코 짧은 것이 아니며, 과거의 축적이라 해도 이미 망각되어지고, 매몰되어진 기술개발 성과도 많을 것이다. 그것들을 찾아 내어 새로이 기술화를 이루겠다는 사람이 지금은 거의 없다. 기술혁신, 이노베이션이라는 기치 아래, 모든 것이 새로운 것이 아니면 안 된다는 사고방식을 갖고 있다면 과거는 무시될 수밖에 없게 된다.

그러나, 현재의 기술진보의 배경을 잘 살펴보면, 의외로 이미 그것이 과거 어떤 시기의 성과와 꼭 맞아떨어졌다든가, 거기에 힌트를 얻어 만들어진 것이 많다. 오히려, 적극적으로 과거의 기술사를 반추해 봄으로써, 생각하지 못했던 힌트를 발견하게 된다. 50년간의 기술적 환경의 변화, 프로세스 고정도화, 계측기술의 진보, 초고순도화 기술, 미세결함 제어기술이란 요소를 가미하면, 현재뿐만 아니라 장래를 살리는 신기술로서 다시 탄생할 가능성이 있다고 본다. 기술의 역사는 성공의 역사만이 아닌, 실패와 매몰의 역사이기도 하다. 그 중에는 배울 수 있는 것이 상당히 많지 않을까 하고 생각된다.

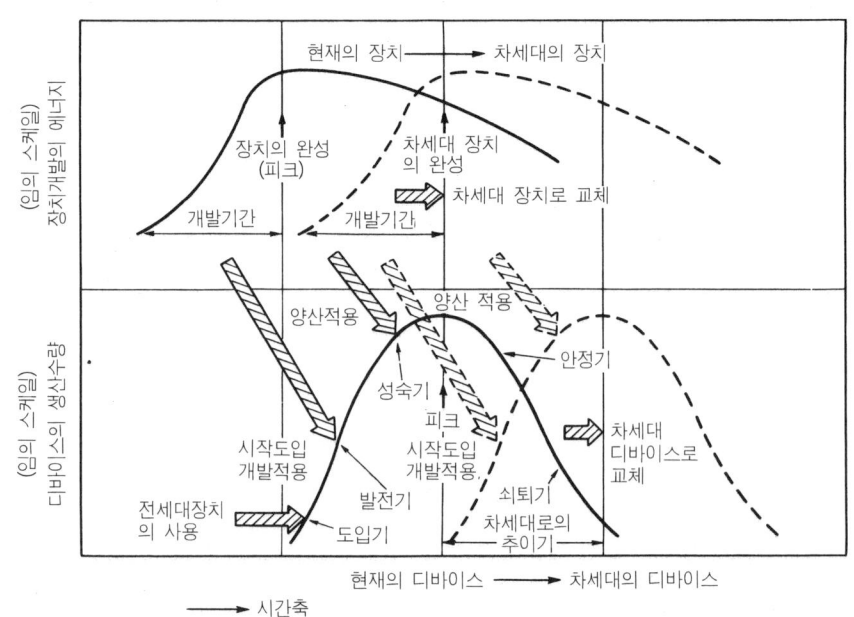

그림 2·2 반도체 제조장치에 있어서 세대교체의 패턴
(디바이스의 세대교체와의 관계)

그림 2·2는 디바이스의 세대교체와 제조장치의 세대교체를 겹쳐서 모델적으로 나타낸 것이다. 장치의 개발과 프로세스 개발을 서로 맞물려 놓고, 디바이스의 도입시기, 즉 생산시기에 맞추어 장치의 완성도를 높여갈 필요가 있다.

따라서, 정확히 한 세대 전의 디바이스와 타이밍을 맞춘 개발이 요구된다. 실제, 디바이스 메이커에서는 한 디바이스 세대 동안에도 패턴 치수의 축소(스케일링, 슈링크 등이라 불린다)를 반드시 반복해서 칩 사이즈 축소, 생산성 향상, 코스트 다운, 성능개선 등을 꾸준히 실시하고 있다. 과거의 제조기술, 제조장치 개발의 경위를 보면, 양산에 도입하기까지 꽤 장기간을 요하는 예가 많았다. 장치 개발에서는 디바이스 제조에 도입하는 타이밍이 상당히 중요하며 디바이스 메이커가 그것을 컨트롤하게 된다. 이런 50년의 역사를 실제로 돌아보고, 장치의 관점에서 어떻게 변천해 왔는가를 기술해 보고자 한다.

칼럼 ④

낡은 기술의 부활

본문 중에서도 다루었지만, 반도체 50년의 역사는 끊임없이 진보된 기술의 역사로서, 거기에는 많은 기술적 축적과 매몰이 있었다. 그 중에는 환경이 조성되지 못했던 탓에 사용되지 못하고 버려졌던 기술, 또 당시에는 시기 상조로 그 가치를 인정받지 못했던 기술 등이 포함된다. 이제, 이 오래된 기술을 새로운 관점에서 검토해 본다면 한번 더 살아있는 기술로서 활용될 수 있을지도 모르겠다.

저자의 전문분야인 CVD(화학기상 성장)에 의한 박막형성에서도 1970년대 초에 이미 개발되어진 TEOS-O$_3$ 법에 의한 저온산화막 형성 등, 1990년대에 이르러서야 그 아이디어가 실제로 활용된 예가 있다. 또한, 새로운 배선기술로서의 Cu 도금이 현재 주목받고 있으나, 미국에서는 오래된 기술의 부활이라 여기고 있는 듯, IBM사의 인터넷 뉴스에서는 "Back to the Future : Copper Comes of Age"라고 기록하고 있다. 이미 문헌의 검색에서도 기록되어있지 않은 오래된 기술이 다시 각광받게 되는 일은 이후에도 충분히 일어날 수 있다.

그러나 당시, 기술의 발전에 관계되었던 사람들의 대부분은 이미 현역에 있지 않아, 옛날의 기술을 다시 되살리려는 발상이 더 이상 없을지도 모른다. 매몰되어가고 있는 기술을 적극적으로 발굴하지 않으면 아무 것도 일어나지 않을 것이다. 오래된 기술에 주목해서 그것을 발굴하는 팀이 있다면 좋지 않을까 생각한다.

이와 같이 생각하면, 반도체 50년의 역사 또한 새로운 아이디어의 보물창고라고도 말할 수 있을 것 같다. 기존의 특허기한이 끝나가면서 새로운 특허가 탄생할 가능성도 높아질 것이다.

2·2 기술로 본 반세기

표 2·1에 반도체 기술에 있어서 50년의 흐름을 정리해 보았다. 1948년 트랜지스터 발명을 시작으로, 1950년에는 트랜지스터의 생산이 시작되었고, 1950년대 후반에 들어 일본에서는 많은 트랜지스터 공장이 가동되었다.

1950년부터 10년을 한 획으로, 각 연대를 표 2·1에 나타낸 것과 같이 특징지을 수 있다. 1950년대는 트랜지스터 시대로서, 이 기간에 Ge에서 Si로의 기술전환이 이루어 졌으며, IC화의 기초가 되는 플레이너 기술이 생겨났다.

1960년대는 IC시대이다. 에피택시얼 성장기술의 개발에 의한, 바이폴러 트랜지스터의 성능은 비약적으로 향상해, 바이폴러 IC로 이행해 간다. MOS형 IC는 계면안정화 기술의 도입에 의해 디바이스로서 확립되어 간다.

1970년대는 LSI의 시대로서, 1Kbit의 p-채널 MOS 메모리가 생겨났다. 여기에 채용된 Si 게이트 구조에서는 종래와는 전혀 다른 프로세스가 많이 도입되었고, 반도체 제조장치가 시장에 대거 등장했다. 반도체 제조장치 산업이 성립된 것은 이 무렵부터이며, 반도체 제조장치 시장으로서의 산업통계 등이 명확해지기 시작한 것도 1970년경부터이다.

1980년대는 VLSI 시대로 자리매김한 시기였다. VLSI를 정의해 보면, 10만 소자 이상을 축적한 칩으로 64Kbit의 메모리가 그 최초의 작품이다. 이 때는 DRAM을 중심으로 일본의 반도체 생산이 큰 폭으로 성장했던 시기로, 반도체 디바이스 생산기술, 생산금액뿐만 아니라, 반도체 기술 그 자체가 미국을 뛰어 넘었다고 착각하고 있을 정도였다.

1990년대부터 지금에 이르러서는, 디바이스 가공치수가 $1\mu m$ 이하로 되어, 서브미크론 VLSI 시대라고 부른다.

여기에서는 메모리와 로직의 최소가공치수가 거의 일치하며, 오히려 로직 디바이스 쪽이 새로운 프로세스, 새로운 재료를 도입함으로써 "로직은 반도체 테크놀러지의 드라이버"라고 불리어질 정도로 되었다. MPU(마이크로 프로세서)를 중심으로 하는 디바이스 시장전략의 성공으로, 일본과 미국의 반도체 생산에 있어서 그 지위는 다시 역전되었고, 한국을 위시한 동남 아시아지역 기업들의 반도체 산업 진출로 일본은 그 지위가 다시 위협을 받게 되었다. 이 연대에서는, 기술적으로는 지름 300mm 웨이퍼로의 이행과 다층 배선기술의 고도의 발전이 주목되고 있다.

20세기말까지는 $0.18\mu m$ 레벨의 디바이스가 등장할 것이라 예상하고 있다. 또한 21세기 최초 10년은 기가비트시대라고 할 수 있을 것이다. $0.1\mu m$ 이하의 패턴 형성이 요구되며, 오랫동안 실용화되기를 기다려 왔던 전자빔과 X-선 노광이 드디어 도입될 수 있게 되었다.

이상이 반도체 기술의 반세기 동안의 흐름으로, 이번에는 반도체 장치를 주체로 한 흐름을 살펴보기로 하자.

표 2·1 반도체 기술의 반세기 흐름

연 대 구 분	연 도	디 바 이 스	프 로 세 스
1940년대	1948	· 트랜지스터 발명(BTL)	
1950년대 트랜지스터시대	1950 1952 1955 1958 1959	· 접합형 트랜지스터(BTL) · Ge에서 Si으로 · Si 메사형 트랜지스터(BTL) · 하이브리드 IC(RCA) · IC 특허(TI, 길비 특허)	· 합금접합 형성기술 · Si 정제기술(BTL) · Si 단결정화기술(BTL) · 선택확산기술(WE) · 플레이너 기술(Fairchild)
1960년대 IC 시대	1960 1962 1963 1964 1968	· 트랜지스터의 고성능화 · 복합형 FET(TI) · MOS형 FET(RCA) · 바이폴러 IC(TI) · MOS IC (RCA)	· 에피택시얼 성장기술(BTL/IBM) · 클린룸의 도입 · 리소그래피 기술의 확립 · 표면안정화 기술(패시베이션) · 박막 형성기술
1970년대 LSI 시대	1970 1974 1976 1978	· 최초의 LSI(Intel) - 1K 메모리, 전산용 LSI · 4KDRAM/4 bit MPU · p-ch MOS에서 n-ch MOS로 · 16KDRAM/8 bit MPU · 16 bit MPU	· Si 게이트 기술 · 다층 전극형성기술 · 이온주입기술 · 산화막 아이솔레이션 기술(LOCOS) · 투영노광기술 · 전자빔 마스크 제조기술
1980년대 VLSI 시대	1980 1981 1983 1986 1989	· 64KDRAM/16K SRAM · 32bit MPU/CCD 카메라 소자 · ASIC/Gate array · 256KDRAM · CMOS화 · 1MDRAM · 4MDRAM	· 축소투영 노광장치(스테퍼) · 드라이 프로세스 기술 · 지름 100mm~125mm 웨이퍼 · CMOS 기술 · LSI 공장자동화 · 슈퍼 클린룸 · 지름 125mm~150mm 웨이퍼
1990년대 서브미크론 VLSI 시대	1992 1997 1998	· 16MDRAM · BiC MOS · 고성능 MPU · 64MDRAM · 시스템 Si(SOC) · FeRAM · 256MDRAM	· 다층 배선기술 · 지름 200mm 웨이퍼 · 1μm 이하의 미세가공 기술 · 프로세스 인티그레이션의 사상 · 고해상도 스테퍼 (i 선에서 엑시머 레이저로) · 평탄화 기술(CMP) · 지름 300mm 웨이퍼
2000년대 기가비트 시대	2001	· 1GDRAM/고성능 로직 LSI ↓ ↓	· 신재료의 도입 · 0.1μm 이하의 패턴 형성 · 신 리소그래피 기술의 도입(EB, XR) · 지름 400mm 웨이퍼로

2·3 제조장치에서 본 반세기

반도체 디바이스의 역사는, 표 2·1에 나타낸 것과 같이 10년 단위로 구분되어 진다. 반도체 제조장치에 대해서도 10년 단위로 여러 가지 기술적 변화가 일어나면서 새로운 원리, 새로운 개념의 장치제품이 탄생해 왔다. 이 흐름은 디바이스의 진보, 디바이스로부터의 니즈에 대응하여 동일한 개념으로 구분지을 수 있다. 그리고 그것은 반도체 기술상의 중요한 토픽과 항상 관련되고 있다. 이 장치의 기술사적 흐름에는, 다음과 같은 마일스톤의 설정이 가능하다.

① Si 이전과 Si 이후
② 플레이너 기술 이전과 플레이너 기술 이후
③ IC 이전과 IC 이후

표 2·2 반도체 제조장치의 마일스톤

연 대	디바이스상의 구분	반도체 제조장치의 시대적 변화	반도체 제조장치와 관련된 화제
1956~1960 (트랜지스터 시대)	Si 이전과 Si 이후	여명기	· 실험실적 장치 (합금, 확산, 열처리, 웨트에칭, 세정 등) · 메사형의 에칭가공, 증착, 산화, 확산 등의 간단한 장치 · 에피택시얼 성장장치의 기초 (Ge 및 Si)
	플레이너 이전과 플레이너 이후		
1960~1970 (IC 시대)	IC 이전과 IC 이후	내제화의 시대	· 물리실험적 장치 (이온주입, 에피택시얼 성장, 증착 등) · 에피택시얼 양산장치의 시판화 · 확산·산화로, 리소그래피의 기본장치(콘택트 얼라이너 등)
1970~1980 (LSI 시대)	LSI 이전과 LSI 이후	장치산업의 성립	· 거의 모든 장치가 시장에서 판매됨 (내제화의 쇠퇴) · 경쟁 메이커의 탄생, 신규 참여 등 (박막장치, 노 등) · 핫 월 LPCVD 장치 (Si 게이트 양산화에 기여) · 증착에서 스파터로
1980~1990 (VLSI 시대)	VLSI 이전과 VLSI 이후	다양화와 표준화의 시대	· 스테퍼의 등장(미세화를 위한 진보) · 드라이 프로세스(RIE)의 도입 · 반도체 공장의 자동화, 컴퓨터화 · 새로운 박막형성장치의 도입 (평탄화, 커버리지)
1990~2000 (서브미크론 VLSI 시대)	$1\mu m$ 이하 /200mm	인티그레이션 (복합화)의 시대	· 멀티체임버, 클러스터형 장치의 개념 도입 (프로세스 인티그레이션) · 글로벌 평탄화 기술 (CMP장치) · 300mm 웨이퍼용 장치의 개발, 평가
2000~ (기가비트 시대)	$0.15\mu m$ 이하 /300mm 이상	신재료·신장치의 시대	· 대구경화용 장치 (300mm~400mm~450mm) · 신재료의 도입 (다층배선, 강유전체 메모리 등 관련) · 신개념의 장치 (EB, X선 리소그래피, 도금, 플라즈마 중합 등)

④ LSI 이전과 LSI 이후

⑤ VLSI 이전과 VLSI 이후

⑥ 1μm 이하, 지름 200mm까지의 영역

⑦ 0.15μm 이하, 지름 300mm까지의 영역

이것들은 각각 디바이스·프로세스 발전의 10년 단위의 변천사와 획을 같이 하고 있다. 이들을 각 시대별로 한 반도체 제조장치 기술의 특징과 주요 토픽을 표 2·2에 나타낸다.

2·3·1 반도체 제조장치의 여명기(1950~1960)

이 시기에는 트랜지스터의 대량 생산이 이미 시작되어, **합금접합형** 소자가 각처에서 생산되고, 성장접합형이라 불리는 소자도 제조되었다. 중요한 장치는 **화학연마, 팰릿 절단,** 합금접합 형성을 위한 **확산로, 도금, 리드선 연결** 등의 장치로서, 현재 생각하는 장치의 이미지와는 전혀 달랐다. 이것들을 사용한 작업이 인해전술적이었다고 하는 면도 있지만, 각 디바이스 메이커 자체적으로 내부 제작 혹은 특별한 사양에 근거해 외주로 장치를 조달한다든지 했으나 그것도 아직 제조설비라 부를 수는 없는 실험장치의 영역을 벗어나지 못하는 것이었다. 물리나 화학실험실이 그대로 공장이 되어버린 것과 같은 형태였던 것이었다. 이 10년간은 반도체 재료

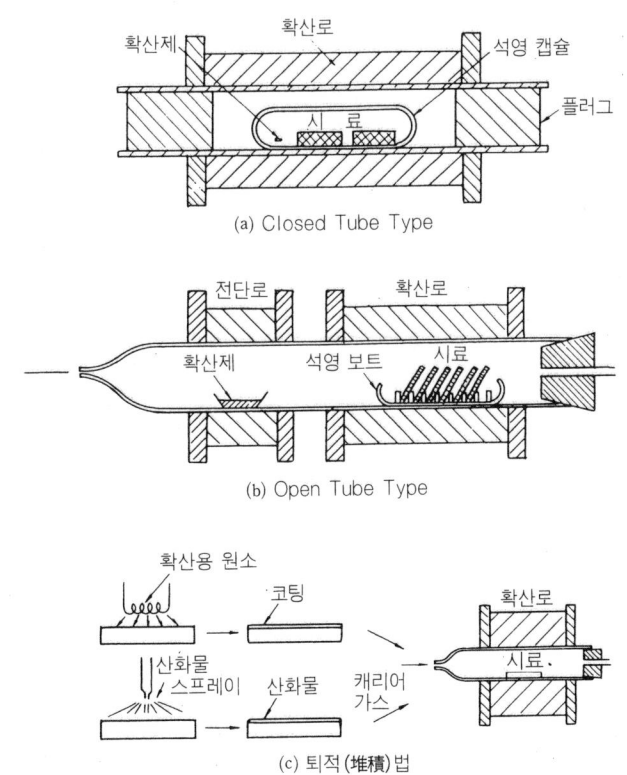

(a) Closed Tube Type

(b) Open Tube Type

(c) 퇴적(堆積)법

그림 2·3 초기의 확산로와 확산법 (1958)

(F.J.Biondi : Transistor Technology Vol.Ⅲ, 1958, Bell Telephone Laboratoties Inc.)

로서 Ge에서 Si로의 전환이 이루어져, 가공기술도 크게 변했다. Si는 Ge와 비교해서 디바이스 적용온도가 높고, 표면에 안정된 산화막이 형성되어, 화학적으로도 불활성이기 때문이다. 합금접합을 대신하여, 불순물의 확산에 의한 pn접합을 형성하는 기술이 개발되고, 메사형이라 불리는 트랜지스터가 등장해, 트랜지스터의 활성영역 이외를 에칭으로 제거하는 방법이 사용되었지만, 장치라고 말할 정도의 것은 아니었다. 그러나 그 당시에도 이미 현재 사용하는 확산로의 원형이라고 할 수 있는 것이 사용되었다. 그림 2·3이 그 예이다.

그리고, 이 시대가 끝나갈 즈음, IC 시대의 막을 알리는 기술로 등장한 것이 플레이너법이다.

이 시기에는 리소그래피, 선택확산(제2단계 확산), 에피택시얼 성장, 그리고 실리콘 산화막 관련기술이 많이 개발되었다. 또한 현재의 반도체 제조장치의 원형이 되는 툴(도구)이 디바이스 메이커의 각 회사에서 고안되어 사용되고 있었다.

2·3·2 반도체 제조장치의 내제화 (1960~1970)

이 시대의 키워드는, IC이다. 플레이너 기술, 에피택시얼 성장기술, 그리고 리소그래피 기술의 확립에 의한 IC 시대에 들어서고 있었다. 그러나 제조장치는 내제화, 즉 디바이스 메이커가 자사 내에서 장치를 제작한다는 움직임이 계속되었다. 많은 신기술이 개발되었지만, 장치로서 시판되어지지는 못했는데, 어떤 방식·구조의 장치가 좋은가를 잘 모르고 있었기 때문이다.

미국에서는 동부해안의 대기업을 중심으로 기술개발이 진행되어, 확산로, 에피택시얼 장치, 증착장치 등이 내제화에 의해 만들어졌다. 그러한 정보는 기업 비밀로 되어 있었지만, 점점 외부로 확산되었다. 마스크 얼라이너(노광장치) 등의 제품, 초기의 확산로 등이 시판되고 있었지만 "습작"의 수준이었다. 미국에서는 이 내제화를 베이스로, 장치의 스루풋 향상, 성능 향상을 꾀하는 노력을 계속하고, 그것을 시판할 수 있는 제조장치에 집중하고 있었다.

계면(界面)의 안정화 기술이 확립되어, MOS형 디바이스의 제조가 생산기술적으로 가능하게

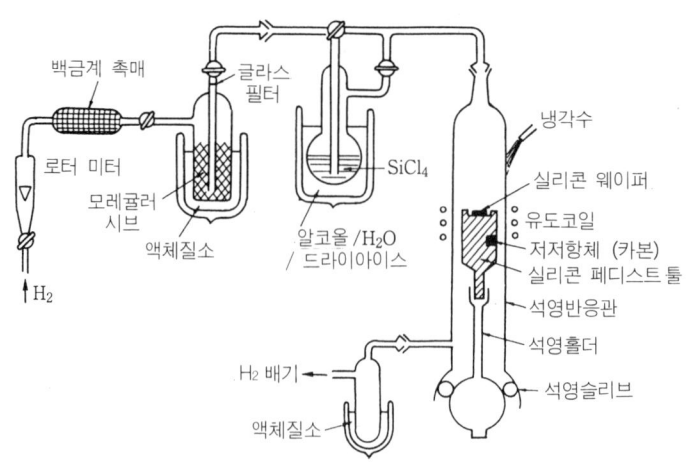

그림 2·4 에피택시얼 성장 실험장치 (1961)
(H .C. Theuerer : J. Electrochem Soc. Vol.108., 1961 p.149.)

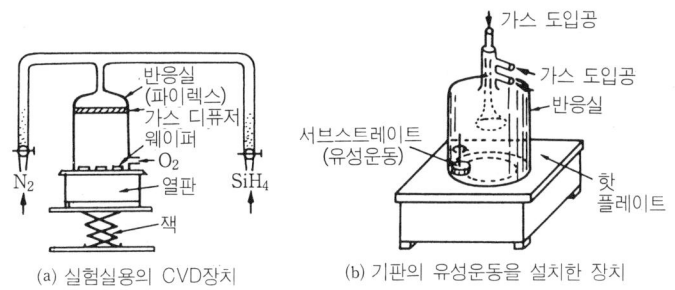

그림 2·5 저온 산화막 CVD법의 개발에 사용된 장치 (1968)
(W. Kem : RCA Review, p.525, Dec., 1968)

된 것도 이 시기이다. 에피택시얼 성장장치, **저온 산화막** 등의 **박막형성기술**의 개발도 급속도로 진행되어, 실험장치에서 양산장치로의 가능성이 나타났다. 대표적인 예로서 논문에 발표한 **에피택시얼 성장장치**(1961년), **산화막 CVD 장치**(1968년)를 그림 2·4, 2·5에 나타낸다. 모두 이 장치기술의 기본구조와 방식을 이어받고 있다.

이 시기, 일본은 반도체 기술에 관한 모든 것을 미국에서 들여왔을 뿐만 아니라 장치에 있어서도 시판되기 시작한 물건을 수입하여 사용하고 있었다. 또한 여러 가지 정보와 논문에 바탕을 둔, 장치의 내제화도 개시되었다. 내제화는 자사 내에 고유기술이 보존될 수 있도록 하고, 외부에는 정보가 새어 나가지 않게 하기 위해, 다른 경쟁 메이커와 차별을 두게 한다는 인식도 있다. 이 1960년대 후반에는 미국의 반도체 사업의 중심이 동부해안에서 서부해안(실리콘밸리)으로 옮겨져, 반도체 제조장치도 새로운 시대를 맞이하게 되었다.

2·3·3 반도체 제조장치 산업의 성립(1970∼1980)

1970년은 LSI 원년으로, 1Kbit MOS 메모리가 등장한 해이다.

MOS 계면특성의 불안정 원인이 명확해지고, 문제점이 해결된 MOS 디바이스의 양산이 실현된 결과, 고집적화로의 길이 열렸다 해도 좋을 것이다. 특성 안정화에 기여했던 것은 프로세스에 사용된 원재료, 사용부품 등의 고순도화와 확산로 및 증착장치 등의 개량이다. 또한 LSI 시대의 개막은 반도체 제조장치 산업이 성립되었던 시대의 개막과도 어깨를 나란히 하고 있다.

이렇게 되면서 MOS 디바이스도, 바이폴러 디바이스도 그 제조를 위해서는 어떤 공정으로, 어떤 조건으로, 어떤 도구를 사용하면 좋을지가 명확해 졌고, 지금까지 암중모색이었던 툴의 내용, 즉 장치의 내용이 차차 확립되어 갔다.

또한 MOS LSI는 새롭게 개발된 Si 게이트 구조를 사용하고 있고, 그것에 의한 고집적화와 고성능화를 지향하고 있었다. 이 Si 게이트 구조의 키 포인트는 박막형성과 그 적층화이다. 따라서, 금속막과 절연막, 폴리실리콘막 등의 형성용 양산장치의 도입이 불가피해 졌다. LOCOS (선택산화) 기술, 이온주입기술 등이 도입된 것도 이 시기이다.

이러한 기술도 그것들을 가능하게 하는 장치가 존재하면서 비로소 성립된다. 그리고 반도체 제조장치, 특히 웨이퍼 프로세스 관련 장치가 급속하게 시장에 등장하기 시작했다. 1970년대는 진정한 의미에서 반도체 제조장치 산업이 성립된 시기라고 할 수 있다. 많은 장치 메이커가 미국에서 출발하고, 실리콘밸리가 그들의 활약 장소가 되었다. 일본에서는 이들의 새로운 장치를 대부분 수입에 의존하는 시기가 계속된다. 반도체 디바이스 기술과 마찬가지로 제조장치에 관해서도 미국의 정보를 받아들이고, 또한 정보뿐만 아니라 실제의 도구까지 포함해서 미국에 의존하고 있었다. 그 숫자는 적지만 진정 일본만의 독자적인 제조기술, 제조장치가 개발되어진 것은 훨씬 후의 일이다.

그 때까지, 반도체 제조장치의 상품전시회는 소규모로 진행되고 있었다. 미국에서는 SEMI라 불리는 장치·재료의 업계 단체가 만들어져, 때마침 그 시기인 1971년 제1회 세미콘쇼가 개최되었다. 세미콘쇼의 일본 개최(제1회)는 1976년이었다. 덧붙여서 1970년에는 일본 공업조사회에 의해 『반도체 제조·시험장치 편람』이 간행되어 있었는데, 당시 이런 종류의 출판물로 통합·정리된 것은 좀처럼 없었다고 본다. 지금 생각해 보면 시기 적절했고, 30년 가까이 지난 출판물이긴 하지만 대강 훑어 보더라도 시사하는 바가 너무나 많은 내용을 담고 있다.

2·3·4 장치에 있어서 다양화와 표준화 (1980~1990)

이 기간에 일본은 DRAM의 생산기지로서 위치를 확립하여, 반도체 디바이스의 생산고에 있어서 미국을 제치고 세계 제1위가 되는 일본 우위 시대를 맞고 있었다.

기술적으로는 64 KDRAM 도입의 시작으로, VLSI 시대에 돌입하게 되었다. 그 사이에, 디바이스는 CMOS 중심이 되며 바이폴러 디바이스는 차차로 쇠퇴해졌다. 프로세스 기술에서는 축소투영 노광장치(스테퍼)가 일본의 광학기기 메이커에서 시판되어, 전 세계로 확산된 것을 시작으로, 드라이 프로세스로의 이행이 진행되어졌다. 이 시기는 진정한 미세화, 고집적화가 각 디바이스 메이커 사이에서 일어나, 디바이스의 제조기술, 수율, 신뢰성 등에 있어서 프로세스 및 장치의 중요성을 인식하게 되었다.

그 때문에, 디바이스 메이커 각 회사는, 많은 종류의 장치 속에서 제각기 독자적으로 선택·조합을 함으로써, 다른 회사와의 기술 차별화를 도모했다. 한 종류의 장치분야(예를 들면 드라이에칭)에서, 많게는 10개의 회사가 참가하여 각각의 독특한 장치 개념을 주장하는 경향이 있었기 때문이다. 또한 장치의 절대평가가 존재하지 않는다는 것이 단적으로 나타났던 시기라 말할 수 있다. 그런 의미에서 다양화의 시대였다. 그러나 한정된 규모의 시장에서, 다수의 메이커, 여러 종류의 제품이 공존할 리 없었고, 얼마 안 있어 도태되어, 몇 개사로 좁혀졌다.

64 KDRAM에서 4M DRAM에 이르는 디바이스가 개발되었던 이 시기에는, 프로세스 기술, 디바이스 구조가 복잡화되어, 디바이스 메이커 각 회사는 독자기술의 확립에 노력하지 않으면 안되었다. 그러나 차차 그들 각 회사의 독자기술은 유사한 기술로 되어가면서 기술적으로, 장치적으로 표준화를 기대할 수 있게 되었다. 프로세스·디바이스 기술과 장치에서 다른 회사와의 차별화를 두는 전략은 점점 사라지고 있었다. 오히려 VLSI 디바이스의 제품기획과 판매전략

이 디바이스 메이커의 차별요소로 되면서, 곧이어 일본은 미국에 역전되었다. 장치에 있어서도 DRAM 양산을 배경으로 성장해 왔던 일본의 기술 및 시장은, 미국 기업에 지배받게 되었다. 진정한 의미에서, 일본의 독자적이면서도 전세계에 적용된 장치기술은 두세 가지 예를 제외하면 존재하지 못했고, 그 후로도 생겨나지 못했다고 할 수 있다.

2·3·5 장치의 복합화와 프로세스 인티그레이션 (1990~2000)

1990년대에는 최소 가공치수가 $1\mu m$ 이하로 되었고, DRAM은 이미 테크놀러지 드라이버의 중심이라고는 말하기 어렵게 되었으며, 마이크로 프로세서를 중심으로 한 **로직 디바이스**가 반도체 산업에 있어서 중심적인 위치를 차지하게 되었다. 물론, 16 M DRAM은 고도의 기술을 사용한 최첨단 디바이스로서, 반도체 메이커에 많은 이익을 가져다 주었다. 그러나 로직 디바이스는 고성능화라는 점에서 그 이상으로 고도의 기술과 새로운 장치를 필요로 하게 되었다.

> 1990년대 초기까지는 "DRAM은 테크놀러지 드라이버"라고 불리어져, 반도체 테크놀러지의 진보를 촉진하는 촉매라 일컬어졌다. 그러나 현재는, 로직의 고밀도화·고집적화를 위해 지금까지의 DRAM에는 존재하지 않았던 신기술 도입이 요구되면서, 오히려 "로직 디바이스는 테크놀러지 드라이버"라고 불리어지게 되었다. 현실적으로는 두 가지 모두 새로운 기술의 도입을 항상 필요로 하는 테크놀러지 드라이버로서 각각 다른 면을 가지고 있다고 말할 수 있다.

프로세스 기술적으로는 **지름 200mm 웨이퍼**가 이 시기에 처음으로 도입되어, 장치 면에서 일제히 교체가 이루어 졌으며, 장치산업은 버블이라 할 정도로 호황을 누렸다.

DRAM에 있어서는 **3차원 커패시터 구조**, 로직에 있어서는 **다층 배선구조**의 진전과 함께, 마스크 매수의 증가, 장치대수의 증가가 요구되어 새로운 재료와 가공원리의 도입이 불가피해지게 되었다. 특히 1990년대 말에는 $0.20\mu m$ 이하의 패턴 사이즈를 필요로 하여 **고해상도 엑시머 레이저 스테퍼**가 도입되었고, 그것에 대응한 표면의 평탄화를 위한 장치-CMP 장치-의 도입이 진행되기도 하였다. CMP 장치는 웨이퍼 프로세스에 있어서 과거 30년간 도입되었던 적이 없었던 툴이다. 그러나 공정에 간편하게 활용할 수 있는 도구로서 반도체 제조기술 및 장치기술에 많은 임팩트를 부여하고 있다.

장치면에 있어서 이 시대의 또 하나의 특색은, 프로세스 복합화, 통합화, 또는 장치에 있어서의 프로세스 인티그레이션이다. 미세화와 고밀도화에 따라, 디바이스 메이커로서는 신세대 디바이스 양산에 있어서 투자금액의 증가, 칩 원가의 상승을 가져왔고, 디바이스 메이커로서는 디바이스 메이커가 추구하는 고성능 툴의 개발기간, 개발비용의 증가가 초래되었다. 독자적 기술은 가지고 있으나, 자금력을 가지고 있지 않는 중소장치 메이커로서는, 생존이 불안한 사태가 초래되기도 했다. 거기에서 검토되어진 것이, 장치에 있어서 주변 부분의 표준화와 메이커간의 호환성을 지향한 장치의 클러스터화이다. 각 메이커마다 인터페이스의 표준화를 시행해 둔다면 어떤 장치, 어떤 체임버라도 서로 접속할 수 있고, 프로세스의 복합화, 통합화를 도모할 수 있을 것이다. 이것이 가능하다고 생각할 수 있는 배경에는, 프로세스 몇 개의 스텝을 마치 하나의 처리공정인 것처럼 한 대의 장치 안에서 연속적으로 이루어지도록 하는 일종의 **프로세스 인티그레이션** 수법이 디바이스 생산의 합리화, 공기단축, 프로세스 성능 향상을 위해 필요로 하게 되었다는 것을 들 수 있다. 이것은 SEMI 등이 제창되어 진행되었지만, 쉽게 장치업계에서 받아들일 수 있는 현실적인 것은 되지 못했다. 그래서 이와 같은 인티그레이션은 장치 메이커 자체 내에서 자사의 제품 계통만을 사용함으로써 달성하려는 움직임으로 변해갔다. 멀**티체임버 시스템**이라 불리는 다수의 장치는, 이것을 가능하게 하는 방법으로 알려지면서 실제 라인에서 사용되어지는 예도 많았다.

이런 동향은 디바이스 메이커에게는 좋은 현상으로, 공장 내 단위장치의 대수를 실질적으로 줄이고, 프로세스 성능도 장치에 의존시킴으로써 장치 메이커에 그 부하를 부과할 수 있게 된다. 다시 말하면, 공급자인 장치 메이커와 사용자인 디바이스 메이커간 기술력의 밸런스가 종래와는 달리 사용자의 공급자에 대한 의존성으로 확대될 수밖에 없었다. 이것이 1990년대 말에 걸친 반도체 제조장치 산업의 실태이다. 그러나 다른 한편에서는 또 다른 흐름도 의연히 존재한다. 현재, 디바이스 메이커에는, 다음과 같은 세 가지의 형태가 있다.

① 프로세스 기술 지향의 메이커

프로세스 기술력에 의한 디바이스 성능, 수율, 신뢰성 등의 면에서 차별화 한다. 따라서 최첨단 프로세스 기술·장치가 필요하며, 기술의 연구개발이 불가피하다. DRAM 메이커 등

② 프로세스 기술·회로설계기술의 쌍방을 지향하는 메이커

최첨단 MPU 메이커 등

③ 회로설계기술 지향의 메이커

프로세스 기술이 아니라, 제품의 설계, 상품기획 등에서 차별화를 꾀하는 메이커. ASIC, 시스템 LSI 메이커, 파운드리 비즈니스를 취급하는 메이커 등

프로세스 기술을 지향하고 있는 곳은 일본과 한국의 반도체 메이커이며, 항상 새로운 기술과 장치 도입의 차별화를 위해서 필요하다. 한편, 회로설계기술을 지향하고 있는 곳은 미국의 많은 메이커와 대만의 메이커로서, 프로세스 기술과 장치의 선택은 이미 차별화 요소가 아니며, 디바이스가 안정되게 생산만 되면 된다. 프로세스 기술면에서 장치 메이커에 의존하는 디바이스 메이커가 그것이다. 프로세스 기술 지향의 메이커로서는 프로세스 기술 개발이 지속적으로 필요하며, 장치 메이커에의 기술의존은 제한되어 있다. 그 경우, 프로세스 기술상의 요구는 디바이스 메이커로부터 나오는 것이며, 장치 메이커는 그것을 베이스로 제품화 하기 위해 노력하는 것이 된다. 쌍방을 지향하고 있는 디바이스 메이커는 강력한 영향력을 갖게 된다.

21C 초까지는 디바이스 메이커와 장치 메이커의 관계가, 이와 같은 세 가지의 흐름을 배경으로 하는 상태가 계속되어, 장치의 통합화, 프로세스 인티그레이션도 각각에 의해 다른 내용과 목적으로 이용되어질 것으로 보인다.

2·4 기술사의 도달점

— 2001년 이후, 기가비트 시대 또는
300mm 이상의 웨이퍼와 0.15μm 이하의 가공치수의 시대—

21세기 초두에는 지름 300mm 웨이퍼를 사용하여 0.15μm 이하의 디자인 룰의 디바이스가 양산된다. 웨이퍼 사이즈는 2010년 안에는 400mm 또는 450mm가 될 것으로 예상된다. 과거 50년 기술사의 도달점으로서, 반도체 제조장치는 어떻게 될 것인가?

앞에서 서술한 바와 같이 디바이스 메이커에는 세 가지의 흐름이 존재한다고 여겨지므로, 프로세스 기술의 혁신은 그대로 급속하게 진전해 갈 것은 틀림이 없다. 장치 메이커는 그들의 요구를 파악하면서, 각 기술에 부합하는 장치를 제공해 갈 것이다. 장치 메이커는 반도체 디바이스를 만드는 것이 아닌, 어디까지나 그것을 만들기 위한 도구를 제공하는 것에는 변함이 없다. 장치 메이커와 디바이스 메이커의 역할 구분은 명확하다. 과거의 역사 중에서, 예를 들면 드라이에칭 기술, CVD기술, CMP기술 등이 개발되어질 때마다, 많은 장치 메이커들이 참가해 왔던 것과 같이, 이후에도 Cu 배선기술, 저비유전율을 가지는 층간절연막 기술 등에서 새로운 장치가 시장에 많이 등장할 것으로 전망된다. 그리고 지금까지와 같은 양상으로 도태될 수도 있을 것이다.

21세기 초의 10년 내에 종래의 광 리소그래피를 대신하여 전자빔(EB) 노광장치, X-선 노광장치 등이 생산용 리소그래피 장치로서 반드시 등장할 것이다. 다른 업종 또는 다른 기술 분야와의 접촉은 필연적인 것으로, 이것에 의해서 반도체 제조장치와 그 산업은 크게 변모할 것이다.

3

반도체 제조장치의
종류와 역할

앞 장에서는 반도체 디바이스는 어떠한 구조를 가지고 어떠한 기술로 구성되며, 어떠한 가공기술에 의해 만들어지고 있는지 그리고, 거기에 반도체 제조장치가 어떻게 관여하고 있는지에 대해 설명했다.

본 장은 이제까지 바깥쪽에서 본 반도체 제조장치를 지금부터는 내부로 들어가 보고자 한다. 반도체 제조장치에 대해서 자세하게 설명하기 전에 먼저 주변장치를 포함한 반도체 제조에 관한 장치 전체를 살펴보도록 한다. 반도체 제조장치는 반도체 디바이스의 제조 자체를 가능하게 하는 도구(Tool)이며, 이것이 없으면 디바이스의 제조는 불가능하다. 한편, 이 툴을 움직이기 위해서는 재료와 레시피(Recipe)가 필요하며, 여기에서는 장치를 사용하는 입장에서, 기술의 독자성 또는 독창성이 발휘되어야 한다.

3·1　반도체 제조장치의 범위

　반도체 디바이스는 제1장의 그림 1·2에 나타낸 플로와 같이 실리콘 웨이퍼 및 마스크를 출발 재료로 해서 전공정, 후공정으로 진행되어 간다. 여기에 붙여진 "공정"을 그대로 "장치"로 바꾸어 놓으면, 그것이 반도체 제조장치의 종류 내지는 분류를 나타내게 된다.　또한, 반도체 제조장치가 설치되는 클린룸 및 반도체 공장 전체, 환경제어에 관련된 각 설비도 넓은 의미의 반도체 제조설비라 할 수 있다. 그림 3·1에 그것들의 상호관계를 블록 다이어그램(Block Diagram)으로 나타냈다. 반도체 공장 웨이퍼 프로세스에서 수없이 많이 이용되고 있는 분석평가, 검사, 측정장치도 넓은 의미에서 반도체 제조장치라고 할 수 있다.　회로설계, 패턴설계(CAD=Computer Aided Design) 관련장치는 대부분이 하드웨어로서의 컴퓨터 시스템과 소프트웨어로서의 각 설계 툴, 시뮬레이션 툴, 검증 시스템 등으로, "반도체 제조장치"의 이미지와는 다소 동떨어진 존재이다.

　또한, **단결정 실리콘 웨이퍼** 제조장치 및 **포토마스크 기판** 제조장치도 넓은 의미에서는 반도체 제조장치이지만, 현재는 각각 전문메이커에서 사용되어지며, 특정한 경우 외에는 디바이스 메이커 내에 설치되는 경우가 적어졌다. 물론, 자사 제작의 실리콘 웨이퍼, 자사 내에 마스크 제조공장을 가진 디바이스 메이커가 없는 것은 아니다.

　후공정이라 불리는 **조립공정**, 검사공정 등의 장치는 어떤 의미에서는 절대평가가 존재하여 "이 공정이라면 이 장치가 최선"이라는 일반적 평가가 존재한다.　그러나 앞서 여러 번 설명했듯이 웨이퍼 **프로세스 장치**(전공정)는 그 "절대평가"가 존재하지 않는 것으로 으뜸가는 장치이다.

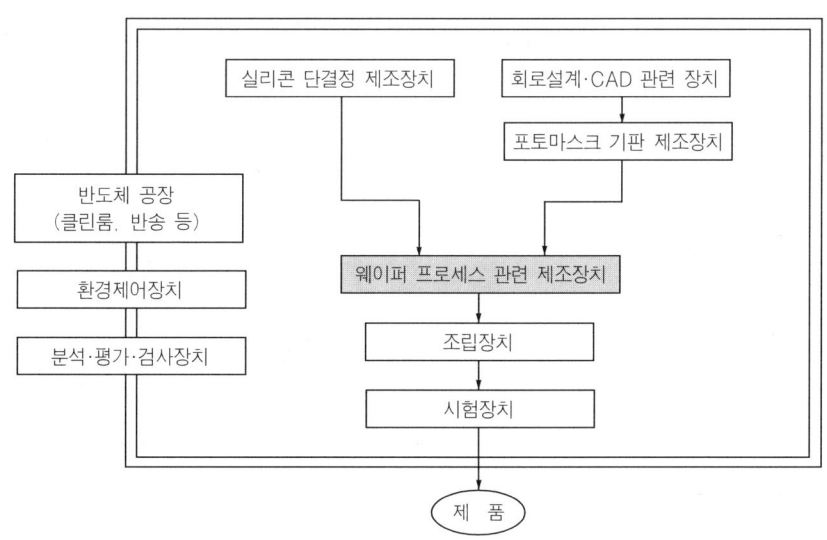

그림 3·1 반도체 제조장치의 범위

3·2 반도체 제조장치의 분류

여기에서는 각 블록별 반도체 제조장치의 내용에 대해서 조금 더 자세히 살펴보도록 한다. 특히, 제1장에서는 디바이스의 구조 및 그것을 형성하기 위한 기본적 웨이퍼 프로세스에 대해서 설명하였으므로, 여기에서는 그 주변기술로서의 실리콘 웨이퍼 제조, 포토마스크 제조, 조립·검사공정에 대해서 그 개요를 설명하기로 한다.

3·2·1 포토마스크 기판 제조장치

포토마스크 기판의 제조는 그 자체가 "또 하나의 리소그래피(Lithography)공정"이라 할 수 있다. 단, 사용하는 것은 실리콘 웨이퍼가 아닌 석영 유리기판이다.

이 포토마스크 제조기술도 반도체 디바이스의 진보에 따른 긴 역사가 있으며 변화가 두드러진 분야였다. 밀착노광방식이 이용된 시기에는 일반적으로 소다 유리기판에 에멀션(Emulsion)이라고 불리는 감광제를 도포, 감광, 현상시킨 마스크를 사용했지만, 미세화의 진전과 함께 스테퍼(Stepper)의 도입, 레티클(Reticle)이라 불리는 확대 마스크 기판의 사용을 계기로, 석영

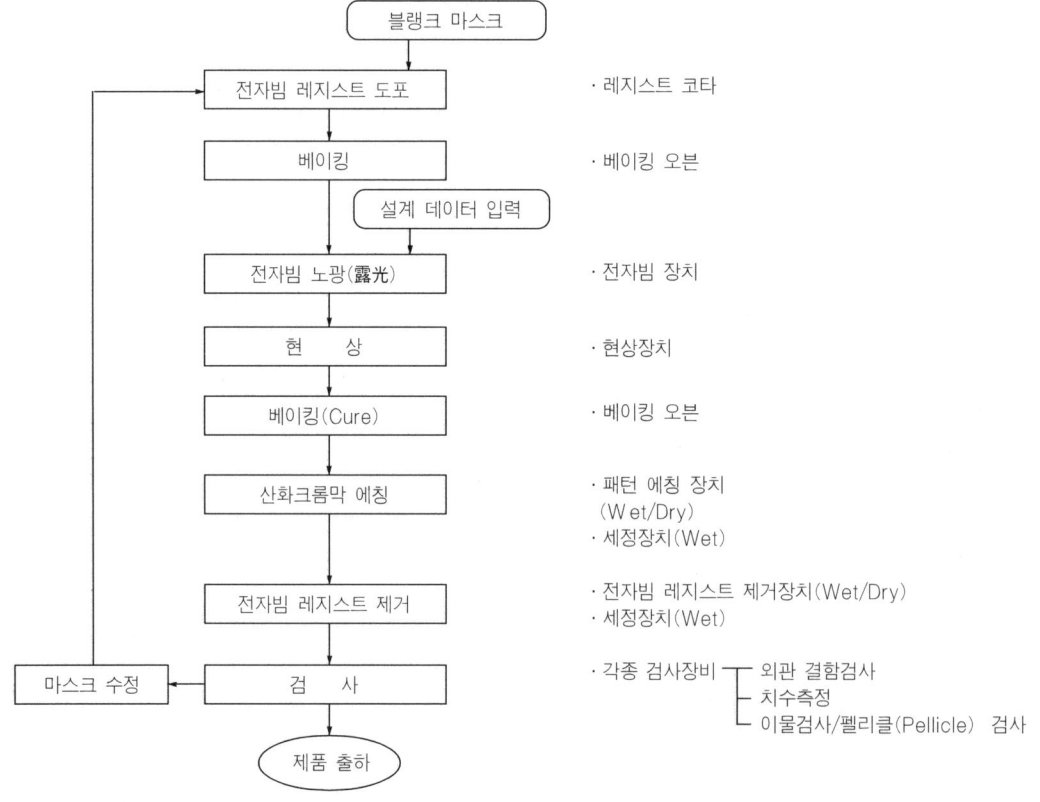

그림 3·2 포토마스크 기판 제조의 플로 차트와 장치

기판 위에 산화크롬계의 피막을 형성시킨 하드마스크라 불리는 기판이 사용되게 되었다. 이 레티클 기판을 제조하는 기술이 현재에도 그대로 사용되고 있다. 그림 3·2는 현재 레티클 제조에 사용되고 있는 프로세스 플로 및 그에 필요한 장치이다.

 "또 하나의 리소그래피"라는 의미는 석영기판상의 산화크롬 박막을 패턴 형성하는 공정 그 자체를 말한다. 단, 실리콘 기판상에서와 달리, 마스크 위치를 맞출 필요는 없다. 최근에는 위상(位相) 시프트(Phase Shift)라는 수법이 도입되어, 웨이퍼 프로세스 패턴의 해상도를 높이기 위한 산화크롬 패턴에 별도의 막재료 패턴을 중복시키는 기술도 필요하게 되었다.

 포토마스크 기판 제조공정에 있어서, 패턴 검사는 더없이 중요하다. 특히, 레티클 상의 결함이나 이물의 부착 등은 모든 칩 위에 결함을 전사(轉寫)시킬 수 있기 때문이다. 포토마스크 제조에 있어서는 디바이스의 고밀도화, 고집적화에 대응해서, 패턴 형성의 미세화와 유리기판의 대형화가 필요하다.

 그 때문에 앞으로 X-선 노광방식이 채용되는 경우에는, 마스크 기판 제조기술은 전혀 다른 국면을 맞이하게 되고 재료면, 가공면에서도 X-선 노광기술 자체의 성패를 좌우할 만큼의 중요성을 가지게 된다.

3·2·2 실리콘 단결정 웨이퍼의 제조장치

 실리콘 웨이퍼의 공급은 실리콘 메이커에 의해서 이루어지며, 일반적으로 디바이스 메이커는 요구사양에 의거하여 구입한 웨이퍼를 이용, 디바이스를 생산한다. 결정 메이커는 소재 메이커로 분류되는 업계이며, 반도체 디바이스 제조업과는 다른 입장이다. 거기에서 사용되는 장치는 에피택시얼(Epitaxial) 성장장치 등의 경우를 제외하면, 그 외의 장치분야와의 공통적 요소는 없다.

 실리콘 단결정 웨이퍼 제조의 원류는 본래 규석(SiO₂을 주성분으로 하는 광물)이다. 실리콘(Si)은 지각 중의 존재율이 산소(O) 다음으로 크며, 자원으로서는 거의 무한정이다. 그러나 그 규석에서 고순도의 실리콘을 얻기 위해서는, 환원을 위한 많은 에너지와 정제를 위한 긴 공정을 필요로 한다.

 일반적으로 일본에서 결정 메이커의 업무는, 해외에서 제조·정제된 고순도 다결정 덩어리를 수입해서 그것을 단결정화 하는 것에서부터 출발한다. 물론, 일본에서는 그 자체 내에서 다결정의 고순도화를 실시하는 기업도 있다. 고순도 다결정 덩어리의 제조에 있어서도, 규석환원용 코크스(Coke)로(爐), 염소화와 증유, 정유를 위한 시설, 염화물의 수소환원을 위한 고순도 다결정 형성반응로 등의 장치가 필요하다.

 단결정의 제조에는, 도가니 속의 용융(溶融) 실리콘을 종결정(種結晶)에서 서서히 끌어올리면서 단결정을 성장시켜 가는 CZ(쵸크랄스키)법과 용융(熔融) 존(Zone)을 이동시키면서 단결정화 해 가는 FZ(플로팅 존)법이 있다. 모두 단결정의 잉곳(Ingot ; 단결정 원통 막대기)을 만드는 방법이지만, 여기에서는 CZ법에 의해서 단결정화 하여, 경면(鏡面) 웨이퍼까지 얻어지는 진행과정을 가리킨다. 그림 3·3은 단결정화에서 경면 웨이퍼까지의 일련의 프로세스 진행

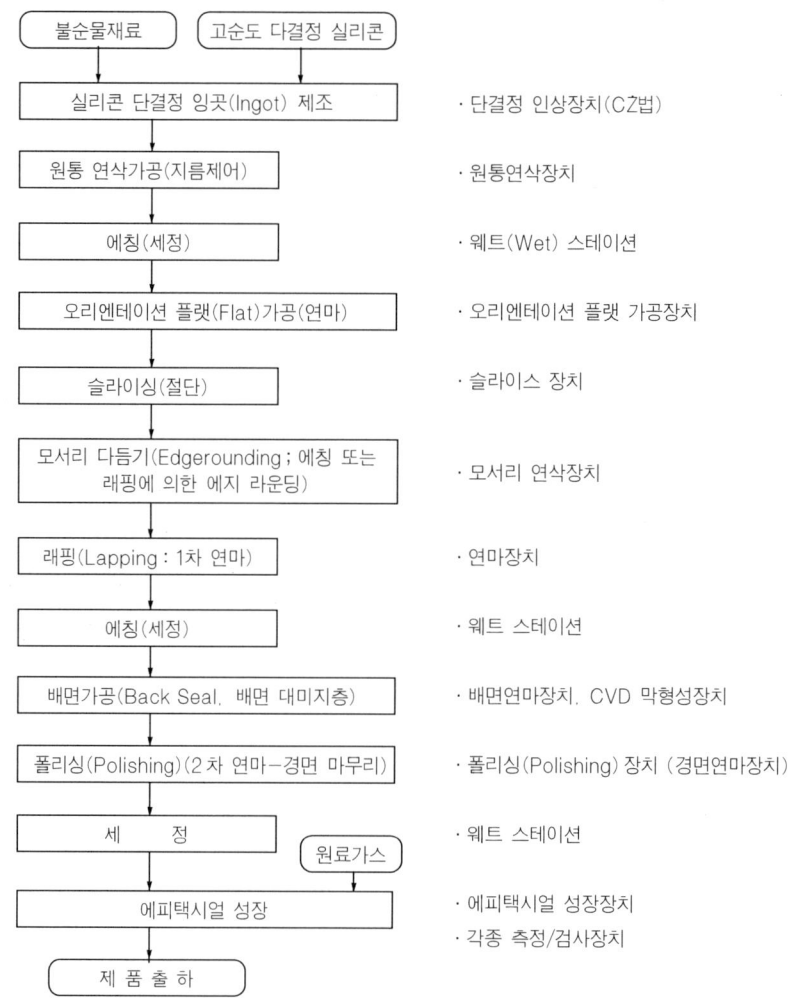

그림 3·3 실리콘 단결정 웨이퍼 제조 플로 차트와 장치

에 필요한 장치이다. 각종 연마·연삭장치가 사용되며, 디바이스 메이커의 요구에 맞는 형상·치수의 실리콘 경면 웨이퍼가 제조된다. 또한, 최첨단 디바이스용으로서는 그 위에 다시 에피택시얼 성장층을 형성시킨다. 그것은 이전에는 디바이스 메이커 내에서, 특히 바이폴러(Bipolar) 디바이스용으로서 실시되었던 공정이지만, 현재는 결정 메이커의 작업으로 바뀌었다. 결정 메이커로서는 일종의 수직결합(Vertical Integration)의 일환으로서 에피택시얼 성장공정을 다루고 있으며, 현재에는 아이솔레이션(Isolation) 공정, 웨이퍼를 서로 붙이는 등에 의한 SOI 구조의 형성 제작까지 손을 미치고 있다.

3·2·3 웨이퍼 프로세스용 제조장치

웨이퍼 프로세스에서의 기본기술에 대해서는 이미 제1장에서 많은 페이지를 할애해서 설명

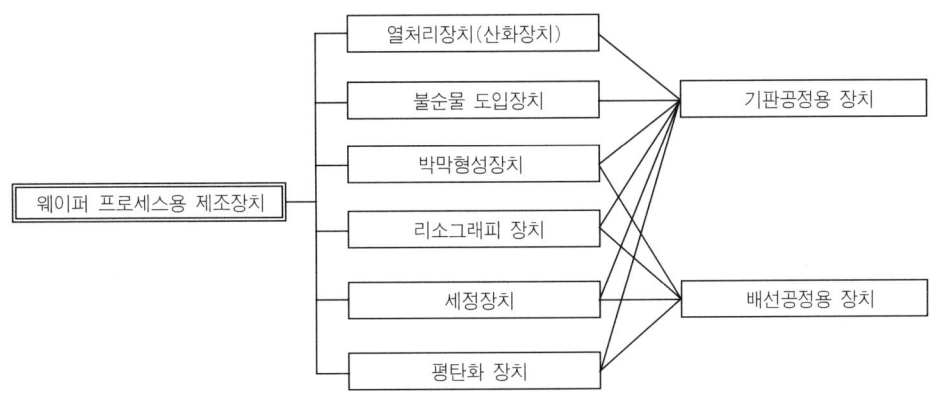

그림 3·4 웨이퍼 프로세스용 제조장치의 대분류

했다. 장치로서의 구분은 그것에 따라 분명해진다. 그림 3·4는 웨이퍼 프로세스에서 사용되는 장치의 대분류이다. 개개의 내용에 대해서는 다음 항 또는 제5장의 각론에서 다시 설명하도록 하겠다.

이 장치들이 어떻게 반복되어 사용되는지는 그 디바이스의 제조공정에서 포토마스크가 몇 장 사용되며 어떠한 가공 프로세스를 포함하고 있는지에 따라 결정되며, 그 한 예가 제1장의 그림 1·6에 나타나 있다. 통상, 마스크 매수는 최첨단 디바이스에서는 20장 전후에서 30장 정도가 되는 경우가 많다. 단, 마스크 매수가 많은 것이 반드시 뛰어난 기술이라고는 할 수 없다. 공정이 복잡하고 장치의 반복 사용횟수가 증가하며, 칩의 제조원가가 상승하는 원인이 되기 때문이다. 단순한 것이 최선이라는 생각은 앞으로 웨이퍼 프로세스 경쟁에서 살아남기 위한 불가결의 과제이다.

그림 3·4에 나타낸 장치는 각각의 가공원리, 가공기술, 그 안에 포함되어 있는 사이언스적 (Science) 측면에서 구분할 수 있는 것이다. 본 서에 새롭게 추가된 공정설비로 "평탄화 장치"가 있는데, 이것은 웨이퍼 프로세스에 있어서의 화학적 기계연마(CMP)장치를 가리킨다.

3·2·4 조립용 장치

웨이퍼 프로세스가 완료되는 것은, 최종적으로 배선 패턴 상에 보호막(Passivation)이 코팅되어, 본딩(Bonding)에 의한 리드선 부착의 패드(Pad)가 리소그래피에 의해 형성되는 시점이다. 그 후 웨이퍼는 프로브 테스트(Probe Test; 웨이퍼 상태에서 전기적 특성을 검사)로 넘어간다. 프로브 테스트는 웨이퍼의 상태에서 패드 부분에 대고 디바이스 특성의 일차 시험을 실시하는 것이며, 거기에서 양품 칩, 불량품 칩의 선별(Screening)을 한다. 이 프로브 테스트를 웨이퍼 프로세스의 최종단계에 포함하는 방식이 있지만, 여기에서는 그 방식을 후공정의 출발로 본다. 조립공정은 양품 칩을 선별하고 패키징(포장)하는 공정이다. 패키지에는 플라스틱과 세라믹이 있다. 고부가가치 특수품은 별도의 소형화 패키징이, 저가격화의 관점에서는 플라스틱 패키징이 주류이다.

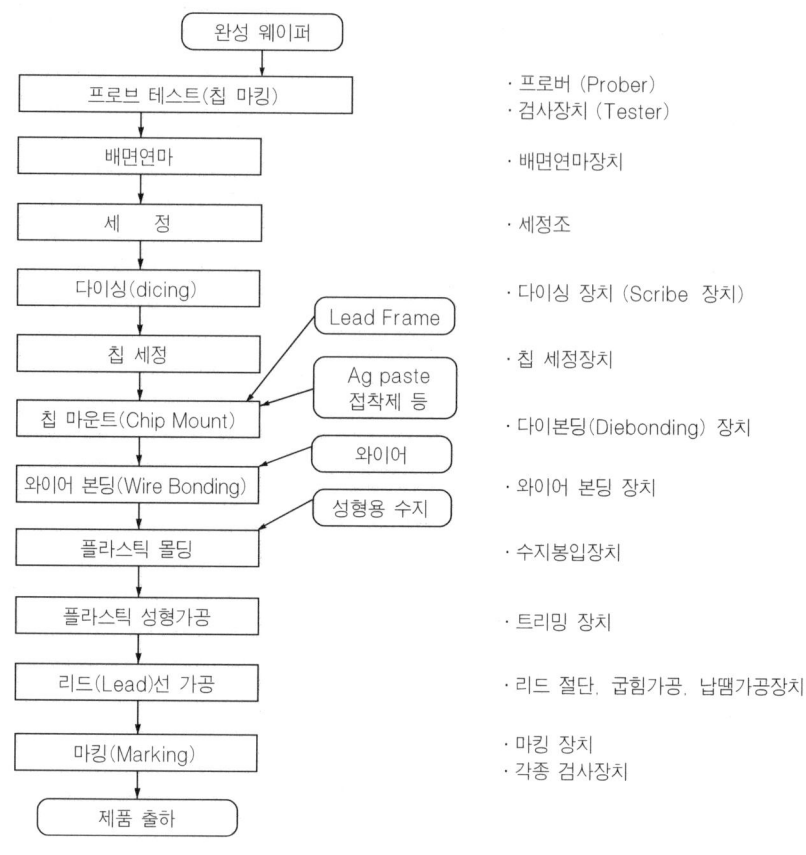

그림 3·5 조립공정의 플로 차트와 장치

　　최근에는 칩 수치의 한계까지 육박하는 박형(얇은 형)·소형의 플라스틱 패키지를 사용할 수 있게 되었는데, 이는 CSP(Chip Scale Package ; 칩 사이즈에 가깝다는 의미)라고 불리기도 한다. 또한 칩을 그대로 기판에 실장(實裝)해 버리는 것과 같은 방식도 응용되고 있다. 이 조립공정에서 사용되는 플로 차트와 장치를 그림 3·5에 나타냈다.

　　CSP 등의 초소형 패키지 기술에 있어서는, 칩의 활성 디바이스 영역과 플라스틱 패키지를 한 상태에서 외부와의 거리가 짧기 때문에, 불순물이나 수분의 혼입 등에 의해 신뢰성이 떨어질 염려가 크다. 그러므로 칩 표면에 플라스틱 패키지를 하기 전에 코팅이 필요하다. 또한 칩 그 자체를 기판에 실장하는 경우에는, 디바이스 표면에 폴리아미드(Polyamide)를 두껍게 코팅하여 페이스다운(Face Down)으로도 실장한다. 기판 상에 직접 실장한 후 전체를 수지포팅으로 봉해 버리는 등 패키지리스의 실장(實裝)도 가능하다. 이러한 경우 문제가 되는 것이 디바이스의 검사, 신뢰성이라고 할 수 있다.

3·2·5 검사용 장치

　　반도체 디바이스의 검사공정은 조립봉입이 끝나 패키지(Package)된 디바이스에 대해 최종

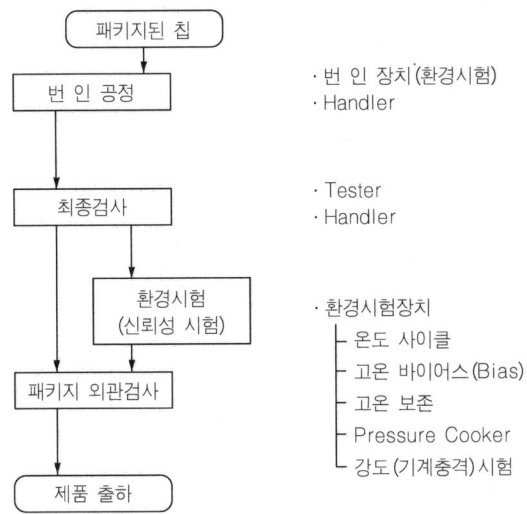

패키지된 칩 → 번 인 공정

· 번 인 장치(환경시험)
· Handler

최종검사

· Tester
· Handler

환경시험 (신뢰성 시험)

· 환경시험장치
  ─ 온도 사이클
  ─ 고온 바이어스(Bias)
  ─ 고온 보존
  ─ Pressure Cooker
  ─ 강도(기계충격)시험

패키지 외관검사

제품 출하

그림 3·6 시험공정의 플로 차트와 장치

검사, 번 인(Burn In)을 포함한 환경시험을 실시하는 프로세스이다. 프로브 테스트에서 어느 정도 1차 선별되고 패키지에 봉입(封入)된 칩은 여기에서 최종적으로 선별된다. 번 인에서는 고온동작시험에 의해 초기 신뢰성 불량을 추출한다. 또한, 여러 가지 환경시험(열 충격, 고온 고습, 물리적 충격, Pressure Cooker)에 의한 신뢰성 평가도 실시된다. 그림 3·6은 디바이스 시험의 간단한 플로 차트와 사용되는 장치요소이다.

3·2·6 반도체 공장과 환경제어 관련 장치

디바이스의 제조에 있어서는, 반도체공장 전체 또는 클린룸 전체를 하나의 제조장치라고 생각할 수도 있다. 반도체 공장에는 그것을 가동시키기 위한 유틸리티(시설)가 있고, 여러 가지의 환경제어설비가 갖추어져 있다. 또한, 클린룸 내에는 설치된 장치류를 전체적으로 제어하는 컴퓨터 시스템과 장치간을 접속하는 하드웨어로서의 로봇(반송시스템)이 있으며, 공장 전체는 공정관리, 물류관리, 생산관리를 비롯해, 디바이스의 생산계획과 재고관리에 이르는 과정을 일괄해서 관리하는 CIM(Computer Intergrated Manufacturing) 등도 이미 도입되어 있다. 또한, 클린룸은 웨이퍼의 대구경화, 미세화, 투자비용의 증대 추세에 대응해서 효율을 극대화시키기 위한 "미니 인바이어런먼트(Mini Environment)" 방식이 활발하게 도입되고 있다. SMIF(The Standard Mechanical Interface)라 불리는 툴(Tool)은 한정된 깨끗한 환경에서 최첨단 디바이스의 제조가 가능할 수 있도록 고안된 것이며 고가의 클린룸 면적을 절감시킬 수 있다. 이것은 클린룸 내의 AGV(자동반송차)와 마찬가지로, 각 장치를 접속하는 중요한 인터페이스 툴(Interface Tool)이 되기도 한다. 앞으로는 SMIF와 같은 장치가 널리 실용화 될 가능성이 매우 높다. 환경제어 관련 장치는 초순수제조장치, 고압가스 집합장치, 가스처리장치, 폐액처리장치, 각종 안전장치, 센서 시스템 등이며, 반도체 공장의 부대설비적인 성격을 가진다. 이러한 것들도 "반도체 제조에 관한 장치"임에는 틀림이 없다. 최근에는 새로운 개념의 장치도입과 함께 새로운 시설의 필요성이 제기되고 있다. 예를 들면, 평탄화를 위한 CMP 장치의 도입에 있어서는 다량의 연마용 슬러리(Slurry; 연마액)의 소비와 배출이 따르므로 이에 대한 새로운 대응이 필요하게 되었다. 그 예로서 슬러리 집합 공급장치의 필요성을 들 수 있다.

3·2·7 분석평가·검사·측정장치

　각 공정에는 여러 가지의 측정과 검사가 필요하며, 경우에 따라서는 온라인으로 측정하고 피드백을 하기도 한다. 제조공정에는 각각 많은 평가항목들이 있으며, 여러 가지의 평가용 툴이 이용되고 있다.

　이 툴(Tool)들은 "제조장치의 보조적 역할"을 다하고 있다고 할 수 있으며, 장치제조에 의한 처리 결과의 평가를 위해 이용되고 있다. 그것은 또한 프로세스의 Go/No Go를 결정하며, 디바이스의 특성과 신뢰성을 좌우하게 된다. 결국 이러한 평가와 검사를 통해 디바이스의 성능과 수율을 높이게 된다.

　프로세스의 처리가 이루어지는 웨이퍼는 구조적으로 **표면, 박막구조, 벌크(기판)**의 3가지 부분으로 나누어 생각할 수 있다. 따라서 평가·측정도 그 3파트 별로 생각하는 것이 편리할 것

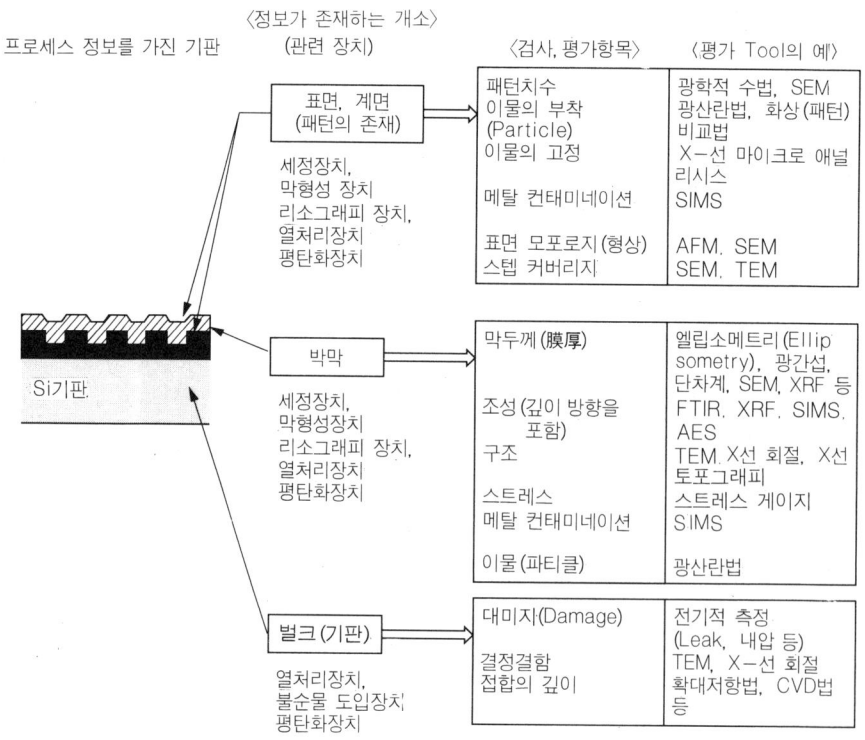

그림 3·7 3부분에 있어서의 검사·평가항목과 툴

이다. 그림 3·7에 그 방식에 의거해서 검사·평가해야 할 항목과 이용되고 있는 툴의 예를 나타냈다. 그 중에서 최근 특히 주목받고 있는 평가장치는 결함·이물검출장치이다. 이 장치에는 고도의 소프트웨어 기능이 설치되어 있어, 패턴과 이물(異物)을 명확히 분리하고, 그 이물이 존재하는 장소 및 존재하는 층을 알아낼 수 있다. 이에 따라 양품률을 떨어뜨리는 문제의 공정 또는 장치를 찾아내어 개선안을 마련하기 위한 정보를 제공함으로써, 결과적으로 양품률을 높일 수 있게 된다. 그림 속의 SIMS, TEM, AES, XRF 등과 같이, 종래 고도의 해석용 장비로서 분석용으로만 제한적으로 사용되어 온 툴도 이제는 반도체 디바이스의 생산 라인 속에서 생산설비와 같은 개념으로 사용되어지게 되었다. 앞으로 디바이스의 미세화와 함께 프로세스 재료에 있어서 컨태미네이션(Contamination) 관리기준이 엄격하게 될 것이 예상되는 만큼, 이러한 툴들의 역할은 더욱 중요하게 될 것이다.

3·3 웨이퍼 프로세스용 제조장치의 개요

여기에서는 웨이퍼 프로세스용 제조장치로서, 그림 3·4에 정리된 6종류의 툴에 관해서 각각 어떠한 역할을 가지고 있는지 구체적인 예를 들어 간단히 정리한다. 장치의 각 항은 제5장에서 더욱 자세히 설명하기로 한다. 용어에 대해서도 제5장에서 다시 한번 언급하게 되므로 천천히 파악해 나가도록 하자.

3·3·1 열처리장치

반도체 디바이스의 제조공정은, 이를테면 열처리의 반복으로 이루어져 있으며, 리소그래피 공정과 쌍벽을 이루는 중심적 존재이다.

현재의 최첨단 디바이스에 있어서 **프로세스 온도**는 최고 800~900℃이며, 300mm 웨이퍼 시대에는 800℃ 이하가 된다고 보고 있다. IC시대에는 1250℃까지의 프로세스 온도가 사용되었다는 것을 생각하면 저온화는 급속히 진행되고 있음을 알 수 있다.

웨이퍼 프로세스에서 열처리가 필요한 공정은 열산화, 열확산, 각종의 어닐(Anneal) 등이다. 어닐은 불순물 이온을 넣은 후의 결정성 회복의 어닐, BPSG(Boro Phospho Silicate Glass) 막 등의 리플로를 위한 어닐, Al·Si의 콘택트 특성과 Si·SiO₂ 계면특성 향상을 위한 어닐, 실리사이드(Silicide) 형성을 위한 신터링(Sintering) 등 용도는 매우 광범위하다. 열처리장치로서는 원통형인 퍼니스(Furnace)와 RTP(Rapid Thermal Processor)라 불리는 램프 조사(照射)에 의한 급속온도승강 가열장치가 있다.

현재는 종형(縱型)의 퍼니스가 주류이며 열처리장치로서의 RTP는 아직 용도가 한정되어 있다. 이 장치분야의 발상지는 미국이지만 일본의 장치 메이커가 퍼니스를 현재와 같이 세련된 형태로 변모시켰다.

3·3·2 불순물 도입장치

실리콘 기판 중에 P, B, As 등의 원소를 주입하는 방법으로는, 옛날부터 이용되어 온 열확산법과 이온주입법이 있으며, 현재는 이온주입장치가 주류를 이루고 있다. 정밀제어가 가능하다는 의미에서 이는 앞으로도 계속 사용되어질 것으로 전망된다.

그러나 디바이스의 제어화에 따라서 pn접합이 극히 얕고 수백Å 이하가 되어가기 때문에 이온주입장치 그 자체의 한계성에 대해서도 논의하게 되었다. 저(低)에너지로 주입해도 결정기판에의 얕은 접합 형성에는 문제가 있어 미래의 해결책으로서 새로운 방식이 모색되고 있다. 그 하나로서 플라즈마(Plasma) 도핑이라 불리는 방법 및 장치가 제안되고 있으며, 반도체 제조장치의 하나로서 자리잡게 될 시기가 도래할지도 모른다.

불순물 도입장치는 기판공정에 이용되는 것으로 배선공정에는 필요 없다.

3·3·3 박막형성장치

박막형성장치는 반도체 제조장치 중에서도 가장 광범위하게 이용되고 있으며, 많은 원리와 방식이 적용되고 있다. 크게 나누면 CVD(화학적 기상성장)장치, PVD(물리적 기상성장) 장치, 도포에 의한 코팅 장치로 구분된다. 최근에는 Cu 박막 형성을 위한 전기도금장치가 이 그룹에 부가되었다. 전기를 사용하지 않은 무전기 도금법도 하나의 수단으로서는 가능하다.

PVD 기술에서는 스파터링 장치가 주류이지만, 진공증착장치도 여전히 이용되고 있다. CVD 장치는 열 CVD 장치와 플라즈마 CVD 장치로 구분된다. 열 CVD 장치는, 다시 상압(常壓)과 감압(減壓) CVD 장치로 구분된다.

박막형성기술은 특히 앞으로의 다층 배선공정의 진전과 함께 그 중요성이 높아지고 있다.

3·3·4 리소그래피 장치

리소그래피의 일련의 공정은 레지스트 처리, 노광, 패턴, 에칭으로 구분된다. 레지스트 처리장치는 도포장치, 베이킹로 현상장치로 이루어지며, 웨이퍼 트랙이라 불리고 있다. 이것은 마스크 얼라이너(스테퍼)와 인 라인(In-line)화할 수 있기 때문에 그렇게 이름이 붙여졌다고 생각되어진다. 레지스트 제거장치도 레지스트 처리장치에 포함되며, 플라즈마 애싱(Ashing) 장치가 주로 이용된다. 노광장치는 스테퍼가 주류이며, 앞으로는 전자빔 노광장치, X-선 노광장치도 이용될 것이다. 패턴 에칭에는 포토레지스트 패턴을 마스크로 하는 드라이에칭 장치가 이용된다. 현재의 주류는 반응성 이온에칭(RIE) 장치이다. 여기에도 여러 가지 방식이 있으며, 사용하는 플라즈마원(源)에 따라 여러 가지의 장치가 나오고 있다. 웨트에칭(Wet Etching) 장치도 여전히 일부 이용되고 있다.

3·3·5 세정장치

세정장치는 가장 표준화가 어려워서 디바이스 메이커 별로 고유의 처리 메뉴(Recipe)를 채용하고 있다. 세정장치는 사용자의 스펙(Spec)에 대응해서 조작 진행순서 등을 자유롭게 선택할 수 있도록 설계된 경우가 많다. 세정장치는 웨트(Wet)방식이 대다수이며, 완전 드라이화된 장치방식은 아직 확립되어 있지 않다.

3·3·6 평탄화 장치

평탄화 장치는 배선공정의 진보와 함께 비중이 커짐에 따라 기본 장치군의 하나로 추가되었다. 현재는 CMP(화학적 기계연마) 장치가 주류이지만 포토레지스트 또는 SOG(Spin On Glass)막 등을 희생막으로 한, 전면 에치백 방식도 널리 이용되고 있다. CMP 장치 분야에는 현재 많은 장치 메이커가 생겨났고, 컨셉트 경쟁을 하고 있지만, 기본적 원리는 변하지 않는다. 기술적인 이유 이외의 것으로 메이커의 도태가 일어날 것으로 본다. CMP 장치는 파티클 발생을 수반하기 때문에 세정장치를 내장시켜 청정화 된 상태로 웨이퍼를 꺼낼 수 있도록 한 "드라이·인·드라이·아웃" 방식이 주류를 이룬다. 이렇게 됨으로서 CMP 장치는 비로소 다른 반도체 제조장치와 함께 슈퍼 클린룸 내에서 공존이 가능하게 된 것이다.

3·4   프로세스 인티그레이션(Integration)의 임팩트(Impact)

반도체 제조장치의 분류에 대해서 설명했지만, 어떠한 분류에도 해당되지 않는 몇몇 개의 장치 기능을 합쳐 놓은 장치가 있다. 복합적 장치-즉 프로세스 인티그레이션(Integration)을 구현한 장치이다. 이런 종류의 장치는, 예를 들면 한 대의 장치 내부에 CVD 막형성과 드라이에칭 기능을 가진 CVD 장치라고도, 드라이에칭 장치라고도 할 수 없는 것이 있다. 이러한 장치는 점차적으로 증가하기 시작하고 있지만, 디바이스 기술의 진보, 프로세스와 디바이스 구조의 복합화라는 측면에서 보면 당연한 추세라고 할 수 있다. 서로 다른 장치 메이커간의 체임버(Chamber)를 접속하는 것도 어느 정도 가능해지고 있다. 이런 장치들은 클러스터(Cluster)형 장치라고 불리는데, 그것들이 또한 여러 개 합해지면서 장치는 점차로 통합화 되어갈 것이다. 이러한 개념(Concept)이 반도체 제조장치 전체에 미치는 충격은 적지 않다.

이 방식의 장치에 대해서는 다음 장에서 다루기로 한다.

4 반도체 제조장치의 구성과 방식

반도체 제조장치라고 하면, 일반적으로 반도체 디바이스 제조의 현장인 슈퍼 클린룸에 설치된 여러 가지 장치, 즉 웨이퍼 프로세스에서 이용되는 장치를 의미한다. 바꾸어 말하면 각각의 설비가 다양한 기능과 특징을 가진 기계로서의 "절대평가"가 현재로서는 불가능한 장치군이다. 본 장부터는 이것들의 내부 구성을 살펴보도록 한다. 반도체 제조장치의 구성에는 메이커 별로 그 방식이 다양하다.

여기에서는 "체임버(Chamber)"를 중심으로 장치의 구성방식에 대해서 설명한다.

4·1 반도체 제조장치의 기본구성

반도체 제조장치에는 상당히 많은 종류가 있다. 앞 장의 분류에서 나타낸 것과 같이, 각 기본 프로세스별로 가공의 수법, 원리, 방식 등이 서로 다른 장치가 존재한다. 또한 한 종류의 장치라고 해도, 여러 개의 제조장치 메이커가 동시에 참여해서 조금씩 구조와 원리가 다른 제품을 도입하고 있다.

이렇게 다양화되어 있는 웨이퍼 프로세스용 제조장치를 몇 개의 구성요소로 구분하거나 또는 반도체 제조장치가 몇 개의 기본 요소기술의 조합에 의해 구성되어 있다라는 관점에서 볼 때, 이러한 복잡 다양한 장치류도 일반화 할 수 있다.

이러한 방식으로 반도체 제조장치를 분류해서 나타내 보자.

그림 4·1은 반도체 제조장치의 기본적 구성을 나타낸 블록 다이어그램이다. 물론 장치의 종류에 따라서는 이 구성요소들을 모두 가지고 있다고 할 수 없으며 그 이외의 요소를 가지고 있는 경우도 있다.

그러나 이러한 방식으로 반도체 제조장치를 살펴보면 조금도 복잡하지 않으며, 다양성을 가진 것도 아니라는 것을 알게 된다. 따라서 많은 장치들을 표준화 또는 공통화 하려면 어떻게 해야 할지도 알 수 있게 된다.

매년 개최되고 있는 세미콘쇼와 같은 반도체 제조장치 관련 전시회에는, 웨이퍼 프로세스 관련 업계에서만 수백 개의 기업이 각각 CVD 장치, 드라이에칭 장치 등에서 서로 경쟁하고 있다. 장치의 디자인, 색상 등에서도 여러 가지 연구를 함으로써, 한번 봐서는 그것이 어떤 장치인지 알 수 없으며, 경우에 따라서는 내부를 들여다봐도 배선이나 배관 또는 보드가 서로 엉켜서 배치되어 있기 때문에 어디에서 처리가 되는지 알 수 없는 경우도 많다.

물론 그 장치의 담당자나 설계자, 기술자라면 알고 있을 것이다. 그러나 그들 자신들의 장치는 알 수 있으나 다른 장치의 내용에 대해서는 잘 모르는 경우가 많다. 예를 들면 외관은 똑같이 보여도 CVD 장치, 스파터(Sputter)장치, 드라이에칭 등의 내부는 전혀 다르기 때문에, 각각의 해당 장치 전문가라도 그 외 다른 장치의 전문가라고는 할 수 없다. 반도체 디바이스 제조라는 작업이 세분화되고 상당히 긴 공정 시간이 소요된다는 것을 생각하면 어쩔 수 없는 것이다.

장치는 잘 살펴보면 웨이퍼의 가공이 실시되는 방(일반적으로는 체임버(Chamber), 처리실이라 불리고 있다)을 중심으로 해서 표에 나타낸 것과 같은 요소로 이루어져 있다. 물론 로드록(Load Lock)실을 가지고 있지 않은 장치도 많지만, 웨이퍼를 반송하는 로봇이 카세트 스테이션에서 웨이퍼를 꺼내 체임버에 세트하는 메커니즘은 일반적인 것이다. 이 반송 시스템은 각

장치의 공통 부분의 하나이다. 또한, 나중에 설명할 "멀티체임버" 방식의 장치에서는 특히 중
요하며 "플랫폼"이라 불리고 있다.

그림 4·1의 중심에 위치하는 체임버의 내부는 장치에 따라서 또는 동일 종류의 장치라도 메
이커에 따라서 다양하다. 그것이 반도체 제조장치가 가진 기술적 흥미의 대상이다. 그림 4·2는

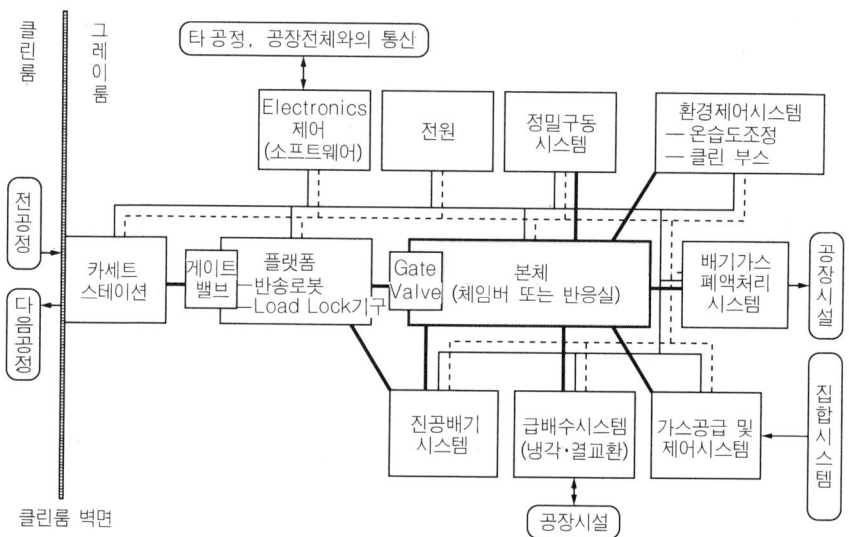

그림 4·1 반도체 제조장치의 기본구성 예

본 체 (Chamber) ─CVD ─PVD ─이온주입 ─드라이에칭 외	센서기능(온도, 압력, 이미션 외)
	가열기구
	냉각기구
	가스공급기구(가스공급, 분산기구)
	배기기구(위치 및 구조)
	웨이퍼 지지기구(Chuck방법, 지지대)
	전극구조(상부전극, 하부전극)
	체임버 재질
	형상 디자인
	클리닝기구
	방전방식(플라즈마 소스)
	구동방식(회전, 왕복운동기구, 유성운동기구 등)
	기타

그림 4·2 본체(체임버)의 내용에 대한 예

그 체임버에 집약되어 있는 차별화 요소에 대한 예를 나타낸다. 이 각 요소들 또한 자세히 살펴보면 다양한 방식이 있다. 예컨대, 웨이퍼를 지지(支持)하는 방식에서는 메커니컬 척(Mechanical Chuck), 단순한 자체 중량(自重)에 의한 장착, 정전척(Electro-static Chuck), 진공척(Vaccum Chuck) 등이 있다. 이들의 구체적 예에 대해서는 제5장의 장치에 관한 각론에서 설명하기로 한다.

이상과 같이 반도체 제조장치에 관해서는 표준화, 공통화가 가능한 부분과 그것이 불가능한 부분으로 구분해서 파악하는 것이 중요하다.

표준화, 공통화는 장치의 개발기간 단축과 비용절감에 기여하고, 체임버는 차별화의 집중대상이며, "그 메이커의 그 장치"라는 존재 증명이기도 하다.

체임버는 웨이퍼의 처리가 실시되는 지극히 중요한 장소이다. 주변은 조금씩 다른 경우도 있지만, 이 체임버의 내용, 구조만큼은 각 장치별로 각각 고유의 기술이 집약적으로 설계되어 있으므로 기술적으로 차별화된 부분이며, 표준화나 공통화가 실시되어 버리면, 전혀 흥미가 없어지는 분야이다.

장치의 절대평가가 불가능한 이유의 대부분은 이 체임버 내용의 차이에 있다고 할 수 있다. 그 외의 부분은 표준화, 공통화가 상당 부분 가능하다.

4·2 반도체 제조장치의 제반 방식

4·2·1 체임버 방식의 추이

반도체 제조장치의 구성에 있어서 체임버는 웨이퍼를 가공하는 장소로, 기술 차별화의 키 포인트이다. 한편, 이 체임버 내에 웨이퍼를 장착하는 방식이 여기에서 다룰 장치방식이며, 바꾸어 말하면 체임버 내에서의 웨이퍼 배열방법이다. 체임버 내에서의 웨이퍼 배열이 중요한 이유는 다음의 두 가지이다.

① 처리의 균일성과 프로세스의 질을 높이는 것
② 스루풋(Throughput:단위시간당 처리량)을 높여 생산성을 향상시키는 것

이것이 동시에 달성되면, 비로소 양산라인에 도입될 장치로서의 자격이 생긴다고 할 수 있다. 실험실, 연구실에서 실리콘 기판에 어떠한 처리를 해서 디바이스를 제작하고, 상당히 우수한 특성이 얻어졌다 해도, 그것만으로는 그 처리가 양산적으로 응용 가능한지 어떤지는 알 수 없는

단순한 챔피언 데이터에 지나지 않는다. "제조장치"라는 이름이 붙은 이상은, 웨이퍼 처리 데이터의 재현성이 있으면서 양산화 할 수 있어야 한다. 또한 체임버 내에 있어서의 웨이퍼 배열 방법은 그 장치설계의 핵심 그 자체라고 할 수 있는 것이다. 그림 4·3은 체임버 방식의 분류를, 표 4·1은 체임버 방식의 비교를 나타내고 있다. 이제부터 그 추이에 대해서 설명해 보자.

반도체 제조장치 산업이 성립된 1970년보다 훨씬 이전부터 대량생산을 목표로 체임버 구조, 체임버 방식의 개발은 끊이지 않고 진행되어 왔다. 1960년대 중반, 이미 실리콘 에피택시얼 성장장치에서 1인치 웨이퍼로 69매/배치 또는 115매/배치라는 배치(Batch)방식에 의한 대형 체임버가 고안되어 시판되고 있었다.

이것은 2인치 웨이퍼로는 각각 36매/배치, 10매/배치에 상응하며, 1970년대에 들어서도 비슷한 형태로 시판되었다. 드라이에칭 장치, 스파터(Sputter)·증착장치에서도 1배치(Batch) 내의 웨이퍼 장착(Loading; 로딩) 매수를 증가시켜서 생산성을 높이는 방식을 취해왔다. 퍼니스(Furnace; 노(爐))에서의 열처리(산화, 열확산 등)에서도 "대량 웨이퍼의 동시 일괄처리"가 진행되어 현재에 이르렀다.

한편, 웨이퍼 사이즈의 증대에 따라 일괄처리의 경우, 장치의 바닥면적 증대가 문제가 되어

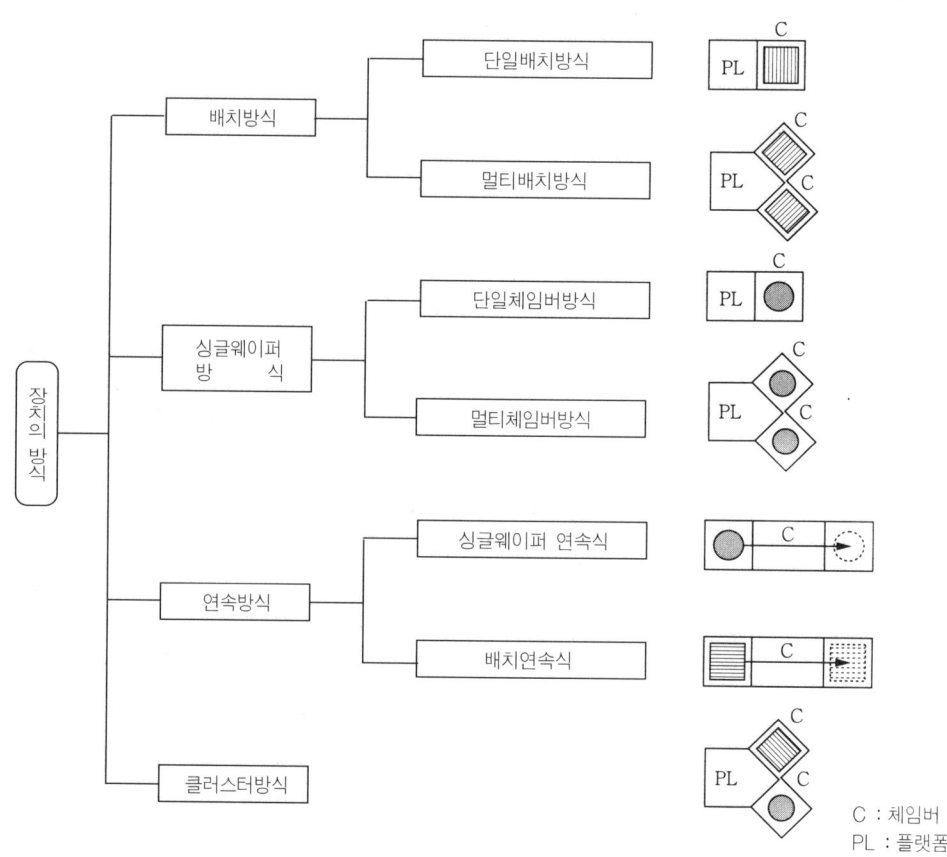

그림 4·3 반도체 제조장치의 방식과 개념도

표 4·1 각 방식의 장점과 과제

반도체 제조장치의 방식	장 점	과 제
배치방식	· 양산성이 높다. · 배치내 처리의 균일성을 얻을 수 있다. · 처리속도를 낮추어, 프로세스의 질과 정도를 향상시킬 수 있다.	· 장치가 거대화 되어, 바닥면적이 증대한다. · 프로세스 조건의 최적화에 시간이 필요하다. · 공정 미스의 경우, 손실이 크다. · 대구경화 동향에 부적당하다.
싱글웨이퍼방식	· 웨이퍼를 개별로 정밀제어할 수 있다. · 체임버별로 프로세스를 손쉽게 변경할 수 있다. · 장치 바닥면적을 줄일 수 있다. · 자동화, 클러스터화가 용이하다.	· 단위시간당 처리량의 향상을 위해서 처리속도를 높일 필요가 있다. · 체임버간의 산포를 제어하기 위한 세밀한 조정이 필요하다. · 반송계가 고장나면 전 체임버가 정지한다. · 주변 시스템이 복잡하게 되어 있다.
연속방식	· 양산성이 높다. · 프로세스 조정이 용이하다. · 처리의 균일성을 높일 수 있다.	· 프로세스상의 제약이 있다. (제한된 프로세스만 가능)
클러스터방식	· 프로세스 인티그레이션이 장치적으로 가능하게 된다.	· 각 체임버의 조건정합(整合)에 시간이 필요하다(탁트 타임의 조정, 프로세스에 대한 악영향이 우려됨).

6인치 시대부터 체임버 내에서 1장의 웨이퍼 처리를 실시하는 **싱글웨이퍼 방식**(일본에서는 매엽식이라 불리고 있다)이 채용되기 시작했다. 드라이에칭 장치를 예로 들면, 1980년대 초기에 전체의 약 30%가 싱글웨이퍼 방식이었지만, 1984년에는 50%, 1989년에는 80%를 차지하게 되면서 현재 배치방식은 전혀 존재하지 않는다. 8인치(200mm) 웨이퍼 시대에 들어서면서, 싱글웨이퍼 방식은 다른 장치분야에도 침투하여 체임버하면 싱글웨이퍼 방식이라고 할 정도가 되었다. 현재 8인치 웨이퍼를 사용하는 싱글웨이퍼 체임버는 2인치 시대의 대형 배치식에 상응하는 사이즈이다.

또 다른 방식으로는 **연속방식**이 있다. 그러나 이 프로세스는 상압에서의 CVD 장치와 세정장치 등에 한정되어 있다. 배치식, 싱글웨이퍼식, 연속식의 3방식 외에 그것들의 조합에 의한 방식, 즉 **클러스터 방식**이라 불리는 방식이 있다. 12인치(300mm) 웨이퍼 시대에는 기본적으로 싱글웨이퍼 방식이 주류가 된다고 알려져 있으나 전부 그렇게 된다고는 할 수 없다. 프로세스 성능을 중시한다면 400mm 시대라 해도 어떠한 장치에는 배치식이 여전히 남아 있지 않으면 안될 것이다. 퍼니스(Furnace)를 그 예로 들 수 있다.

4·2·2 배치(Batch)방식

배치방식은 양산장치를 목표로 진행되어 온 방식이다. 표 4·1에 나타낸 것과 같이 배치 내에서의 처리의 균일성이 보장된다면 이보다 양산성이 높은 방식은 없다. 그 전형이 퍼니스(Furnace)의 프로세스이다. 기존에 횡형이었던 퍼니스는, 현재는 종형으로 바뀌어 설비 바닥면적이 줄어들었다. 핫 월(Hot Wall) LPCVD 장치로서도 이용되고 있으며, 산화공정에서는 8인치 웨이

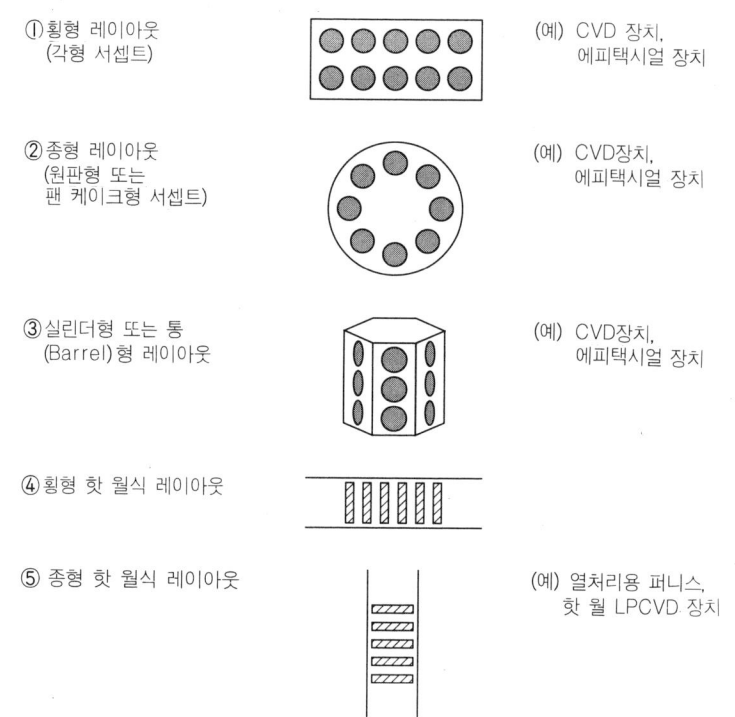

① 횡형 레이아웃
(각형 서셉트)
(예) CVD 장치,
에피택시얼 장치

② 종형 레이아웃
(원판형 또는
팬 케이크형 서셉트)
(예) CVD장치,
에피택시얼 장치

③ 실린더형 또는 통
(Barrel)형 레이아웃
(예) CVD장치,
에피택시얼 장치

④ 횡형 핫 월식 레이아웃

⑤ 종형 핫 월식 레이아웃
(예) 열처리용 퍼니스,
핫 월 LPCVD 장치

그림 4·4 배치식 웨이퍼 배열방법

퍼로 1배치에 100~150매 정도를 일괄 처리할 수 있다.

그림 4·4는 배치식의 기본적인 웨이퍼 배열방식을 나타낸다. 웨이퍼 서셉터 위에 겹치지 않게 배열하는 방식으로는 한정된 체임버 공간에 가능한 한 많은 웨이퍼를 수용할 수 있는 방식이 검토되어 왔다. 단, 웨이퍼 사이즈가 커짐에 따라 웨이퍼 내, 웨이퍼간의 균일성 제어가 어려워져서 세심한 관리가 필요하게 되었다. 그 때문에 퍼니스를 사용하는 프로세스 이외에는 차츰 싱글웨이퍼 방식으로 옮아가고 있다. 그런데, 현재 싱글웨이퍼 방식으로는, 프로세스의 질과 생산성에 있어서 아무리 해도 배치식을 뛰어넘을 수 없는 장치가 있다. 그것이 핫 월(Hot Wall) LPCVD장치 또는 감압 CVD장치이다. 폴리실리콘막, 실리콘 질화막 등의 CVD막을 형성하는 장치로, 싱글웨이퍼 체임버(Cold Wall)에 의한 이제까지의 도전은 전혀 성공하지 못했다. 따라서, 앞으로 반드시 싱글웨이퍼 방식으로 이행해야 한다고도 할 수 없을 것이다.

4·2·3 싱글웨이퍼 방식

싱글웨이퍼 방식의 장점은, 대구경 웨이퍼를 처리할 때 1매씩 정밀한 제어에 의해서 정밀도 높은 처리를 실행할 수 있다는 것이다.

배치방식에서는 다수의 웨이퍼로, 균일한 처리를 가능하게 하는 공정조건의 설정에 시간을 빼앗기는 데 반해, 싱글웨이퍼 방식에서는 1매의 처리만을 생각하면 된다. 현재 플라즈마 CVD, 드라이에칭, 스파터링(Sputtering) 등은 모두 이 방식이다. 스테퍼(Stepper)도 1매별 처리방식이다(1 쇼트별 또는, 1칩별 처리라 해도 좋다).

　이 방식의 또 하나의 장점으로는, 체임버의 구조에 따라서는 다양한 공정을 동일 체임버에서 공통화할 수 있는 가능성을 갖는다는 것이다. 즉, 체임버별로 프로세스 변경이 가능하게 될 수 있다는 것이다. 또한 양산장치방식으로서는 싱글웨이퍼 체임버를 복수 배치한 멀티체임버 장치가 사용되고 있다. 그림 4·5에 싱글웨이퍼에 대한 예를 나타냈다. 멀티체임버의 경우, 각 체임버에서 다른 작업을 할 수 있으므로, 프로세스 인티그레이션(Integration)에 대응하는 방식이라고도 할 수 있다.

　이 싱글웨이퍼 방식의 최대 단점은, 스루풋(Throughput)의 향상을 위해서 처리속도를 높여야 하기 때문에 처리의 재현성과 프로세스의 질, 처리의 정도(精度) 등에 문제가 생긴다는 것이다. 프로세스 자체가 스루풋의 향상을 위해서 희생되는 경우가 전혀 없다고는 할 수 없다. 또한, 멀티체임버의 경우는 반송계의 고장(Trouble)으로 장치 전체가 정지되는 일도 위험스럽지만 있을 수 있는 일이다.

　또 하나의 과제로서는 체임버 간의 차이이다. 모두 동일한 설계도면에 따라서 만들어진 체임버, 즉 디멘션(Dimension)상으로는 "복제품(Clone)"이라고도 할 수 있는 체임버 간이라도 조건을 동일하게 했다고 해서 동일한 결과를 얻을 수 있다고는 한정지을 수 없는 것이다. 실제로는 약간의 조건조정에 의해서, 체임버 간에 동일한 결과를 얻을 수 있도록 조작하고 있다. 이것도 하이테크의 이면에 있는 실태의 하나일지 모르겠다.

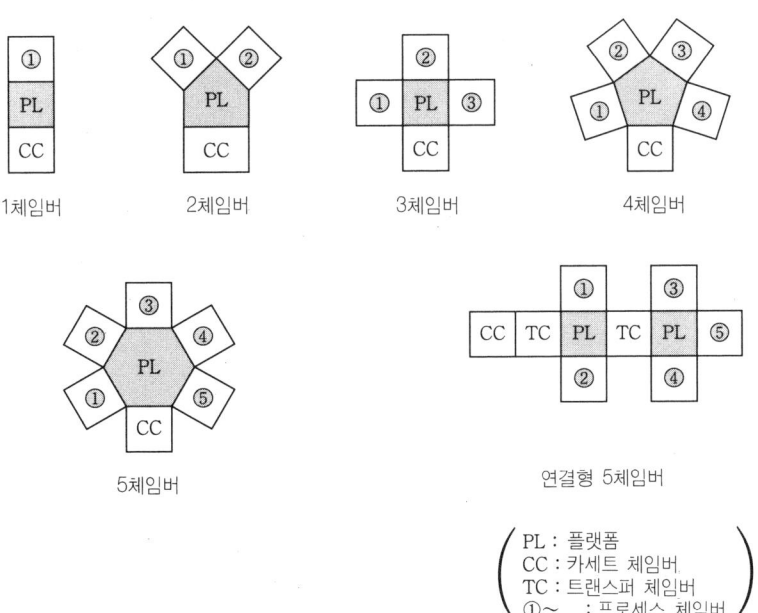

그림 4·5 싱글웨이퍼 체임버의 레이아웃(Layout)의 예

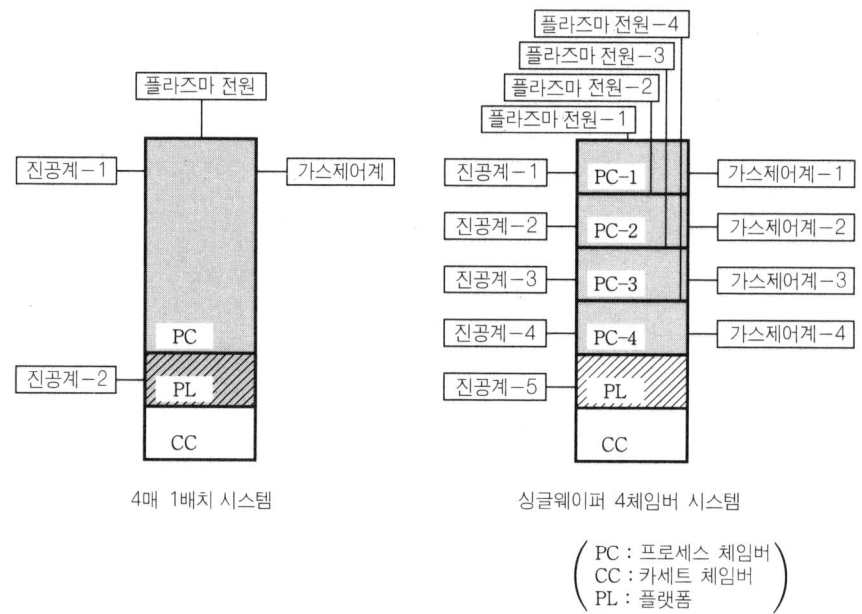

그림 4·6 배치식과 싱글웨이퍼 방식에 의한 주변 시스템 비교

그림 4·6은 배치식과 싱글웨이퍼 방식에 있어서 체임버 방식의 주변 설비에 대한 비교이다. 4매 배치의 장치와 4개의 싱글웨이퍼 체임버 방식 장치의 규격에서는 가스 패널(Gas Panel), 진공배기계, 전원의 용량과 대수가 이와 같이 다르게 되어 있다. 경제성의 비교라는 의미에서는 어떠한가?

어쨌든, 싱글웨이퍼 체임버 방식은 대구경 웨이퍼의 동향에서 보면 기술의 흐름이며, 퍼니스를 사용한 프로세스 또는 세정공정 이외에는 확실한 미래지향적 방식이다.

4·2·4 연속방식

프로세스적으로는 제한되어 있지만, 웨이퍼를 연속적으로 처리할 수 있는 장치이다. 그 장점은 스루풋과 균일성이다. 현재는 상압 CVD 장치, 세정장치, 레지스트 도포·현상장치가 이에 해당된다. 예전부터 플라즈마 CVD 장치, 스파터 장치, 에피택시얼 장치 등에서도 시도된 일이 있다. 이 방식은 인 라인(In-line)화, 자동화에는 적합한 방식이라고 판단되어 이전부터 생산방식으로서 그 가능성이 검토되어 왔다.

이 경우의 스루풋은 반응(처리) 존(Zone)의 폭과 벨트 속도에 의해서 정해진다. 처리의 균일성과 재현성은 앞 2개의 방식과 비교하면 높다고 할 수 있을 것이다. 그림 4·7은 이 방식에 대한 예이다. 웨이퍼 단위의 연속처리와 배치단위의 연속처리가 있으며, 후자의 예가 세정장치이고, 배치식과도 구분되는 방식이다. 프로세스는 제한되어 있지만 이 방식은 웨이퍼의 대구경화에도 대응하고 있다고 할 수 있다.

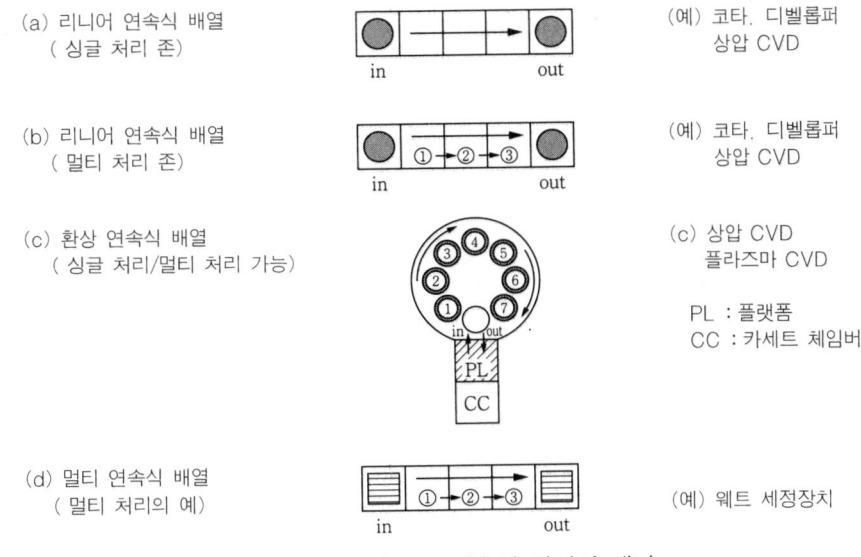

(a) 리니어 연속식 배열
　 (싱글 처리 존)
in　　　　　　out

(예) 코타. 디벨롭퍼
　　 상압 CVD

(b) 리니어 연속식 배열
　 (멀티 처리 존)
in　　　　　　out

(예) 코타. 디벨롭퍼
　　 상압 CVD

(c) 환상 연속식 배열
　 (싱글 처리/멀티 처리 가능)

(c) 상압 CVD
　　 플라즈마 CVD

　　PL : 플랫폼
　　CC : 카세트 체임버

(d) 멀티 연속식 배열
　 (멀티 처리의 예)
in　　　　　　out

(예) 웨트 세정장치

그림 4·7 연속식 장치의 개념

4·3 프로세스 인티그레이션에 대응하는 방식

　이제까지 몇 번이나 설명했듯이, 몇 종류의 프로세스를 조합해서 1개의 복합적인 프로세스를 완결시키는 방식을 프로세스 인티그레이션이라 부르고 있다. 그 대표적인 예가 콘택트(Contact) 형성, 게이트 구조의 형성이다. 또한, 아이솔레이션(Isolation)구조의 형성, 매립형 플러그 구조 등도 자주 들 수 있는 예이다.

　이 프로세스 인티그레이션을 장치로서 생각하면, 독립된 장치(일반적으로 스탠드 얼론(Stand Alone)형이라 불리고 있다) 간 카세트 단위의 이동에 의한 방법과, 1대의 장치 내에서 체임버 간의 이동에 의해서 실시하는 방법이 있다. 또한, 다른 메이커의 장치를 플랫폼으로 연결한 클러스터형이라는 방식도 있다. 그림 4·8에 그것을 정리했다. 또한 그림 4·9에 프로세스 인티그레이션을 멀티체임버 방식으로 실행하는 예를 나타냈다.

　그림 4·8(a)에서는 장치가 전혀 별개의 장치로 구성되어 있기 때문에 각 장치별로 베스트 조건으로 처리할 수 있다. 그러나 (b), (c)에서는, 반드시 각 체임버 장치 간 탁트 타임(총 공정 소요시간)의 조절이 필요하여, 최적의 프로세스 조합은 어렵게 되고, 프로세스에 질적인 악영향을 미치는 경우도 있다. 그러나 (b), (c)의 매력은 무엇보다도 1개의 장치로 간주할 수 있다는 것이며, 공정중인 웨이퍼를 외기에 노출시키지 않고 연속처리가 가능하다는 것이다. 그에 따라 외부 환경에 영향 받지 않고 프로세스를 종료시킬 수 있다. 그러나 공정에 따라서는, 어떠한 처리를 한 후 그 웨이퍼 표면을 대기중이나 습도가 있는 곳에 꺼내 놓는 것이 특성상 바람직한 경우도 있다.

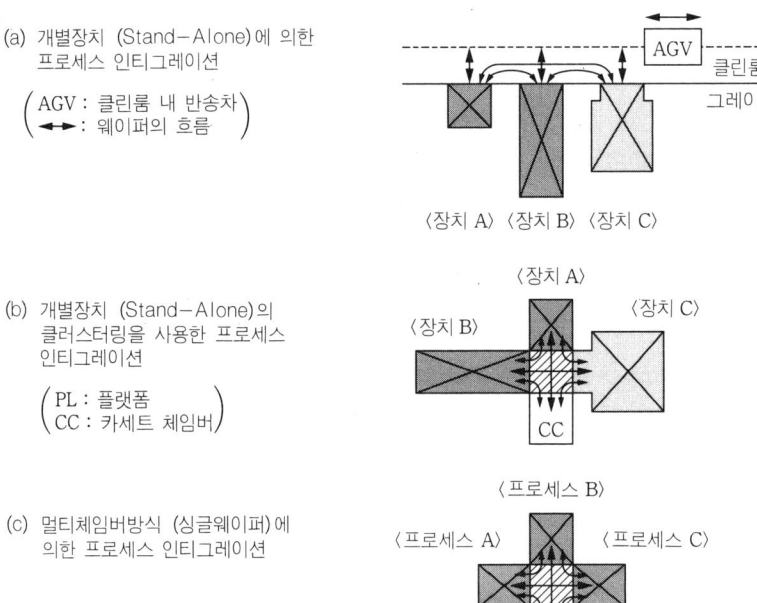

(a) 개별장치 (Stand–Alone)에 의한
    프로세스 인티그레이션

$\begin{pmatrix} \text{AGV : 클린룸 내 반송차} \\ \leftrightarrow : \text{웨이퍼의 흐름} \end{pmatrix}$

(b) 개별장치 (Stand–Alone)의
    클러스터링을 사용한 프로세스
    인티그레이션

$\begin{pmatrix} \text{PL : 플랫폼} \\ \text{CC : 카세트 체임버} \end{pmatrix}$

(c) 멀티체임버방식 (싱글웨이퍼)에
    의한 프로세스 인티그레이션

그림 4·8 프로세스 인티그레이션의 3방식

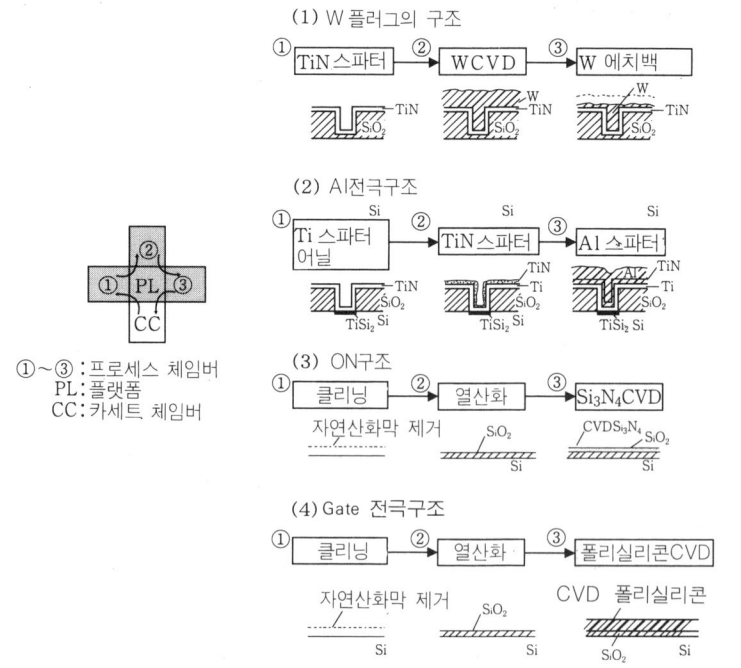

(1) W 플러그의 구조

① TiN 스파터 → ② W CVD → ③ W 에치백

(2) Al 전극구조

① Ti 스파터 어닐 → ② TiN 스파터 → ③ Al 스파터

(3) ON구조

① 클리닝 → ② 열산화 → ③ Si_3N_4 CVD

자연산화막 제거

(4) Gate 전극구조

① 클리닝 → ② 열산화 → ③ 폴리실리콘 CVD

자연산화막 제거   CVD 폴리실리콘

①~③ : 프로세스 체임버
PL : 플랫폼
CC : 카세트 체임버

그림 4·9 멀티체임버 시스템에 의한 프로세스 인티그레이션의 예

4·4 웨이퍼 대구경화에 대한 대응

앞으로 웨이퍼의 대구경화는 지름 300mm의 실용화가 2000년대 초, 400∼450mm의 실용화는 2010년 가까이가 될 것이라고 보고 있다. 장치 면에서는 어떠한 대응이 필요한 것일까?

실제로 웨이퍼 대구경화에 있어서는 프로세스 관련 장치가 그 성패를 좌우한다고 할 수 있다. 그 때문에 300mm 웨이퍼용 장치의 평가가 SELETE(반도체 첨단 테크놀러지스)에서 실행되고 있다.

대구경 웨이퍼 실용화의 목적은 생산성 향상에 있다. 유효 칩 수의 증가를 도모하기 위해서이긴 하지만 그 반면, 장치가 커지면서 설비면적이 증가하고 가격도 상승한다. 칩 수량의 증가분에서 그것을 흡수하고도 추가로 플러스 요인이 생기지 않으면 의미가 없다. 현재 300mm 장치에 관해서는 웨이퍼 면적은 8인치(200mm)에 비교해 2.25배이며, 칩 수량도 그것에 상응해서 증가한다. 따라서, 경제적으로 이득이 되는 장치 바닥면적, 가격, 처리능력이 도출된다. 현재는 이들 요소들에 대해 일정한 가이드 라인이나 목표값이 설정되어 있다.

300mm용 장치에서는 현재 거의가 200mm용 장치와 동일한 개념이 이용되어, 최적화가 이루어지고 있다. "300mm 장치에서는 싱글웨이퍼 체임버 방식이 아니면 안된다."라는 논의가 있었으나, 전혀 의미 없는 것이었다. 사실상 배치식과 싱글웨이퍼식의 경우가 있으며, 배치식의 예로서는 퍼니스, 포토레지스트 제거장치, 세정장치가 있다. 퍼니스에서는 300mm 웨이퍼용으로도 100∼150매/배치라는 대용량의 방식이 추구되고 있다.

300mm용 장치에 대해서는, 단지 체임버 및 그 내부 구조를 비례확대하면 되는 경우와, 단순한 비례확대로는 대응할 수 없는 새로운 대책이 필요한 경우가 있다. 플라즈마를 사용한 프로세스, 이를테면 반응성 이온에칭 등은 후자의 대표적 예이다. 또한, 웨이퍼 1매 단위의 처리라 해도 원리적으로 1매 처리의 시간이 200mm 대비, 증가하는 장치가 있다. 이온주입장치와 스테퍼가 바로 그것이며 특별한 대책을 필요로 하고 있다.

4·5 반도체 제조장치의 표준화

어떠한 제품에 있어서도 공통적으로 제창되고 있는 방식에 "표준화"가 있다. 반도체 제조장치 분야에 있어서도 표준화는 오래된 논제(Theme)로, 메이커 및 사용자(User) 쌍방에 이익을 가져오는 것으로서 추구되어 왔다.

제4장 1항에서 설명한 것과 같이 장치의 구성에 있어서 본체(체임버) 이외의 주변 부분이 표준화의 대상이 된다. 이 표준화는 모듈(Module)화와 같은 의미로 모듈(Module)이 공통화되는 것을 가리키고 있다. 이것에는 다음과 같은 경우가 있다.

① 1종류의 장치에 있어서, 사용자(User) 모두 공통적인 사양을 사용한다. 즉, 특정한 사용자를 위한 특수 사양을 만들지 않는다.

② 장치 메이커 내에서 자사가 가지고 있는 제품군의 주변 부분을 표준화, 공통화 한다.

③ 장치 메이커 간에 각 회사 장치의 주변 부분까지 표준화, 공통화 한다.

④ 디바이스의 각 세대 간에 본체는 바뀌어도 주변 부분은 가능한 한 이전의 것을 답습한다.

이 중에서, ①은 디바이스 메이커 각각의 기술, 생산에 있어서의 기업문화와 관계가 있기 때문에 전부 그렇게 된다고는 할 수 없다. ②가 가장 추진되어야 할 표준화이다. 이렇게 함으로써 장치 메이커는 개발비 절감, 납기단축이라는 효과를 얻을 수 있으며, 디바이스 메이커에게는 메인티넌스(Maintenence)의 용이성과 숙숙도의 조기 향상, 부품의 공통화에 의한 비용 삭감, 레이아웃(Layout) 면에서의 이점이 있다.

장치의 트러블 고장이라 하면 진공 배기계, 반송계 등에서 많이 볼 수 있으며, 또한 소프트웨어의 버그(Bug) 등으로 애를 먹는 경우가 많다. 따라서, 이러한 표준화는 사용자, 메이커 쌍방에 있어서 대단히 바람직한 일이 되는 것이다.

③은 경쟁사 간의 일로, 실현을 위해서 넘어야 할 장벽이 높다.

④는 "세대간 공통장치"라는 발상으로, 디바이스의 세대교체에 따라 전혀 새로운 장치로 교체할 필요가 없다는 것이다. 약간의 수정으로 각 세대 간에 공통적으로 사용할 수 있는 장치이거나 체임버만을 교체하면 그대로 대응할 수 있는 방식은 디바이스 메이커의 투자부담 절감이라는 효과를 가져온다.

표 4·2에 장치 표준화의 개요를 나타냈다. 표준화에 대한 세계의 관심은 높고, 업계 단체 중에서도 표준화 위원회와 같은 조직이 각 유닛(Unit) 또는, 서브(Sub) 시스템별로 만들어져 토의되고 있다. 미국과 일본을 비교하면, 미국이 표준화에 관해서는 받아들이기 쉬운 소지가 있다고 할 수 있겠다.

단, 표준화는 장치 메이커에 있어서는 "제살 깎아 먹기"와도 같다. 표준화가 진행되면 장치가 가진 부가가치가 상대적으로 저하될 가능성이 있기 때문이다.

표 4·2 반도체 제조장치 표준화의 요점

장치 메이커 내에서의 표준화	장치 메이커간의 표준화
· 장치 사양의 표준화 (통일 표준화) · 장치내 표준화 (제품군, 복수 세대간) · 부품 공통화 · Subsystem (Unit)의 공통화 (진공배기 시스템, 로봇, 플랫폼 등) · 표준화를 지향한 디자인 · 멀티체임버 컨셉트 · 소프트웨어의 공통화 · 프로세스의 공통화 · 방식 및 컨셉트 공통화 (Hot Wall LP CVD 의 예 등)	· Unit(Subsystem)의 공통화 (로봇, 플랫폼, 카세트 스테이션 등) · Interface의 표준화에 의한 Cluster화 · 소프트웨어의 공통화 · 통신시스템의 공통화 · 카세트 반송, 핸들링(취급처리)의 표준화 (장치에 대한 웨이퍼 카세트의 Access 대응)

4·6 반도체 공장의 자동화에 대한 대응

반도체 공장의 자동화는 갈수록 진보되어, 공장 내의 웨이퍼 반송(각 공정 간 및 공정 내부) 프로세스 데이터의 집중관리, 피드백, 피드포워드가 가능하게 되어, 생산단위수량(Lot) 관리, 공정관리에서 시작해서 생산관리, 재고관리, 생산계획, 수주계획에 이르기까지 CIM(Computer Integrated Manufacturing)이라 불리는 시스템에 의해서 컨트롤되어 가고 있다. 반도체 제조장치는 그것에 어떻게 대응하고 있는 것일까? 300mm 웨이퍼의 실용화에 즈음해서 어떤 과제가 있는 것일까?

하드웨어 측면에서는 웨이퍼의 반송, 각 장치로의 수납(Access) 형태가 포인트이며, 소프트웨어 측면에서는 각 장치와 공장의 호스트 컴퓨터를 접속하는 통신 시스템이 포인트이다.

특히, 300mm 웨이퍼 공장을 예상한 차세대 반도체 제조라인의 이미지로서, 미니 인바이어런먼트(Mini Environment)에 대한 관심이 높아지고 있다.

그것은 장치의 바닥면적 증대에 대응해서 클린룸의 불필요한 면적의 삭감과 저비용을 목표로 한 것이다. 그다지 등급(Grade)이 높지 않은 클린룸에서 청정도를 유지하도록 밀폐된 박스(Pot라 불리고 있다)를 사용해서 카세트를 반송하는 방식이 채용되기 시작하고 있는 것이 그 예이다. 미국 ASYST社의 SMIF(Standard Mechanical Interface)라 불리는 시스템이 그것이다. 반도체 제조장치의 대응으로서는 웨이퍼를 탑재한 카세트의 수납수단이 중요하다. 그림 4·10은 반도체 공장에서의 반송시스템과 장치의 관계를 나타낸 것이다.

수납 수단으로서는 바닥 주행 또는 천장 주행 로봇으로부터 장치의 앞면에 카세트가 공급되는데, 그것에는 2종류의 타입이 있다. 카세트가 노출된 상태로 전달되는 경우와 Pot에 수납된 상태로 전달되는 경우이다.

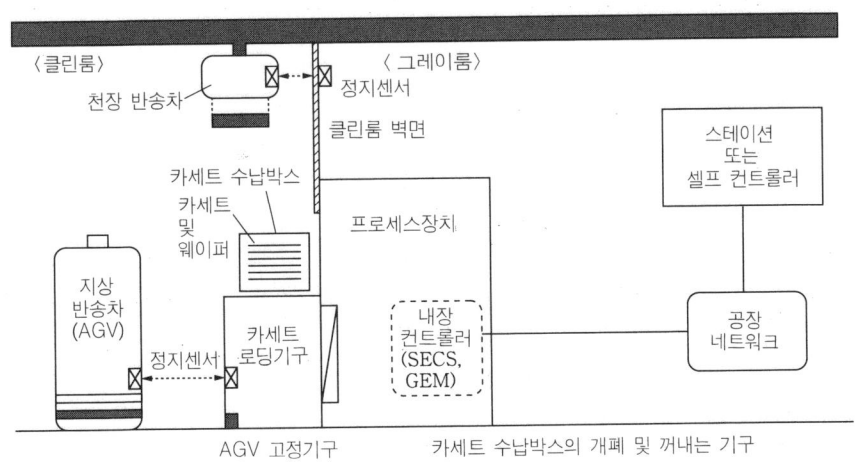

그림 4·10 VLSI 공장의 인터페이스 및 자동화의 표준(모델 도면)
(SEMI Technology Symposium Proceeding 1997년, 12월, p.34)

전자의 경우는 장치 내의 로봇이 그 카세트를 장치 내에 받아들이는 것이고, 후자의 경우는 Pot의 문을 열고 카세트를 받아들이는 것이다. 장치측의 대응은 어떤 것을 선택하는지에 따라 달라지고, 어디까지 표준이고 어디까지 옵션인지가 문제이다.

그런데, OC(Open Cassette) 또는 FOUP(Front Opening Unified Pod)와 같은 약어가 범람하고 있는데, 그것은 장치에서 웨이퍼의 수수(주고받음)를 가리키는 것으로서, 어디까지나 통칭이다. 또한, AGV(Automatic Guide Vehicle)-바닥 주행차, OHS (Over Head Shuttle)-천장 주행차, OHT(Over Head Hoist Transport)-천장 궤도형 주행차 등의 명칭도 있는데, 그것은 내용이 분명하다. 따라서 PGV(Personal Guide Vehicle)-인력주행차라는 명칭은 존재할 의미가 없을 것 같다.

4·7 생산형태에 대한 대응

반도체 디바이스의 생산형태에서, 일품종 다량생산(메모리 등) 및 다품종 소량생산(논리회로-Logic, 시스템 LSI 등) 사이에는 차이가 있다.

후자에서는 배선공정에 중점을 둔다. 또한 미래는 이것들의 혼류, 즉 메모리와 로직을 동일 라인에서 생산하게 되며, 또한 시스템 LSI와 같은 DRAM과 로직이 동일 칩에 탑재된 디바이스도 등장하게 된다.

반도체 제조장치의 배열방식에 있어서의 과제는, 클린룸 내의 물류를 고려한 배치(Layout) 형식이다. 클린룸 내의 배치방식에는,

① 플로 숍(Flow Shop)형
② 조브 숍(Job Shop)형
③ 조브 플로(Job Flow)형

의 세 가지 방식이 있다(堀田, 福井 : 「초 LSI 제조, 시험장치 가이드 북, 1984년판」 p. 23, 1983년 1월, 일본 공업조사회 刊에 의한다).

①은 공정의 흐름에 따라서 장치가 배열되어 있어, DRAM과 같은 일품종 다량생산용이다. ②는 공정 블록별(확산, CVD, 리소그래피 등의 구분별)로 장치가 정리되어 있어 작업 유연성이 있다. ③은 ①과 ②를 조합한 형이다.

①에서는 장치의 "선택과 조합"이 중요하며, ②에서는 경우에 따라 복합제품의 혼류 생산에도 대응할 수 있을 것이다. ③은 보다 유연성이 있고, 미래지향적이라 할 수 있을지도 모른다. 덧붙여서 말하면, 기판공정과 배선공정은 공장단위로 명확하게 구분되어 있는 곳도 많다. DRAM의 경우는, 라인 밸런스를 고려한 장치의 선택이 필요하다.

4·8 반도체 제조장치의 차세대 방식

앞으로 반도체 제조장치의 방식과 구조는, 어떻게 변해갈 것인지에 대해서 검토해 보자.

배치(Batch)방식과 싱글웨이퍼 방식의 논의는 프로세스 성능을 배경으로 이루어져야 하며, 성급하게 판단할 수 없다.

표준화·공통화는 메이커 및 사용자에게 있어, 공통의 이점을 갖는다는 것을 출발점으로 해야 한다. 이것은 웨이퍼 지름이 300mm를 넘어도 변하지 않을 것이다. 경쟁원리가 존재하는 이상, 장치 그 자체는 차별화 요소가 존재하지 않으면 안 되고, 탈 개성적이어서는 안 된다고 생각한다. 그것이 기술의 진보를 자극하는 것이 되기 때문이다.

고도로 자동화 된 대량생산 라인과는 별도로, 디바이스 개발의 시작에서 완성까지의 기간을 단축하고, 신규 디바이스의 개발기간을 단축하려고 하는 어프로치(Approach)가 있다. 그것의 목적은, 문제점이 있는 경우 재빨리 수정하여, 그 디바이스를 필요로 하는 응용 분야의 사용자에 대응하려고 하는 것이다.

예를 들면, 미국 텍사스 인스트루먼트(TI)사의 MMST(Microelectronics Manufacturing Science and Technology)라는 개념(Concept)이 있다(江崎, 賣賀 : 「21세기를 향한 반도체 기술문제 연구위원회 제22회 심포지엄」子稿集], p.41, 1994년 6월). 이 방식에서는 모두 싱글웨이퍼 체임버를 사용하며, 웨이퍼는 1매별로 ID 표시를 해서 센서, 모니터 기능을 탑재한 장치를 사용해서 $0.35\mu m$의 이층배선 CMOS 디바이스를 3일만에 완성할 수 있다. 디바이스의 평가를 최단시간 내에 실시할 수 있음과 동시에 앞으로는 이러한 방식으로 디바이스를 제조, 시작(試作)할 수 있다는 가능성을 처음으로 나타낸 것이기도 하다. 이 기술이 발표된 것은 1992년 10월이다.

위의 예에 의한 미국 기업의 성과에 충격을 받은 일본의 기술자들도 많았다. 이론으로서 책상에서는 이전부터 가능했던 방식이 마침내 실현되었기 때문이다. 이러한 일본의 상황은, 그 후, CMP(Chemical and Mechanical Polishing-화학적 기계연마)에 의한 평탄화 기술이나 Cu 배선기술의 로직(Logic) LSI에 응용 또는 SOI(Silicon On Insulating Substrate) 디바이스 등에서도 반복되고 있다.

그런데, 이러한 장치방식의 미래상은 개발라인에서의 이상적인 형태를 나타내고 있다고 해도, 막상 생산라인에서는 또 다르다. MMST와 같은 일관 시스템이라는 방식이 불가능하지는 않지만, 양산에는 양산 시스템이 따로 존재한다고 봐야 할 것이다.

5 각종 반도체 제조장치의 개요

반도체 제조장치의 종류와 역할, 기본적 구성과 방식에 이어, 여기에서는 구체적으로 종류별 장치의 예를 들어 그 개요를 설명한다. 본 장에서 설명하는 것은 웨이퍼 프로세스 관련 장치이나 이것들은 '반도체 제조장치' 그 자체이고 절대평가가 곤란하며 다양성이 풍부한 반도체 제조장치의 특성을 대변하는 것이기도하다. 본 장과 제3장, 제4장의 내용을 합해 보면, 실제로 반도체 공장에서 가동하고 있는 각 장치의 이미지를 어느 정도 그릴 수 있을 것이다.

5·1 웨이퍼 프로세스용 반도체 제조장치

그림 5·1은 웨이퍼 프로세스용 반도체 제조장치의 분류이다. 제1장의 그림 1·7에서는 디바이스 기본 제조공정을, 그림 1·8에서는 기본 프로세스 기술의 항목을 제시했지만, 이것들의 뒤에 '장치'를 붙이면 그대로 그림 5·1의 분류로 된다.

디바이스 제조공정에 있어서는 이 분류에 나타나 있는 장치가 적절히 선택되어지고, 반복되어 등장한다. 그렇다면 여기에서 반도체 제조장치는 어떻게 만들어져서 시장에 도입되며, 각 디바이스 메이커에 의해 구매되는 것인가? 프로세스의 개발과 장치의 개발·제품화가 어떤 관계로

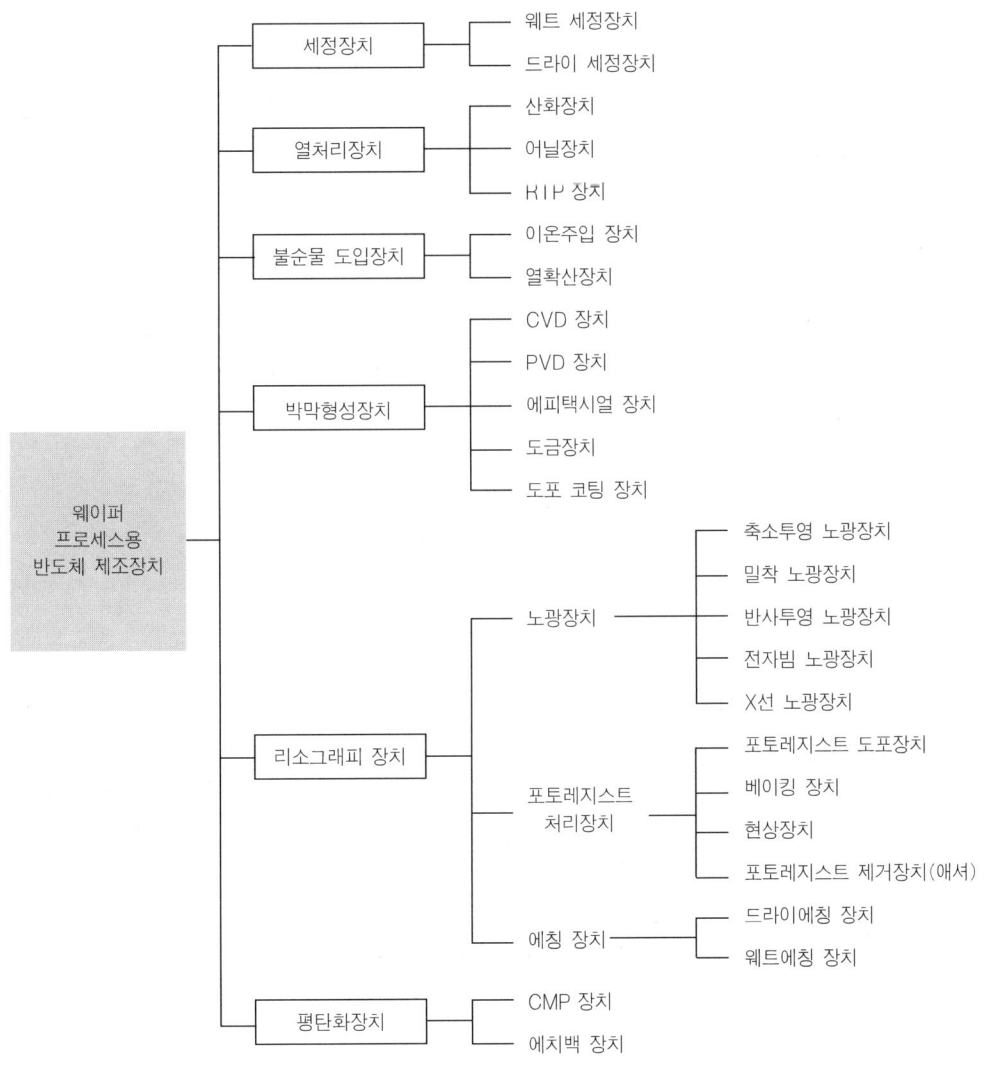

그림 5·1 반도체 제조장치의 분류

행하여 지는가를 생각해 보고자 한다(이미 상품화되어 있는 장치를 디바이스 메이커가 도입할 경우에 대해서는 제6장의 「반도체 제조장치의 현장」에서 논한다).

그림 5·2는 새로운 장치의 탄생까지 디바이스 메이커와 장치 메이커의 관계를 제시한 것이다. 디바이스 메이커에서의 여러 가지 개발 연구는 회사 내의 실험장치, 구형장치 또는 현재 소유하고 있는 생산장치 등을 이용하여 이루어진다. 디바이스 메이커가 신프로세스의 개발과정에서 얻은 성과, 디바이스 개발이나 성능·양품률·신뢰성의 향상 등에 필요하다고 생각하는 프로세스의 아이디어, 신재료의 개발이나 그 정보는 고유의 또는 일반화된 정보로서 장치 메이커에도 흘러 들어간다.

장치 메이커는 입수된 정보를 베이스로 해서 신장치 개발 프로그램을 시작한다. 처음은 실험실 단계에서의 일이며, 프로세스 체임버 중심으로 여러 가지 실험을 행하여 제품화의 가능 여부를 판단 재료로 쓴다. 이것을 미국에서는 "Feasibility Study" 기간이라 부르고 있다. 사용되는 툴은 "Test Board" 또는 "Bread Board" 라고 부른다. 즉 실험대인 것이다.

Feasibility Study가 끝나고 장치화가 가능하다고 판단되면 실험용 시작기가 제작된다. 일반적으로 이 장치에는 간단한 반송계는 붙어있으나 자동화와는 다소 거리가 있고, 프로세스 체

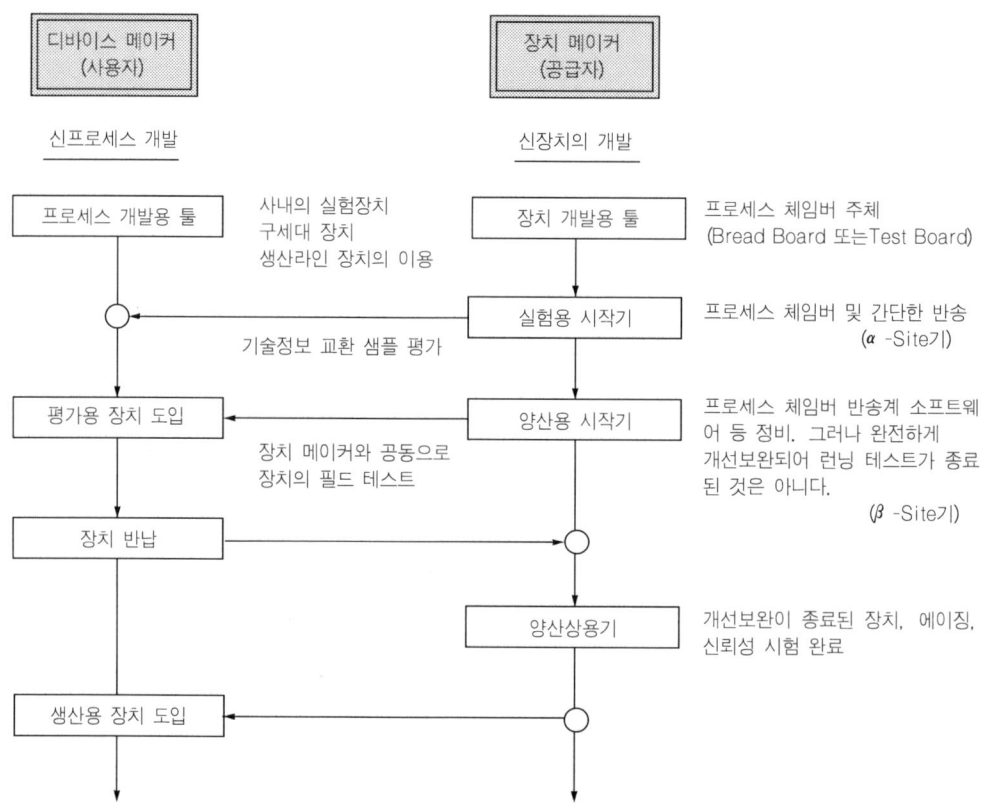

그림 5·2 프로세스 플로와 필요한 반도체 제조장치의 예

임버 중심의 실험기이므로 상품 가치는 없다. 이 단계에서 메이커는 사용자로부터 평가를 받을 수도 있다. 그러나 이 장치를 사용자 쪽으로 가져갈 수는 없다. 메이커 사이트에 설치된 이같은 장치를 일반적으로 "α머신", 또는 "α-site기"라고 부르고 있다. 알파 사이트라는 것이 메이커에 설치되어 있다는 의미이다.

이것에 대하여 "β머신" 또는 "β-site기"라는 것이 있다. 장치 메이커가 α머신의 다음 단계로서 제작하는 양산을 위한 시작기이며 상품으로서의 모든 체제가 갖추어져 있다. 단, 신뢰성 시험, 런닝 시험이 종료된 것은 아니다. 이 장치는 상품은 아니지만 여러 대 제조되어 사용자 측에서 평가를 받을 수 있다. 사용자 측에 설치되었기 때문에 베타 사이트기(β-site기)라고 부른다. 통상 이 장치는 사용자 측에서 장기적 런닝 시험을 받고, 여러 가지로 평가되어 반환된다. 이때 얻어진 데이터는 사용자에 있어서는 장치 선정의 근거가 되며, 메이커에 있어서는 디버그(Debug)나 이상 발생의 개선 등 여러 가지 정보 소스가 된다. 단 β사이트기를 그대로 두고, 라인 장치의 일부로 활용하는 경우도 있다.

또한 이같은 평가는 메이커 또는 사용자 쌍방에게 이점이 있어, 최근에는 증가 추세를 보이고 있다. 이렇게 하여 양산용 장치, 즉 상용기(Commercial Model)가 완성된다. 사용자가 선정하여 라인에 도입하는 것은 이러한 경우의 장치이다.

반도체 제조장치는 이와 같이 생겨나고, 디바이스의 진보와 함께 세대교체를 반복한다.

본 장에서는 그림 5·1의 분류 순서에 따라 각 장치에 대해,

(1) 기술의 개요

(2) 기술의 응용

(3) 장치의 분류

(4) 장치의 실제 예

(5) 앞으로의 전망

을 설명한다.

실제로 시판되고 있는 장치의 구체적 예를 일일이 열거하지는 않고, 이것들을 유형별로 정리하여 설명하고, 기술적 인용이라는 관점에서 소개하는데 그칠 예정이다. 그렇더라도 지금 거론하고 있는 예가 어느 메이커의 어느 장치인가를 유추할 수 있을 것이다.

5·2　세정장치

5·2·1 세정기술의 개요

(1) 세정기술의 역할

반도체 디바이스의 제조공정은 우선 세정에서부터 시작된다. 그 중요성은 그림 1·6의 VLSI 플로 다이어그램에서도 밝혀진 대로 각 공정의 전후로 반드시 사용되며 수십 회 반복된다.

세정이란 웨이퍼 표면의 세정만을 생각하기 쉽지만 세정기술은 반도체 제조장치 기술 전체에 해당되는 초청정화를 위한 기술로서 광범위하게 파악하지 않으면 안된다. 즉, 웨이퍼 표면의 세정만이 아닌 제조환경, 사용기구, 부품 등의 청정화까지 포함하는 기술이다. 그러나 웨이퍼 표면의 세정은 그 중에서도 가장 중요하고 까다로운 최종적 초청정화 기술이다.

(2) 세정의 목적

세정기술의 목적은 표면에서의 오염제거이다. 디바이스의 미세화가 진행됨에 따라 표면의 오염이 디바이스의 신뢰성이나 양품률에 직접 영향을 미치게 되므로 미세한 파티클, 미량의 금속 오염 등의 제거가 중요한 과제가 된다. 일반적으로 제거되어야 할 파티클의 크기는 디자인 룰의 수분의 일에서 십분의 일이라고도 할 수 있다. 현재로는 측정기의 검출 한계가 문제가 되는 정도의 수준이 되고 있다. 디바이스 제조과정에서는 프로세스 그 자체가 오염 발생을 동반하는 경우가 많고, 이들의 오염을 방지하기 위해 세정이 필요하게 되며 세정공정은 "전처리"와 "후처리"로 구분을 하게 된다.

(3) 오염

오염에는 여러 가지 종류가 있고, 단지 **파티클**이나 **금속원자**, 유기물 등만이 아닌 프로세스 중에 발생하는 결정의 **대미지**(Damage)나 변질층 등도 오염의 일종이라고 생각할 수 있다. 이들은, 즉 "보이지 않는 오염"이다. 표 5·1, 5·2에 각종 오염의 분류를 제시한다.

이같은 오염을 제거하기 위해서 지금까지 여러 가지 방법이 강구되어 왔다. 디바이스 메이커는 오랜 시간 동안 이 세정기술에 관한 경험을 축적하여 노하우로서 완성도를 높이고 있다. 단, 이들은 각 디바이스 메이커 고유의 것이며, 보편화된 기술로는 되어 있지 않다. 세정공정이 그만큼 까다로운 요소를 포함하고 있다고 할 수 있다. 따라서 장치에 관해서도 경험이나 실적이 중시되고, 다른 장치분야에 비해 새로운 방식에의 장벽이 대단히 높다.

표 5·1 표면 오염의 분류 I (상태에 의한 구분)

오염의 구분	오염의 내용	디바이스에의 영향
컨태미네이션	금속오염 (중금속/알칼리 금속)	계면 특성 열화(산화막 특성) 리크 전류의 발생 (pn접합) 콘택트 저항 증가
	산화막 잔사/자연산화막	콘택트 특성 열화
	폴리머(Polymer) 잔사 코로션(Corrosion)(Al)	콘택트 저항 증가 단선, 쇼트 등
파티클 "입자상 오염"	먼지의 부착(유기, 무기)	양품률 저하(패턴 불량)
대미지(Damage) "보이지 않는 이물"	플라즈마 대미지(결정 결함) Charge-Up C. O. Cl 등의 함유	리크 전류 절연 파괴, 내압 저하 콘택트 저항 증가

표 5·2 표면 오염의 분류 Ⅱ (물질에 의한 구분)

오염구분		오염물질	실제 예	발생하는 원인, 장소
이온성 오염		금속이온	Na^+, Li^+, K^+ 등 (알칼리 금속)	인체로부터 전이 약액, 원료, 재료로부터 발생
		음이온	F^-, Cl^- 등 (할로겐)	에칭, 포토레지스트 프로세스 등
비이온성 오염	유기물 오염	왁스, 오일 수지 포토레지스트 잔여물	—	연마공정, 포토레지스트 공정 웨이퍼 핸들링 전반, 드라이에칭 공정 (잔사)
		중금속	Fe, Ni, Cr 등	부품재료, 웨이퍼 핸들링 전반, 로봇, 체임버 등
		귀금속	Au, Cu, Ag 등	부품재료, 체임버 내 구조부품 등
	무기물 오염	카본	C	드라이에칭 공정, 부품재료, 웨이퍼 핸들링 전반, CVD/PVD막 중의 함유 등
		산화막, 산화물	SiO_2 연마제(슬러리) (실리카, 알루미나, 제라늄 등)	자연산화막, 에칭 잔여물 CMP 공정 후의 표면

(4) 세정공정의 개요

현재의 세정기술은 RCA 세정으로 불려지는 1970년에 개발된 방법이 그 기본이 되며 사반세기 가까이 지났어도 여전히 사용되고 있는데, 이것은 기적에 가깝다라고 말할 수 있다. 구체적인 방식을 말하면 케미컬(화학약품)에 의한 **웨트처리**가 주체이다. 드라이화도 과거에 여러 가지로 시도되었지만, 완전 드라이화는 되지 않고 웨트방식과 병용하여 오염을 제거하는 방법, 즉 물리적 또는 기계적 제거방법을 보완적으로 이용할 때가 많으며 세정의 최종공정은 웨트에서 마무리된다. 디바이스 메이커마다 약간의 변형은 있지만, 웨트세정-RCA 방식은 각 디바이스 메이커에 있어서 피할 수 없는 선택사항이다.

그림 5·3은 기본적 세정 시퀀스이다. 이러한 전과정이 항상 사용되고 있는 것은 아니지만, 이처럼 표면의 오염을 각 종류별로 순서대로 제거한다.

유기물의 제거에는 일반적으로 산화성의 산(H_2SO_4 등)이 사용된다. 플라즈마 산화(애싱) 또는 유기용제도 가능하지만, 어떤 식으로 세정 전체의 순서에 짜넣을 것인가가 포인트이다. 표면의 **산화막 잔사** 또는 **자연산화막**(Native Oxide)은 플루오르화수소(HF)수용액 중에서 처리하여 제거한다. 플루오르화수소 자체는 무수불화수소라고도 불리워지며 상온에서는 기체이고 그것을 이용하여 Si 표면을 증기처리해서 산화막을 제거하는 방법도 고안되었다. 그림 5·3에는 이것도 포함하여 제시하고 있다.

이 중에서 **파티클 제거, 금속불순물** 제거에 유효한 수단으로서 이용되어지는 것이 앞에서 설명한 RCA 세정법이다. 그림 5·4에 그 시퀀스가 나타나 있다. 암모니아(NH_4OH)수용액과 과산화수소(H_2O_2), 물(H_2O)의 혼합액은 SC-1이라 부르고, 파티클 제거에 유효하며, 염산(HCl)과 과산화수소, 물(H_2O)의 혼합액(SC-2)은 금속이온의 제거에 유효하다. 이 두 가지를 조합함으로써 두 종류의 오염이 연속적으로 제거된다.

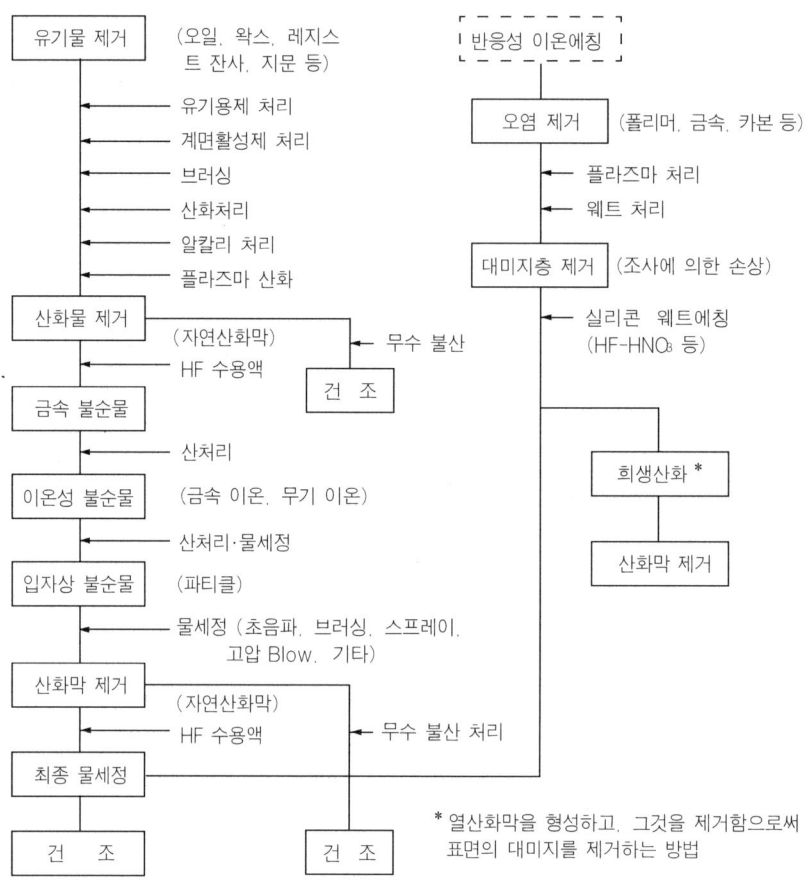

그림 5·3 세정방법의 시퀀스

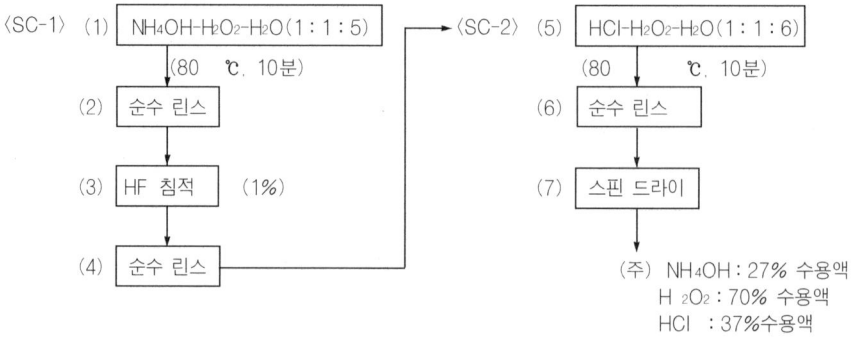

그림 5·4 RCA 세정법의 시퀀스
(W. Kern and D. A. Poutinen: RCA Review, V. 31, 1970, p.187)

그림 5·3의 우측에 있는 것처럼 반응성 이온에칭 등에 의해 처리되며, 노출된 Si 표면에는 이온의 충격에 의한 대미지층이 존재한다. 또한 에칭할 때 사용한 가스계에서 일어나는 폴리머 생성, 에칭 잔사, 포토레지스트와 가스의 반응 생성물 등 여러 가지 오염이 새롭게 발생한다. 대미지층에는 표면 근방에 C원자 등이 주입되어 있어 그 얕은 오염층을 제거하기 위해 Si 자체를 어느 정도 에칭할 필요가 있다. 또한 표면을 산화해서 오염층을 제거한다는 희생산화법도 세정방법의 하나라고 말할 수 있다.

건조공정은 세정의 마무리이며 실제로는 가장 신경이 쓰이는 기술이다. 스핀 건조가 가장 일반적이기는 하지만, 장치 자체에서의 파티클 발생, 고속 회전에 의한 정전기 발생 등이 문제이며, 또는 워터 마크라고 불리워지는 "얼룩"이 표면에 남는 것이 문제시 되고 있다. 워터 마크(Water Mark)는 건조의 최종 단계에서 수분이 증발할 때 그 물방울 중에 농축되어 있는 파티클이 표면에 남아서 만들어진 모양이며 디바이스 양품률에 심각한 영향을 준다. 이것을 피하기 위해 이소 프로필 알코올(IPA)의 증기건조 또는 IPA와 순수(純水)의 계면을 통과하여 웨이퍼를 수직으로 끌어올리면서 치환·건조시키는 방법 등이 도입되고 있다.

5·2·2 세정기술의 응용

세정에 있어서 중요한 것은 디바이스 구조와의 관계이다.

현재 디바이스 제조의 어느 단계에서, 어떤 표면상태에서 전처리 또는 후처리로서 세정을 하려 하고 있는가를 파악할 필요가 있다. 밑바탕에 Al, SiO_2, Si 등이 존재할 경우, 사용하는 케미컬에 의해 그것들이 부식되는지 어떤지의 여부를 충분히 파악한 후에 세정 시퀀스를 정할 필요가 있다. 표 5·3은 세정하기 전의 기판 상태를 나타낸다. 실제 세정에 있어서는 각 상황에 들어맞는 "세정설계"를 하는 것이 필요하다.

5·2·3 세정방법의 분류

실리콘 웨이퍼의 세정에는 여러 가지 방법이 있다. 우선, 방식부터 살펴보면 웨트, 드라이, 기타 세 가지로 분류할 수 있다. 웨트 세정법은 약액 중에 웨이퍼를 침적시켜 화학적 용해 등에 의해서 오염을 제거하지만, 오염물을 포함한 약액을 씻어내기 위한 린스와 건조가 요구된다.

드라이 세정은 가스 상태에서 표면의 오염을 제거한다. 유기물 및 Si를 제거하는 경우는 각각 산화성 분위기 또는 불소를 포함한 기체상태에서, 플라즈마 방전 또는 자외선 조사(照射) 등을 보조적 에너지로서 이용한다. 금속오염의 제거는 그 금속과 화합해서 휘발성의 물질을 형성하는 가스를 사용하면 좋다.

그러나 중금속 원소에는 이러한 휘발성 화합물은 거의 존재하지 않기 때문에 드라이 세정으로 금속오염의 제거는 화학적으로는 무리이다. 따라서 드라이 세정 단독으로 RCA 세정에 상당하는 시퀀스를 처리하기는 불가능하다.

세정기술에 있어서 웨트도 아니고 드라이도 아닌 방법으로, 미립자를 뿜어냄으로써 표면 청정화를 하는 것이 있다. 예를 들면 얼음, 드라이아이스, 아르곤에어졸 등을 불어서 기계적으로 표면의 오염을 제거하는 방법이다. CMP 공정 후 연마재가 부착된 표면의 세정 등에 유효하다고 알려지고 있다. 앞에 논한 분류의 자세한 것은 그림 5·5에 제시한다.

표 5·3 VLSI에 있어서의 세정공정

세정공정의 종류	기판의 상태	형상 예
· 초기 세정	실리콘 기판 표면	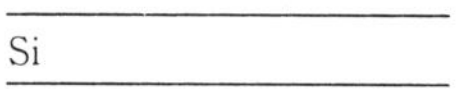
· 산화 전처리	실리콘 기판 표면 LOCOS(Si₃N₄ 막 공존 표면) 실리콘 트렌치 구조	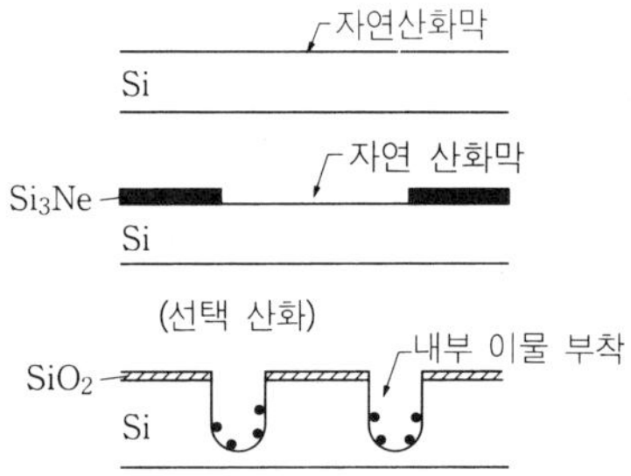
· 에피택시얼 성장 전처리	실리콘 기판 표면	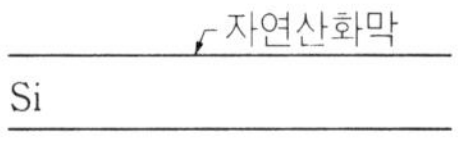
· CVD 전처리	각종 막이 공존하는 표면 - 폴리실리콘 패턴 - 산화막 패턴 - Al 패턴 등	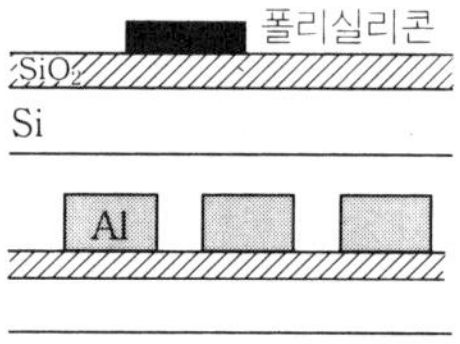
· 스파터 전처리	Si 상의 SiO_2 막 Al 상의 SiO_2 막	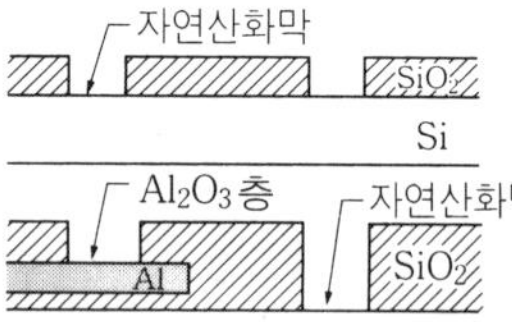
· 드라이에칭 후처리 · 애싱 후처리	반응생성물, 잔사, 대미지 등이 공존하는 표면	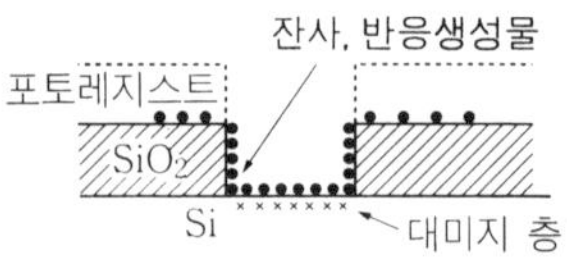
· CMP 후처리	CMP 공정 후에 표면에 부착되어 있는 연마재(슬러리) 및 연마층 파편	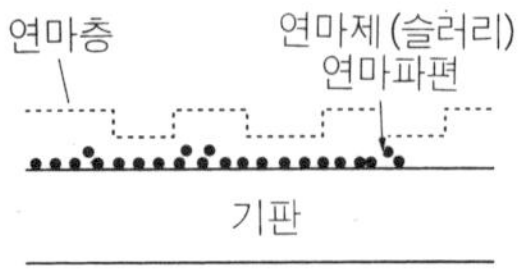

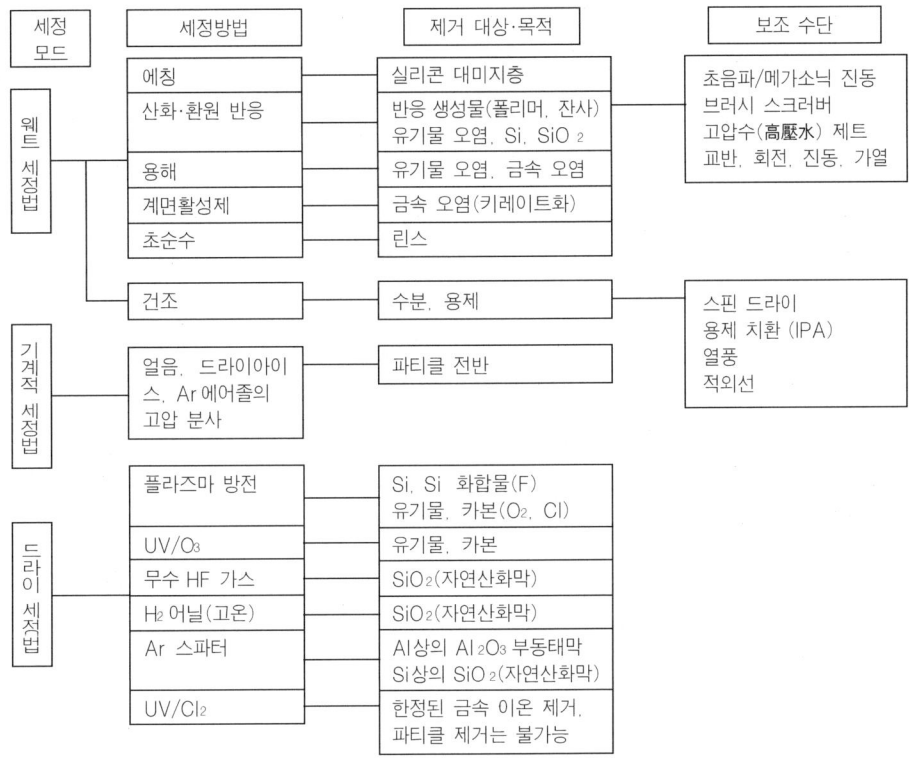

그림 5·5 VLSI 제조에 있어서 세정방법의 분류

칼럼 5

배치방식과 매엽방식 1

　지름 300mm의 웨이퍼 도입이 임박해졌지만 이처럼 웨이퍼 사이즈가 확대되면 반도체 제조장치는 배치식에서 매엽식으로 이동한다고 할 수 있다. 배치식에서는 장치가 거대해지고 클린룸 면적을 크게 점유해 버리지만, 매엽식일 때는 한 장 처리이기 때문에 이와 같은 일은 없다는 논리이다. 하지만 이것에 대한 의문이 최근 제기되었다.

　매엽식이 웨이퍼를 한 장씩 엄밀하게 처리할 수 있기 때문에 고집적화, 고균일화를 할 수 있다고 여겨지는 반면, 단위시간당 처리량(Throughput)이 저하되기 때문에 결국 대수는 증가된다. 드라이 에처 등의 일부 장치는 매엽식으로 하지 않을 수는 없다고 하지만 전부를 매엽화할 수는 없을 것 같다.

5·2·4 세정장치의 실제 예

세정에 여러 가지 방법이 있듯이 세정장치에도 여러 가지 방식이 있다. 여기에서는 웨트 세정장치에 있어서 현재 양산 라인에서 사용하고 있는 것에는 어떤 방식이 있는가에 대해 **그림 5·6**을 기초로 설명하겠다. 웨트 세정법의 이점은 배치방식에 의해서 다수의 웨이퍼를 동시에 처리할 수 있다는 점이다. 그러나 장치의 대형화 및 대구경 웨이퍼 대응이라는 점에서 싱글웨이퍼 방식도 주목되기 시작했다. 또한 배치방식에도 다조식(多槽式)과 일조식(一槽式) 두 종류가 있고, 세정장치는 일명 각종 방식의 백화점라는 견해도 있다.

그림 5·6은 세정장치를 **단일기능 세정장치**와 이것들을 조합한 **복합 세정장치**, 시퀀스를 일관해서 소화하는 **토탈 세정장치**로 분류하고 있다. 토탈 세정장치는 다조식과 일조식으로 나뉘어져 있지만, 하나같이 배치식으로, 한 카세트 단위로 처리하고 있다. 싱글웨이퍼 방식의 세정장치는 단일기능의 스크러버(Scrubber)장치, 고압 제트 물 세정장치, 오존 세정장치 등으로 이용되고 있다. 싱글웨이퍼 방식의 토탈 세정도 고려되고 있지 않는 것은 아니지만, 아직 비현

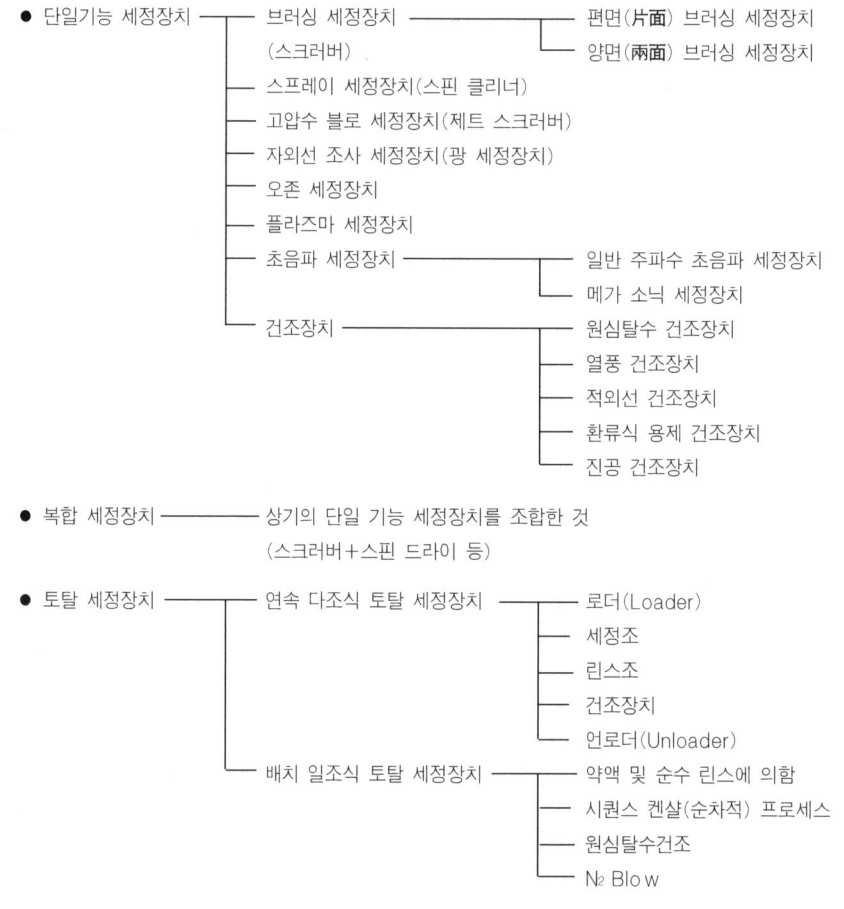

그림 5·6 세정장치의 분류

실적이다. 그림 5·7은 다조식 및 일조식 토탈 세정장치의 블록 다이어그램이다. 다조식에서는 카세트 단위의 웨이퍼가 캐리어에 수납된 채 각 약품조, 린스조 안을 통과하여 처리가 진행된다. 일조식에서는 한 개의 체임버에 약액 및 순수(純水)를 교대로 바꿔 넣어가며 시퀀스가 진행된다. 이들의 방식을 비교하면 다음과 같다.

- ·다조식 : 단위시간당 처리량이 크다. 약액의 소비량이 많고, 장치의 바닥면적이 크다. 캐리어리스방식에 의해 어느 정도 소형화는 가능하다.
- ·일조식 : 단위시간당 처리량이 작다. 약액의 소비량이 적고 장치의 바닥면적은 적어도 된다. 프로세스의 설정이 어느 정도 자유롭다. 처리 스텝 간 시간을 맞출 필요가 없기 때문에 프로세스 제약은 없다. 한편 싱글웨이퍼 방식은 단위시간당 처리량이 적기 때문에 CMP 후의 스크러버 세정 등은 특수한 케이스에서만 이용된다.

이들 장치에 있어서 약액 조성, 약액의 온도, 조합 순서, 침적시간, 초음파나 진동 등의 기능 부가의 제반조건은 디바이스 메이커마다 모두 다르다. 또한 세정조의 정기적 세정이나 캐리어 등의 세정도 필요하며, 그 때문에 전용 장치가 필요하다. 이것은 오염의 축적을 피하기 위한 것으로, 캐리어에 수납한 채 웨이퍼 세정을 배치에서 행하는 것은 웨이퍼 세정이 아니라 캐

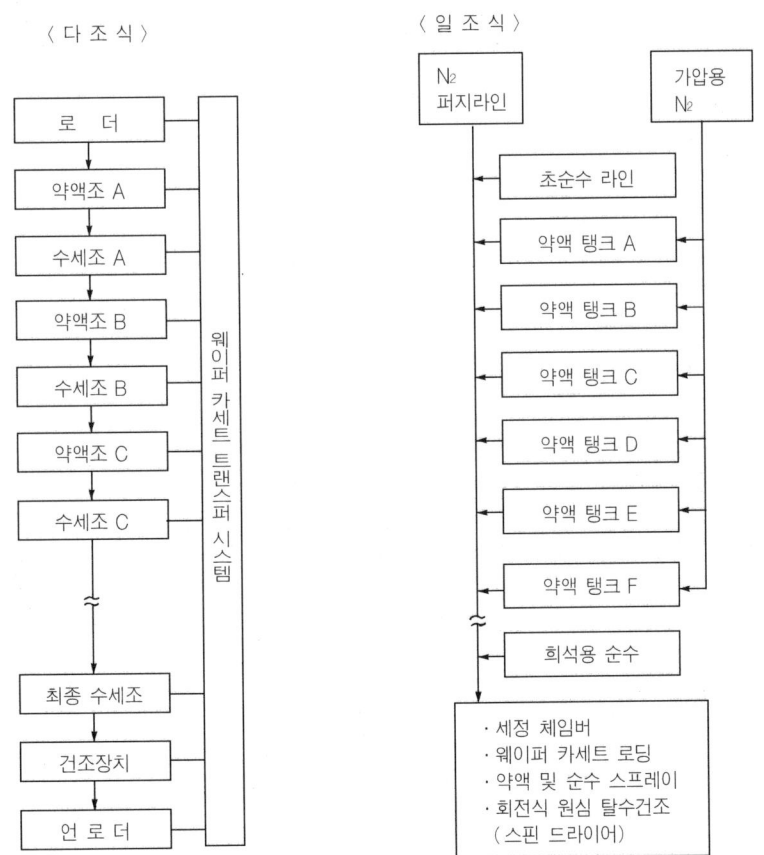

그림 5·7 배치식 웨트 세정장치 (웨트 스테이션)의 구성

리어 세정이라는 견해도 있을 정도이다. 캐리어리스 세정은 그럴 염려가 없고, 또한 장치 바닥 면적의 절감도 가능한 방법이다.

5·2·5 향후의 전망

세정기술 및 장치는 디바이스의 고밀도화·미세화에 있어서 중요하며, 신재료를 이용한 디바이스에 대해서는 새로운 발상이 필요하다. 세정공정을 포함한 형태로 프로세스 인티그레이션을 행하는 것은 프로세스의 성능 향상이나 프로세스 간략화에 있어서 대단히 중요하다.

세정장치를 이용한 프로세스 인티그레이션에서는

· CMP 공정과 후세정공정의 일체화
· 자연산화막 제거를 위한 전처리와 얇은 열산화막 형성 공정
· 자연산화막 제거와 폴리실리콘막 형성

등이 이용되고 있다. 실제로 CMP 장치에서는 세정장치가 내장되어 있는 예가 많다. 이것은 특히 앞으로 가장 중요한 프로세스 인티그레이션의 예가 될 것이다. 또한 무수 HF 처리장치와 산화로를 클러스터링한 예도 있다.

RCA 방식은 현재에도 웨트 세정기술의 표준이며, RCA 세정의 재검토는 지금까지 많이 행해져 왔지만, 다른 어떤 약액처리도 결국은 여기에 해당된다. 그러나 최근에서는 웨이퍼 표면의 마이크로 러프네스(Micro Roughness)가 얇은 게이트 산화막의 특성에 커다란 영향을 준다는 것이 밝혀지면서 약액에 의한 Si 표면의 부식이 문제가 되었다. 그 때문에 약액으로서는 부식효과를 줄이면서 오염제거 효과를 높이는 오존수, 알칼리 이온수, 키레이트 화합물의 첨가 등이 검토되고 있다. Si 표면의 수소종단(終端), 불소종단(終端) 등의 아이디어도 아직 실용화 단계에 이르지는 못하고 있다. 드라이 세정법도 아직 원리적으로 확립되지는 않았으며, 세정의 시퀀스 전체를 드라이화 하는데는 아직 무리이며, 향후 개발을 기대해야 하는 상황이다.

장치적으로 당분간 배치방식의 웨트 스테이션(다조식 및 단조식)이 300mm 웨이퍼 시대에도 유효하며, 고능률, 고 스루풋의 처리가 가능하다. 싱글웨이퍼 방식은 특수한 용도로 사용되고, 특히 브러시 스크러버(Brush Scrubber)를 이용할 필요가 있는 CMP 공정과의 인티그레이션이 더욱 진전되리라고 생각된다.

향후 Cu배선 등의 새로운 구조, 재료가 프로세스에 도입되면, 세정기술 및 장치의 역할은 더욱 중요하게 된다. 또한 좁고 깊은 미세홀 및 트렌치 구조의 내부 세정 등에서 새로운 방법의 모색이 필요하다.

5·3 열처리장치

5·3·1 열처리기술의 개요

(1) 산화·확산·어닐

반도체 디바이스의 제조는 열처리의 반복으로 이루어지는 공정이라고 말할 수 있다. 반도체 디바이스의 초창기부터 그런 식으로 진행되어 왔고 Si 웨이퍼를 가열하여 표면에 **산화막**을 형성하거나 불순물 원자를 열적으로 **확산**시켜 **pn접합**을 형성하는 등 반도체 디바이스는 열공정과는 끊을래야 끊을 수 없는 관계를 유지해 왔다.

특히 바이폴러형 디바이스에서는 벌크(Bulk) 중에 p형, n형의 확산을 반복하여 접합부를 형성하기 때문에 제조 라인을 확산 라인(전공정을 지칭)이라 부르고 있을 정도이다. 또한 CMOS의 세대가 되고 나서는 아이솔레이션을 위한 **두꺼운 산화막**, 디바이스 심장부로서의 **게이트산화막 형성** 등의 열처리공정이 상당히 중요하게 되었다.

산화, 확산과 더불어 "어닐(Anneal)"이라는 용어가 넓은 의미로 사용되고 있다. 어닐은 금속재료 분야의 용어로 말하면 "설담금"(금속·유리 따위 내부의 변형을 바로잡기 위해 가열했다가 서서히 식히는 처리법)이며 현상적으로는 균일한 확산, 재결정, 합금의 고상전이(固相轉移), 일그러짐의 제거 등을 목적으로 하는 가공방법이다.

반도체 디바이스 제조 프로세스의 경우는 다음에 제시하는 여러 가지 목적을 가진 가열 프로세스를 일괄해서 어닐이라 부르고 있다.

예를 들면 다음과 같은 목적이 있다.

· 결정성 향상 – 대미지층의 회복, 불순물의 활성화
· 전기 특성 향상 – pn접합 특성 향상
· 계면 특성 향상 – MOS 특성의 향상
· 형상 개선 – 플로(Flow)에 의한 평탄화 등
· 고순도화 – 불순물 제거, 게터링 등
· 결함 제거 – 게터링 등
· 막질 개선 – 성긴막의 치밀화 등

어느 쪽이든 특성 안정화, 물성 안정화를 지향하고 있다. 열처리기술은 산화, 확산 외에 각종 어닐기술을 포함한 광범위 프로세스이다.

(2) 온도영역

일반적으로 반도체 디바이스 제조공정에서는 공정이 진행될수록 가열온도를 내린다. 그렇게 하지 않으면 한번 처리가 행해진 후, 재차 확산, 합금화 진행 등의 변화가 일어나 버리기 때문이다. 단, 그 변화를 처음부터 감안하여 "프로세스 조건 결정"을 행하는 것이 일반적이다.

기판공정은 1000℃ 근처 또는 그 이상의 온도를 필요로 하지만, 후반의 배선공정에서는 콘

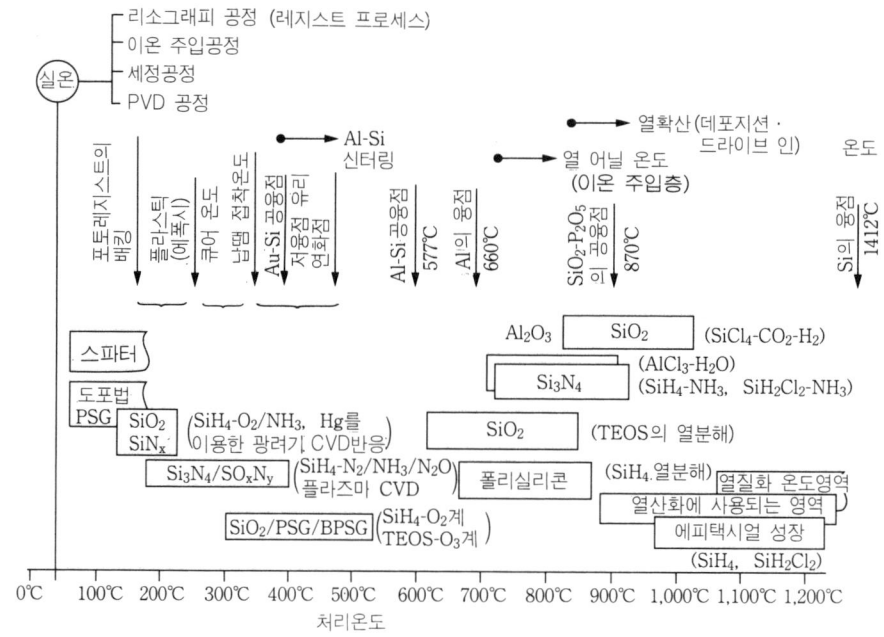

그림 5·8 웨이퍼 프로세스에 의한 온도영역

택트부, Al 배선재료 등이 존재하기 때문에 프로세스 온도가 500℃ 이하여야 된다.

그림 5·8은 각 프로세스에 적용된 온도영역이다.

여기에서 프로세스 상의 기본 물성 파라미터로서 중요한 것은 Si의 융점, Al의 융점, Al-Si의 공융점, Ⅲ족 및 Ⅴ족 각 원소의 Si 중에서 확산계수의 온도의존성 및 고용도(固溶度), SiO_2-P_2O_5 등의 유리의 공융점 등이다.

Si과 Al을 포함한 다른 금속 원소와의 합금 상태도는 열처리기술과의 관계에 있어서 반드시 파악해야 할 물성이다. 이같은 산화, 확산, 어닐 등을 행하는 장치에는 **퍼니스**(확산로, 산화로, 또는 단지 '노(爐)'라고도 부른다), **급속승강온도장치**(RTP-Rapid Thermal Processor: 적외선 조사장치나 램프 가열장치 등)가 있다. 현재는 두세 가지 예를 제외하고는 대부분 퍼니스가 이용되고 있다. 퍼니스는 호리존탈(Horizontal)형에서 시작해서 대구경화(200mm)에서는 버티칼(Vertical)형으로 바뀌었다.

5·3·2 열처리기술의 응용

표 5·4는 VLSI 제조공정에서 열처리 프로세스의 분류이다. 현재는 이 중에서 퍼니스가 폭 넓게 이용되고 있다. RTP는 퍼니스와 대체되어 모든 열처리공정에 이용될 가능성을 가지고 있다.

퍼니스와 RPT의 성능적 또는 경제적인 비교가 자주 행해지고 있다. 열처리 공정에서 가장 중요한 기술 중 하나는 "열산화막 형성"이다. 우리들은 아직까지 1960년대에 개발된 플레이

표 5·4 VLSI 제조공정에 의한 열처리 관련 프로세스

프로세스		목 적	내 용	온도범위	장 치
열산화		Si, 폴리실리콘 등의 표면산화	산화 분위기 중에서 가열처리	800~1100℃	퍼니스
열확산		Si, 폴리실리콘 중에 불순물 확산	Ⅲ, Ⅴ족 원소 또는 화합물의 퇴적과 열적 주입 확산	800~1200℃	퍼니스
CVD		기판상의 화학반응에 의한 막형성	열분해, 환원, 산화, 플라즈마 방전 등의 반응 응용	400~1000℃	퍼니스 및 CVD 전용 장치
어 닐	리프로	층간절연막 평탄화	PSG, BPSG 등의 가열에 의한 유동화	850~1100℃	퍼니스
	신터링	Al-Si의 오믹(Ohmic)성 향상	Si 상의 Al 열처리에 의한 자연산화 막의 환원	~450℃	퍼니스
	실리사이드화	Si와 타 금속과의 반응에 의한 콘택트 형성	Si-Ti, Si-Pt 등의 계면 열처리	400~600℃	퍼니스 및 RTP
	이온주입 후 어닐	결정성의 회복, 캐리어 활성화	이온 주입 후의 열처리에 의한 결정 손상 회복, 재결정화	600~1100℃	퍼니스
	게터링	결함 제어, 전기특성 향상	IG(인트린직 게터링(Intringic Gettering) 처리) - 무결함 표면층 형성, 결함 흡수를 위한 프로그램 열처리 EG(엑스트린직 게터링(Extringic Gettering) 처리) - 웨이퍼 뒷면에 결함 도입을 위한 열처리	600~1200℃	퍼니스
	대미지 제거	플라즈마 대미지 등의 제거	애싱 등의 프로세스 후 열처리를 하고 대미지를 제거, 계면특성 향상을 도모	~450℃	퍼니스
	치밀화	절연막의 특성 안정화	열처리에 의한 막의 고밀도화	~1000℃ (용도에 의함)	퍼니스
	큐어	도포절연막, 수지막 등의 안정화	열처리에 의한 용제 휘발과 막의 고밀도화	~300℃	퍼니스

너 기술에 의존하고 있으며 열산화막은 얇은 막으로서 폭넓은 용도를 가졌고, 표준적인 물성을 가진 재료로서 다루어지고 있다. 따라서 이 열산화막을 균일하게 고품질로 형성시킬 수 있느냐가 VLSI 제조기술의 기본이다.

반도체 디바이스의 제조는 열처리의 반복이다. 열에 의해서 여러 가지 처리, 가공이 되기 때문에, Si 웨이퍼는 그 열사이클에 견딜 수 있어야 한다. 또한 그때까지의 처리 결과가 그 후의 열처리에서 변동되지 않도록 하려면 필연적으로 온도는 가능한 한 내려, 이같은 일종의 열충격 효과를 감소시켜야 한다. 따라서 웨이퍼의 대구경화 및 디바이스 치수의 스케일 다운에 대응하여 프로세스의 **저온화**는 점점 중요시 되고 있다. 그것과 함께 열처리시간의 단축도 필요하다. 이처럼 열처리의 온도 및 시간으로 이루어진 팩터(Factor)를 서멀 버짓(Thermal Budget)이라 부르고, 어떤 방법에 의해 이 "열처리 예산"을 절약할 것인지가, 앞으로의 VLSI 디바이스 공정에 있어서 핵심이 되고 있다.

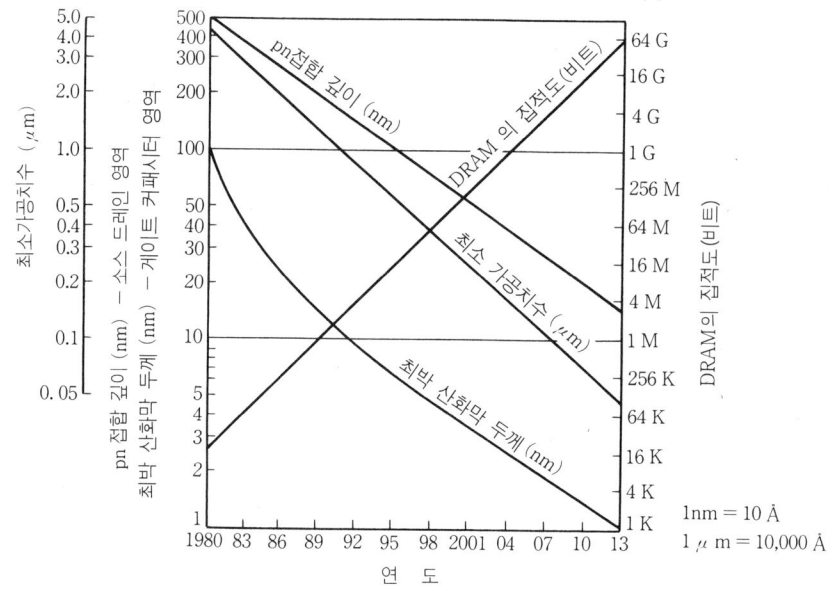

그림 5·9 최박산화막 두께, pn접합 깊이의 추이 예측

일반적으로 열공정은 다음의 4단계로 분류하여 그 영역을 정의한다.
① Si 기판 중에 불순물(B, P, As 등)의 재분포(재확산)가 문제되지 않도록 하는 프로세스
 : 확산층, pn접합 형성 전의 프로세스
② Si 기판 중 불순물의 재분포가 문제되는 온도영역의 프로세스 : 확산층 또는 pn접합이 형
성되어 있는 상태
③ Si 의 얕은 pn접합부에 실리사이드 콘택트(Silicide Contact) 등이 형성되어 있는 상태
④ Al의 스파터막이 형성되어 있는 상태
①은 에피택시얼 성장의 케이스이며, ②에서는 900℃ 이상이 되지 않는 방법이 좋고, ③에
서는 750℃ 정도, ④에서는 450℃ 정도가 상한이다. 이처럼 온도적인 제약을 감안하여 제조 프
로세스의 순서가 정해진다.
그림 5·9는 디바이스에 이용되는 최박(最薄)산화막 두께(디바이스에서 이용되는 가장 얇은
열산화막), pn접합 깊이(소스 드레인 영역의 깊이)의 추이를 디자인 룰, DRAM의 집적도와 함
께 예측한 것이다. 0.15μm 룰의 세대에는 가장 얇은 산화막 두께(최박산화막)가 3nm, pn접
합 깊이는 40nm 정도가 된다.
어느 쪽도 저온이면서 단시간에 서멀 버짓을 절약하여 형성하지 않으면 안되는 것임을 잘 알
수 있다. 이 산화막은 초박 또는 극박 등으로 불리고, pn접합은 초 샐로 정션(Shallow
Junction)이라 칭한다.
산화막, pn접합 형성뿐만 아니라 다른 어닐 공정도 저온화를 하지 않으면 안된다. 단, 공정
상 의미가 없는 저온화는 피해야 한다. 예를 들면 고품질의 막이 형성되지 않는데, 열산화막 형
성을 저온화하는 것은 비경제적이고 무의미하다.

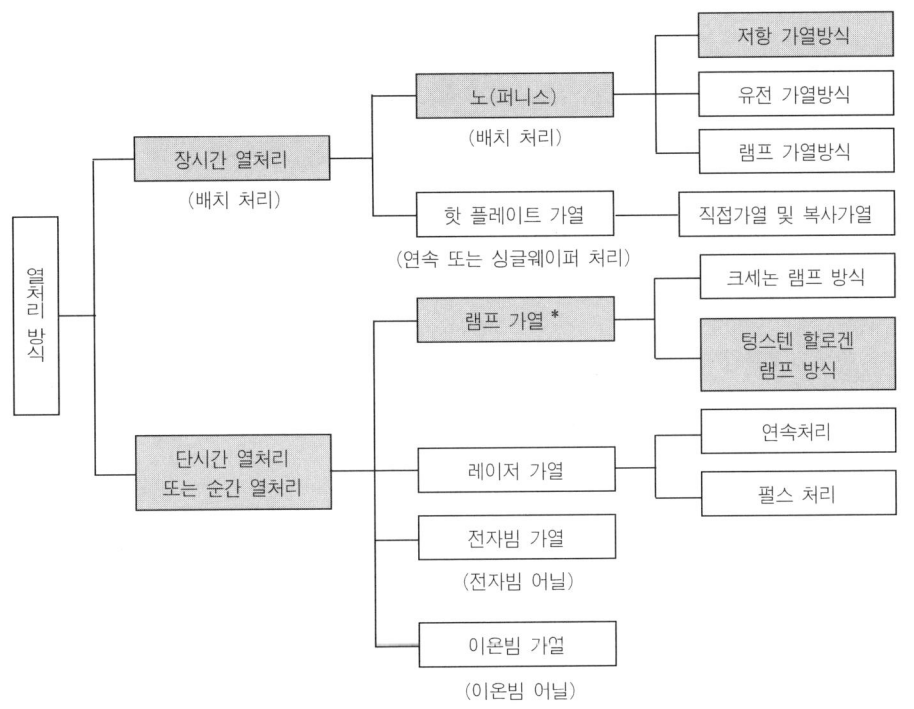

* RTP(Rapid Thermal Pr ocess), 래피드 서멀 프로세스

그림 5·10 열처리 여러 가지 방식

5·3·3 열처리장치의 분류

앞에 설명한 것처럼 열처리장치로서는 고전적인 **퍼니스(爐)** 및 첨단적 장치인 RTP(Rapid Thermal Processor)의 양쪽이 이용되고 있다.

RTP를 이용한 어닐을 RTA(Rapid Thermal Anneal)라 부르고 있다. 퍼니스를 특징짓는 다면 「장시간 열처리장치」이고 배치방식이 이용된다는 것이며, RTP는 단시간 가열용의 싱글웨이퍼 방식의 장치라는 것이다.

이처럼 단시간 가열, 순간 가열, 혹은 고속온도 승강장치에서 통상 할로겐 램프를 이용하는 방법 외에 레이저빔, 전자빔, 이온빔 등을 이용하는 방법이 연구되어 왔다. 한편, 퍼니스에 있어서도 여러 가지 가열방법이 검토되어 왔다.

그림 5·10에 열처리의 각 방식을 정리하였다.

표 5·5는 퍼니스와 RTP의 비교이다. 퍼니스에서는 저항선을 감싼 관상로(管狀爐)가 이용되고 있지만, RTP에서는 웨이퍼 표면에 적외선을 흡수시킴으로써 가열하기 때문에 열적으로 비평형상태이며, 표면의 복사율에 의해 실제 온도가 변화한다. 복사율을 보정하는 온도측정법이 필요하다. 현재 RTP 장치는 **실리사이드 콘택트**의 형성에 가장 넓게 응용되고 있다. 온도가 비교적 낮고, 프로세스의 온도 마진(Margin)이 크기 때문이다.

표 5·5 퍼니스와 RTP의 비교

퍼 니 스	RTP
· 배치식 · 핫 월 · 장시간 가열. 열적 평형상태 · 온도승강에 시간이 필요하다(열용량 최대) · 웨이퍼의 온도는 안정됨 　(웨이퍼의 온도를 직접 측정할 수 없다) · 처리의 균일성은 높다 · 단위 시간당 처리량이 크다 · 바닥면적이 크다 · 대형이기 때문에 메인티넌스에 시간이 필요하다 · 프로세스의 유연성이 없다 　(프로세스의 전력이 남는다) · 서열. 서냉에 의한 결함 발생 억제 가능 · 모든 온도 영역에 대응 가능	· 싱글웨이퍼식 · 콜드 월 · 단시간 가열. 열적 비평형상태 · 고속으로 승강할 수 있다(열용량 최소) · 웨이퍼 온도는 복사율의 영향을 받는다 　(온도계측 방법에 문제가 있다) · 처리의 균일성(온도의 균일성)의 문제 · 단위시간당 처리량이 작다 · 바닥면적이 작다 · 체임버의 메인티넌스는 간단하지만 램프의 수명에 문제가 있다 · 프로세스를 유연하게 변경할 수 있다 · 슬립 결함 제어가 곤란(대구경/고온)하다 · 고온 프로세스에는 적합하지 않다

5·3·4 열처리장치의 실제 예

그림 5·11은 실제로 이용되고 있는 RTP 장치와 퍼니스의 체임버 일부분의 단면도이다. RTP 장치에서 웨이퍼는 석영지지대 위에 실려 양측에서 램프에 의해 조사(照射)된다. 200mm 웨이퍼까지는 막대기 모양의 할로겐 램프가 이용되었지만, 대구경화에 대한 대응 및 정밀제어를 목적으로 하게 되면서부터 공같이 둥근 모양의 램프를 다수 배열하는 방식으로 변해 가고 있다. 동심원상에 영역을 분할하여 조사(照射) 에너지를 제어하면, 슬립(Slip) 결함 발생의 원인이기도 한 고속온도 승강시 웨이퍼 표면온도의 불균일성을 피할 수 있다.

한편, 퍼니스는 RTP에 비해서 압도적으로 열용량이 크기 때문에 온도상승 및 온도하강에 시간을 요하고, 안정된 온도범위에 도달하기까지 일반적으로 수십분을 필요로 한다. 퍼니스의 과제는 이 온도승강 시간을 어떻게 단축시키느냐이며, 스루풋 향상의 결정적인 관건이라 할 수 있다. 그 목적 달성을 위해서는 열용량을 절감시키는 노체(爐體)의 구조, 수냉(水冷)메커니즘 등의 검토와, 1회의 차지(Charge) 매수를 줄이고 확산로 자체를 소형화하는 것이 효과적이라고 생각한다. 또한 노체(爐體)를 구성하는 저항선을 가늘게 하여 열용량을 절감시키는 방식도 있다. 어쨌든 퍼니스는 300mm 웨이퍼 시대에 있어서도 100장을 1배치로 하는 대형 장치가 거론되고 있기 때문에 열용량을 절감시켜 장치의 프로세스 사이클 타임을 단축하는 방법의 도입이 불가결하다. 그러나 프로세스 저온화의 동향은 반대로 퍼니스에 있어서는 유리한 방향이라

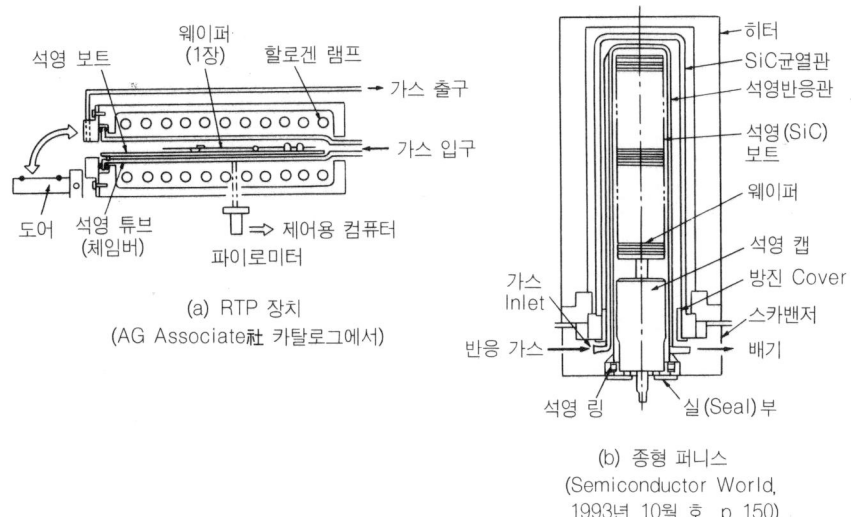

(a) RTP 장치
(AG Associate社 카탈로그에서)

(b) 종형 퍼니스
(Semiconductor World,
1993년 10월 호, p. 150)

그림 5·11 RTP장치·종형 퍼니스의 실제 예

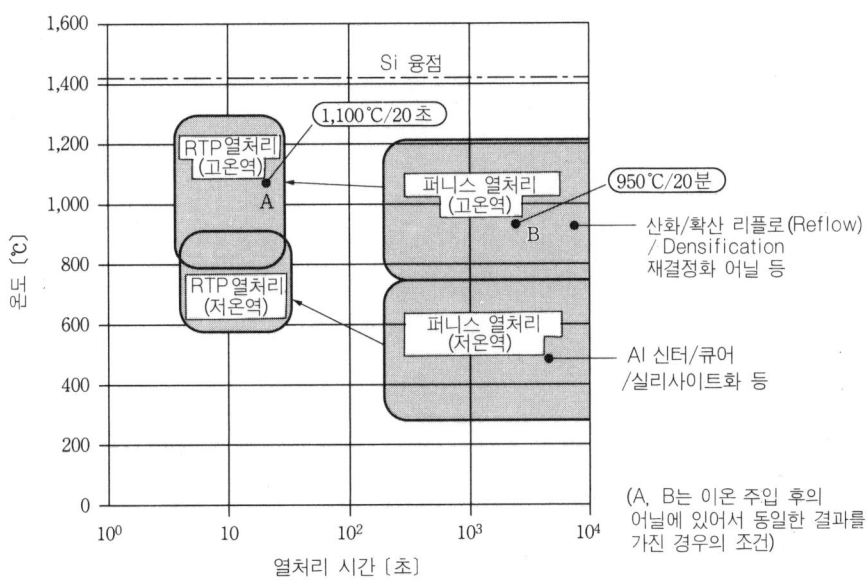

그림 5·12 서멀 버짓에 관한 RTA, 퍼니스 비교

하지 않을 수 없다. 최근에는 열용량 절감을 위해 석영 튜브와 노체(爐體) 사이에, SiC제 균열관을 빼버리는 방식도 있다.

RTP 방식은 서멀 버짓이라는 점에서는 훨씬 유리하다. 그림 5·12는 퍼니스와의 비교이며, 시간에서 2자릿수를 절감할 수 있다는 것을 알 수 있다. 단, 온도는 차츰 높여 주는 처리가 필요하다. RTP는 싱글웨이퍼 방식이며, 스루풋이 배치식의 퍼니스에 비해서는 뒤떨어지지만, 퍼니스의 1회 온도 승강 프로파일 공정시간과 비교해 몇 회 처리할 수 있을지는 종합적으로 계산하여 비교해 봐야 한다.

5·3·5 향후의 전망

퍼니스, RTP 등을 이용한 열처리기술은 오래 되었지만 신기술이며, 프로세스 저온화의 동향과 함께 한층 더 고정도화가 요구되고 있다. 프로세스 성능 향상을 위해 앞으로도 장치의 개량, 개선이 필요하다. 서멀 버짓의 삭감은 미세화와 웨이퍼의 대구경화에 있어서는 불가결하다.

퍼니스 및 RTP 체임버 각각으로 프로세스 인티그레이션의 아이디어가 제안되고 있다. 퍼니스에서는 플랫폼을 중심으로 해서 2~3튜브가 클러스터링되어, 산화막 형성에 이어 CVD질화막의 연속 형성 등이 가능하다. RTP에서는 싱글웨이퍼 방식이기 때문에 이상적인 인티그레이션이 가능하며, CVD나 스파터 체임버와의 결합도 이루어지고 있다. RTO, RTN 등과 같이 O(酸化), N(窒化)를 연속적으로 실시하는 커패시터 구조를 형성하자는 제안도 있다. 그러나 아직 연구개발 단계이다.

10여년 전 RTP가 완전하게 퍼니스를 대체하고 반도체 공장에서 퍼니스가 없어질거라고 예측한 적이 있었다. 아직까지는 그렇게 되지 않았지만, 앞으로도 가능성이 없다고는 할 수 없다. RTP는 편리한 툴이며, 플렉시블한 장치를 구성할 수 있어, 온도계측이나 슬립 결함 문제가 해결되기만 하면, 현재의 퍼니스 영역을 침식하는 것은 충분히 가능하다. 반대로 퍼니스로서는, 열용량의 감소와 고속온도 승강의 추구에 의해 더욱 RTP 장치에 가까워지고 있다. 한편 RTP 방식은 CVD 장치(RT CVD = Rapid Thermal CVD)로서의 기능도 있고, 폴리실리콘 성장도 할 수 있게 되었다. 퍼니스에 의한 핫 월(Hot Wall) LPCVD 장치도 종래와 마찬가지로 300mm 시대에도 변함 없을 것이다.

5·4 불순물 도입장치

5·4·1 불순물 도입기술의 개요

불순물 도입기술은 기판공정의 하나이다. 반도체 기판 중에 Ⅲ가(價) 혹은 Ⅴ가(價)의 불순물 원소를 도입하여 pn접합을 형성하거나 원하는 불순물 농도 프로파일을 형성하기 위해 이용되며 또한 기생소자의 생성 방지와 MOS 트랜지스터의 동작전압 제어를 하는 등에 이용된다.

이 불순물 도입기술은 트랜지스터 시대의 **열확산법**으로 시작, 반도체 프로세스로서는 가장 고전적인 기술의 하나이다. 처음에는 관(菅) 형태의 노(爐)를 이용하여 불순물원이 되는 재료와 기판인 웨이퍼를 노(爐)내에 배치하여 열적으로 불순물 원소를 기판 중에 집어넣는 방식이 쓰여졌으며, 이 관상 저항가열로(管狀抵抗加熱爐)방식은 현재에도 그대로 이어져 내려오고 있다. 열확산기술은 실리콘 시대에 플레이너(Planner) 기술의 발명에 중심적 역할이 되어 왔다. 2단계 확산 또는 선택 확산이라 불리는 SiO₂막을 마스크로 이용하여 필요한 부분에만 불순물을 도입하는 기술이 확립되어 IC시대에로 이어지고 있다.

현재에는 열확산법을 대신하여 **이온주입법**이 불순물 도입기술의 주역이 되고 있는데, 여기에는 몇 가지 이유가 있다. 열확산법이 표면에서 불순물의 열적 확산현상을 이용하고 있는데 반하여, 이온주입법은 단일 불순물 이온을 빼내어 가속화시킴으로써, 물리적으로 기판에 주입하는 방식으로, 주입된 깊이와 주입량은 가속전압과 이온전류, 주입시간에 의해 정해지기 때문에 주입 프로세스 자동종점 검출과 정밀한 불순물 도입이 가능하다.

표 5·6에 열확산법과 이온주입법의 각각의 특징을 정리했다. 현재의 CMOS LSI에서는 수십 회의 이온주입 공정이 반복되어 행해지고 있고, 다수의 이온주입장치가 VLSI의 클린룸에서 가동되고 있다.

디바이스의 고밀도화와 미세화에 대응하여 pn접합의 **샐로(Shallow)화**, 농도 및 프로파일의 정밀 제어가 요구되면서 프로세스 저온화에도 대응할 수 있는 이온주입법 기술이 주류가 된 것은 당연하다.

1950년대부터 이미 활용되었던 이온주입장치이지만, 그 후 긴 세월 동안 프로세스적으로도, 장치적으로도 세련되어졌다.

열확산은 일반적으로 **2스텝법**으로 행해지는데, 1스텝(데포지션)에서 불순물원이 되는 피막 또는 층을 형성하고, 2스텝(드라이브 인)에서는 그것을 열적으로 내부에 집어넣는 방법을 취한다. 열적으로 집어넣는 방법으로는 "Fick의 법칙"이라고 일컬어지는 열확산 방정식에 따라서 표면에 의한 불순물상태에 의해 프로파일이 결정된다. 요컨대 열확산에서는 불순물 또는 그 산화물 등을 표면에 여하히 퇴적시키느냐가 키 포인트이다. 다음은 열, 시간 및 분위기에 따라 확

표 5·6 열확산 VS 이온주입

열 확 산	이온주입

· 고전적인 불순물 도입법
· 물리적+화학적 방법(치환반응, 산화환원반응)
· 열(온도)이 주도하는 프로세스
· 원소상태 또는 화합물을 소스로 이용한다
· 배치처리가 기본
· 도입된 불순물량의 정량적 모니터는 할 수 없다
· SiO₂를 마스크로 한 선택적 도입
· 확산은 결정면방위 의존성에 의존하지만, 기본적으로 지향성은 없다
· 챈너링적 효과는 없지만 본래 존재하는 결정 결함 등은 관계가 있다.
· 장치는 저가이며 취급이 용이하다
· 스루풋은 배치 처리이므로 크다
	· 새로운 불순물 도입법(이미지가 새롭다)
	· 물리적 방법
	  (가속 이온의 주입, 재결정화, 불순물의 활성화)
	· 저온 프로세스
	· 취출된 단체원소의 이온을 이용한다
	  (BF₂를 이용하는 경우도 있다)
	· 이온빔의 스캐닝
	· 도입 불순물의 양은 이온 전류의 적산값으로 모니터한다
	· SiO₂, 포토레지스트 등을 이용한 선택적 도입
	· 불순물 도입에 지향성이 강하고 섀도 효과 등의 발생을 동반한다
	· 챈너링 효과의 존재 (결정면방위 의존)
	· 장치는 고가이며, 취급은 전문적 지식이 필요하다
	· 스루풋은 스캐닝 방식이기 때문에 웨이퍼 사이즈에 의존한다

산상태가 결정된다.

이온주입법은 **가속전압**에 의해 구분하는 경우와 얻어지는 **빔전류**의 값에 의해 구분하는 경우 등이 있다.

현재로는 중에너지(10~400 [keV] 의 범위)의 주입법이 가장 광범위하게 이용되고 있다. 고에너지(400 [keV] 이상 [MeV] 클래스까지를 포함)에서 깊숙이 주입하는 것은 기판 내부에 고농도 영역이나 절연층 영역을 형성하기 위해서이며, 저에너지(10 [keV] 이하)는 얕은 접합(샐로) 형성에 이용된다.

이온전류에 관해서는 고전류(수십 [mA] 클래스), 중전류(수 [mA] 클래스) 및 저전류(수 백 [μA])로 구분되어 이용되고 있다.

이온주입에는 **가속전압**에 의해 정해지는 주입 위치의 피크(Peak), 즉 **이온의 평균비정거리**와 **이온전류의 적산값**에 의해 정해지는 주입이온의 수(도즈량)를 기본으로 한 가우스 분포상의 농도 프로파일을 얻어, 그것을 열적 어닐에 의해 활성화, 재결정화시키는 메커니즘을 이용하고 있다.

pn접합의 샐로화의 진전에 관해서 저에너지를 주입해도 대응할 수 없는 시기가 올 것이며, 향후에는 저에너지 불순물 도입법으로서 플라즈마 방전 중에서의 처리 또는 고체 소스원을 막으로 하여 형성시킨 상태에서의 확산(고상·고상확산) 등이 이용될 것으로 보여진다.

5·4·2 불순물 도입기술의 응용

불순물 도입기술은 기판공정으로 광범위하게 이용되고 있다. 트윈웰방식의 CMOS 구조에 의한 응용 예를 그림 5·13에 제시한다.

절연층의 형성에서는 기판 내의 깊숙한 위치에 고에너지 및 대전류를 이용, 질소 또는 산소 이온이 주입된다. 이것은 SOI **구조**의 형성이며 SIMOX(Separation by Implanted Oxgen)

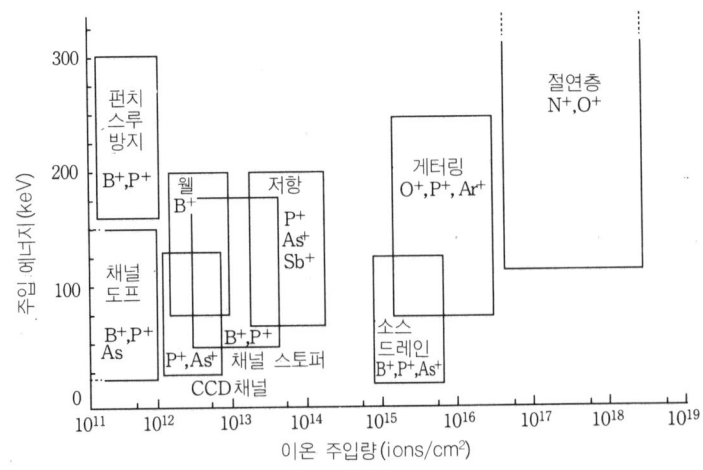

그림 5·13 이온주입법의 디바이스 응용
(출전 : Semiconductor World, 1982년 8월호)

표 5·7 이온주입법의 CMOS의 응용(0.25μm CMOS, 목적 및 스펙)

응용 개소	불순물 종류 (도판트)	에너지 [keV]	도즈량 [이온/cm²]
리트로 그레이드 n-웰 형성용	P	800~1000	1~3×10¹³
리트로 그레이드 p-웰 형성용	B	200~300	1~3×10¹³
n-웰 형성용(2회째)	P	300	1~3×10¹⁵
필드 문턱치 제어	B	80	4×10¹³
n-채널 펀치 스루-방지용	B	65	5×10¹²
n-채널 문턱치 제어	B	15	3.5×10¹²
p-채널 펀치 스루-방지용	As	180	2.5×10¹²
p-채널 문턱치 제어	As	35	1×10¹²
폴리실리콘 게이트 주입용	P	30	5×10¹⁵
n-채널 LDD 형성용	P	10	3×10¹³
p-채널 LDD 형성용	B	10	8×10¹²
n-채널 소스 드레인 형성용	As	10~30	3~4×10¹⁵
p-채널 소스 드레인 형성용	BF₂	5	3~×10¹⁵

(P. Singer : Semiconductor World, p.59, August, 1995)

라고 불리는 장래 유망 디바이스 구조의 하나이다. 또한 최근에는 CMOS 디바이스 특성을 향상시키기 위해 주입의 피크값을 기판 심부에 설정, 어닐에 의해 불순물 농도가 표면에서 내부로 갈수록 높아지도록 설계한 "리트로 그레이드 웰"이라고 불리는 구조가 이용되기에 이르렀는데, 여기에는 고에너지 주입이 필요하다.

표 5·7은 0.25μm 레벨의 CMOS 디바이스에서 이온 주입의 응용과 각각에 필요한 가속전압 및 도즈의 양이다. 앞으로는 리트로 그레이드 웰 형성을 위해 고에너지 주입과 소스 드레인과 같은 얕은 접합 형성 및 LDD 영역 형성(5~10keV)이 중요하다. pn접합 샐로화는 이 장의 그림 5·9에 제시한 것처럼 매년 진보되며, 최소 가공수치는 이미 0.1μm 이하가 되고 있어 새로운 대응이 요구되고 있다.

위 표에서 알 수 있듯이 13회의 이온 주입에서는 고에너지 3회, 중에너지 5회, 저에너지 5회가 이용되었으며, 장치 대수의 밸런스도 이것에 의해 정해졌다.

현재, 열확산기술의 응용은 VLSI에서는 극히 제한되어 있다. 그러나 프로세스상 구태여 이온주입법을 이용할 필요가 없는 경우나 제조 코스트를 절감시키는 경우는 전과 다름없이 유효하게 활용된다. 폴리실리콘 중의 불순물 도입이 그 한 예이다. 그러나 이온주입법의 최대 장점은 포토레지스트를 마스크로 이용한 불순물의 도입이며 열확산에서는 절대 불가능한 응용이다.

5·4·3 불순물 도입장치의 분류

불순물 도입을 위한 장치로는 열확산장치와 이온주입장치 두 가지가 있는데, 이온 주입장치는 영어로 Ion Implantation이라고도 한다. 그림 5·14에 불순물 도입공정에 필요한 장치가 나타나 있다.

열확산은 일반적으로 데포지션용 장치와 드라이브 인용 장치로 나누어지고 양끝 다 퍼니스가

그림 5·14 불순물 도입에 필요한 장치

이용된다. 이 퍼니스는 앞 절에서 기술한 열처리를 위한 퍼니스와 완전히 일치한다. 단 데포지션의 경우는 불순물원을 퍼니스 내부에 공급하는 도핑 시스템이라 불리는 유닛이 필요하다.

데포지션 장치로는 CVD 장치(도프트 옥사이드막-BSG, PSG 등-의 형성)나 SOG(B, As, P 등을 도프한 도포 글라스)막 형성을 위해 스핀 코타 등도 이용된다. 드라이브 인 장치로는 퍼니스 이외에 열처리장치와 마찬가지로 RTP 장치가 이용된다.

이온주입에서는 주입을 위한 장치 이외에 어닐을 위한 퍼니스 또는 RTP가 필요하다. 퍼니스를 이용한 어닐에서는 이온의 활성화 결정 손상의 회복을 위해 900℃ 정도까지의 열처리가 가해진다.

RTP를 이용하면 시간적으로는 2자릿수 정도는 단축시킬 수 있지만, 아직 고온역의 열처리 장치로서는 충분한 기술적 검토가 되어있지 않아 여전히 퍼니스가 주로 이용되고 있다. 이온주입장치에서 "프리데포기"라고 세간에서 흔히 불려지고 있는 장치가 있다. 이것은 저에너지나 고전류가 가능한 장치로서 확산에서의 데포지션과 같이 표면 근방에만 불순물 이온을 퇴적시키는 얕은 접합 형성에 대응한 방식이다.

5·4·4 불순물 도입장치의 실제 예

열확산법에 의한 각종 데포지션 방법에서는 불순물원(소스)으로서 고체소스, 액체소스, 기체소스가 이용되고, 이들 소스를 휘발 또는 증발시켜 균일하게 기판 표면에 공급하는 것이 포인트이다. 현재는 제어가 용이한 기상확산법이 주류를 이루고 있다. 이밖에 웨이퍼와 BN(질화붕소) 기판을 교대로 배치하여 B_2O_3(BN의 표면산화에 의해서 생긴 성분)를 마주하고 있는 Si 기판상에 퇴적시키는 플레이트법으로 불리는 기술도 있다. 이것은 가장 안정된 저농도 붕소확산방법으로 오랫동안 이용되어 왔으며 여전히 불순물 도입기술로 남아 있다.

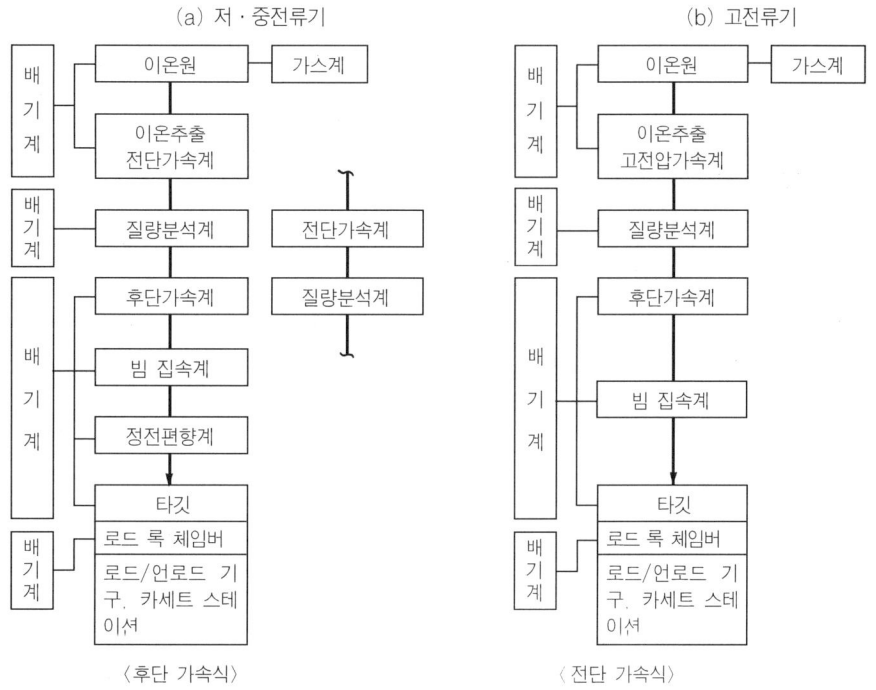

그림 5·15 이온주입장치의 구성

이온주입장치는 가속전압 및 이온전류값에 따라 장치구성이 다르다. 중간 정도의 에너지를 이용한 저전류, 중전류기는 그림 5·15(a)에 제시한 것처럼 이온원, 빔 라인, 타깃, 엔드스테이션으로 구성되어 있다. 이온의 종류를 선택하기 위해 질량분석은 가속 전 또는 가속 후에 행해지는데, 각각 전단 가속, 후단 가속이라 불리고 있다. 웨이퍼에의 균일한 주입은 빔 및 스테이지의 상호 구동에 의한 스캐닝 방식을 이용한다.

한편 고(대) 전류기에서는 빔에 의한 웨이퍼의 가열 및 차지 업(Charge Up) 효과 감소를 위해 빔을 고정시키고 웨이퍼를 기계적으로 X·Y 방향으로 움직이면서 주사(走査)하는 방식을 취하고 있다. 그림 5·15(b)에서 제시한 것처럼 정전편향계는 이용되지 않고, 카르셀 또는 로터리 디스크라는 메커니즘을 이용하여 전면(全面) 스캔을 하게 된다. 가속에는 전단과 후단, 양쪽이 이용되고 있다.

스루풋은 이처럼 엔드 스테이션의 메커니즘에 크게 의존하고 있다. 이온주입장치는 스캐닝을 이용한 방식이며, 웨이퍼 대구경화에 의한 시간당 처리매수가 제약된다는 의미에서는 스테퍼와 같은 숙명을 갖고 있다.

그림 5·16은 중전류 이온주입장치와 고전류 이온주입장치의 기본구성의 실제 예이다. 고전류 이온주입장치는 대형이며 엔드 스테이션의 구조가 중전류기와는 전혀 다르다는 것이 특징이다. 한편 고에너지기가 되면 장치로서는 더욱 대형화 되어 "가속기"라는 이미지가 들 정도이고 보다 설비 전문적인 요소를 많이 포함하게 되므로, 현장의 기술자가 완전히 이해하지 못한 채 다룰 수도 있다. 그러나 응용면에서 본다면 앞으로 반도체 제조장치로서는 중요한 입지를 차

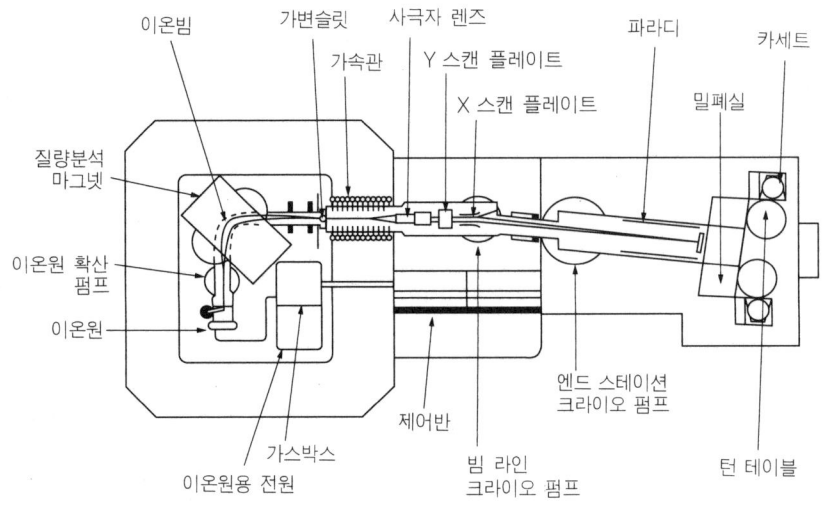

(a)중전류 주입장치(바리안社)

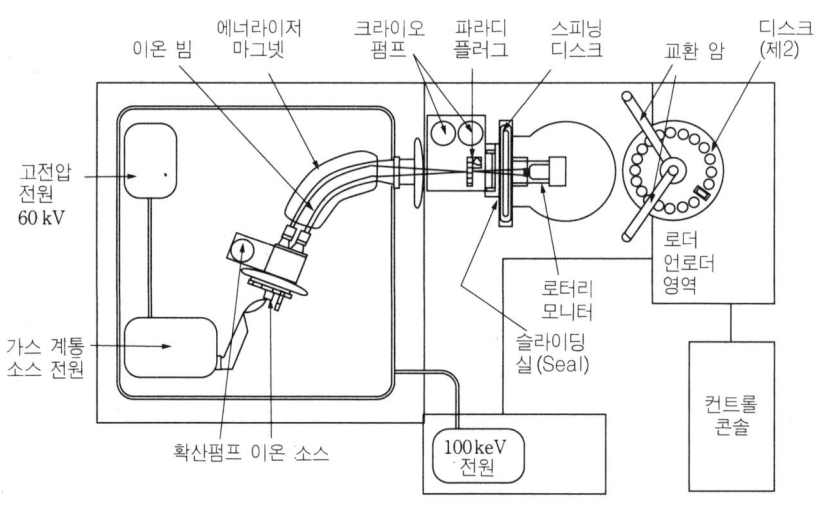

(b)고전류 주입장치(이톤노바社)

그림 5·16 이온주입장치의 실제 예

지하게 될 것이다.

5·4·5 향후의 전망

불순물 도입기술은 기판공정에 있어서, 극히 중요한 기본적 프로세스이며 디바이스의 고밀도
화·미세화와 함께 진보가 계속되고 있다. 불순물 도입기술의 장래 목표는 도입량 정밀제어, 프
로파일의 자유로운 제어, 결함제어, 프로세스 저온화, 샬로 접합 대응기술 등이 거론되고 있다.
현재는 이들의 목표를 충족시키기 위한 방식으로서, 이온주입기술이 주류가 되고 있다. 단 저
에너지 주입법에서 빔의 불안정성으로, 샬로접합 형성에 대해서는 그것을 대신할 플라즈마 도

핑 또는 레이저 도핑 방식이 향후 각광을 받을 가능성이 있다.

이온주입장치의 문제로는,
- 높은 장치 가격
- 부품 및 내부 기구의 열화, 오염에 의한 파티클 발생
- 차지 업 및 결정의 손상
- 대구경 웨이퍼 처리시 스루풋 저하

등의 문제가 여전히 남아 있다. 이들에 대해서는 장치 메이커의 노력도 필요하지만, 사용자가 프로세스의 공통화, 표준화, 다목적 이온주입장치로서의 개념을 확립하는 것이 필요하다.

5·5 박막형성장치

5·5·1 박막형성기술의 개요

박막형성기술은 반도체 제조공정 중에서 가장 다양성이 풍부한 분야로서, 그 장치도 방식과 원리에 있어 매우 다양화되어 있다. 용도는 기판공정뿐만 아니라 배선공정에 있어서도 앞으로는 많은 장치가 필요하게 될 것이라고 여겨진다. 박막형성기술이 중요한 이유는 형성된 막이 그대로 디바이스 구조 중에 남아 있고, 그 디바이스의 특성, 양품률, 신뢰성 등에 커다란 영향을 주기 때문이다.

먼저 박막 그 자체에 대해서 설명하겠다. VLSI 응용시 박막은 '1μm정도 이하의 얇은 막'이라 정의하며, 하한은 수nm(수십Å) 정도이다. 단, 열처리장치에 있어서 앞서 설명한 Si 표면의 열산화막은 같은 박막이라도 여기에는 포함되지 않는다. 여기에서 말하는 박막이란 '표면에 퇴적된 막'이며 외부로부터 가지고 온 것을 가리킨다. 또한 Si상의 열산화막은 '변질에 의해서 형성된 막'이기 때문에 이것에는 포함시키지 않는다. '계면반응 또는 치환반응'에서는, 예를 들면 Si이 W과 치환하여 그 장소에 W막이 퇴적된다. 이 현상도 일반적으로 퇴적에 의한 박막형성이라 할 수 있다.

그림 5·17은 박막의 재질에 의한 분류이다. 재질적으로는 절연막, 금속·도체막, 반도체막으로 나뉘며 세분하여 여러 가지 재료로 분류된다. 절연막에서는 특히 최근 새로운 디바이스 구조, 디바이스의 고성능화를 위한 많은 새로운 재료가 개발되고 있다. 유기 폴리머 박막의 층간 절연막에의 응용도 그 한 예이다.

또한 현재 개발이 진행되는 강유전체 메모리(FeRAM)에는 커패시터재료와 전극재료에 아주 새로운 박막을 필요로 하게 되며, 신재료의 백화점이라 해도 과언이 아니다. Cu 금속막도 Al를 대체하는 배선재료로 최근 주목받고 있다. 다음에는 박막형성기술에 대해 설명하겠다. 그림 5·18에 박막형성기술의 방법론적 분류를 제시한다.

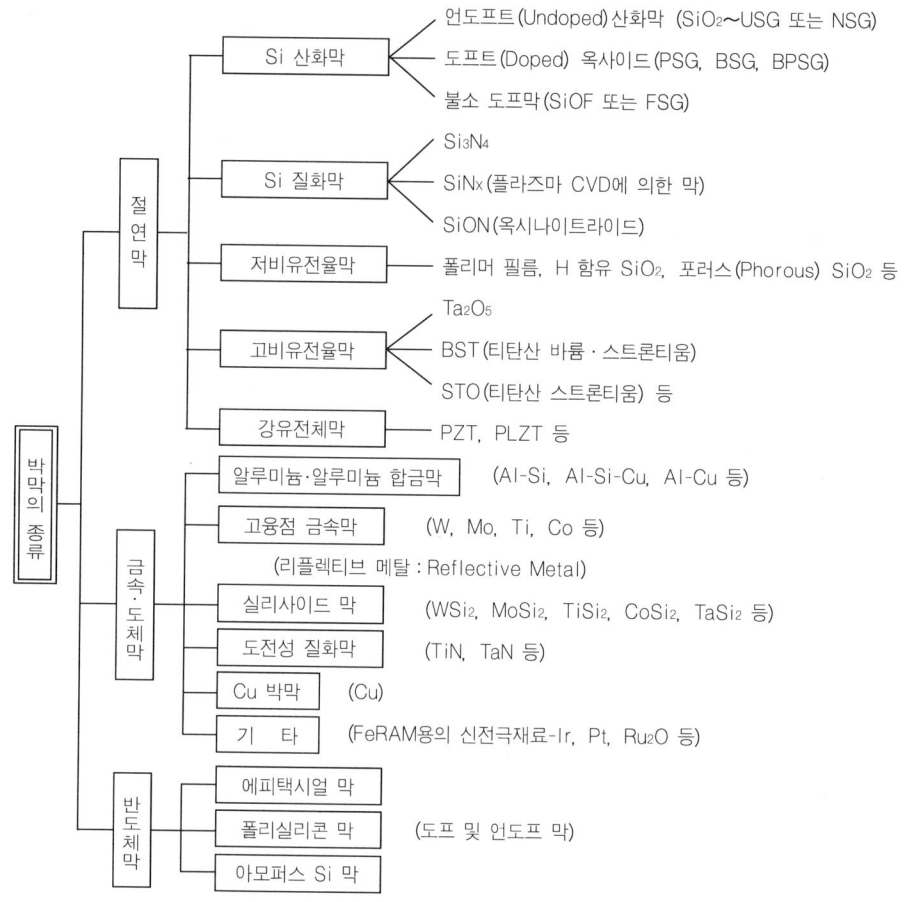

언도프트(Undoped)산화막 (SiO₂~USG 또는 NSG)

도프트(Doped) 옥사이드(PSG, BSG, BPSG)

불소 도프막(SiOF 또는 FSG)

Si₃N₄

SiNx(플라즈마 CVD에 의한 막)

SiON(옥시나이트라이드)

폴리머 필름, H 함유 SiO₂, 포러스(Phorous) SiO₂ 등

Ta₂O₅

BST(티탄산 바륨·스트론티움)

STO(티탄산 스트론티움) 등

PZT, PLZT 등

(Al-Si, Al-Si-Cu, Al-Cu 등)

(W, Mo, Ti, Co 등)

(리플렉티브 메탈: Reflective Metal)

(WSi₂, MoSi₂, TiSi₂, CoSi₂, TaSi₂ 등)

(TiN, TaN 등)

(Cu)

(FeRAM용의 신전극재료-Ir, Pt, Ru₂O 등)

(도프 및 언도프 막)

그림 5·17 VLSI에 의한 박막형성기술의 분류·1(막의 종류)

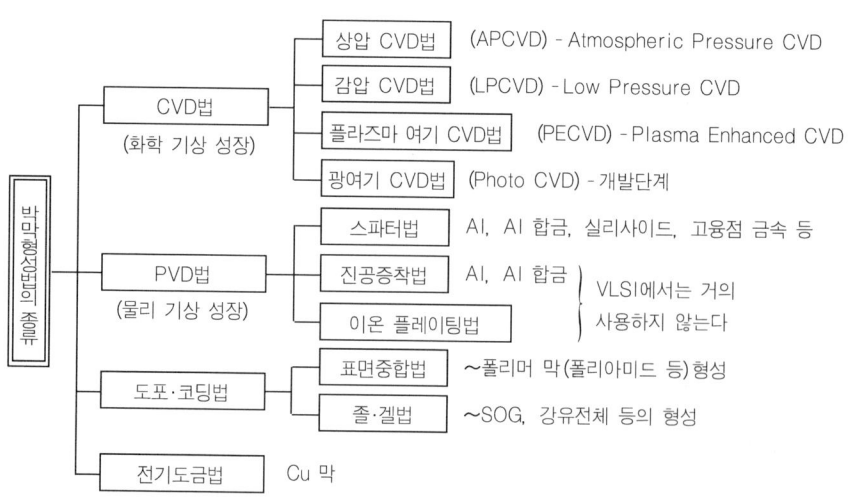

(APCVD) - Atmospheric Pressure CVD

(LPCVD) - Low Pressure CVD

(PECVD) - Plasma Enhanced CVD

(Photo CVD) - 개발단계

Al, Al 합금, 실리사이드, 고융점 금속 등

Al, Al 합금 } VLSI에서는 거의 사용하지 않는다

~폴리머 막(폴리아미드 등)형성

~SOG, 강유전체 등의 형성

Cu 막

그림 5·18 VLSi에서의 박막형성기술의 분류-Ⅱ(형성방법)

표 5·8 PVD법과 CVD법의 비교

PVD법	CVD법
· 물리적 수법(증착, 스파터)	· 화학적 수법(화학반응)
· 기판은 보통 실온, 가열도 가능하다	· 기판은 가열된다
	· 막질은 온도에 의해 좌우된다
· 주로 금속·도체막의 형성, 막의 종류에 제약이 있다	· 절연막, 금속·도체막, 반도체막 등 모든 것에 적용된다
· 진공장치를 이용한다	· 플라즈마 CVD, 감압 CVD의 경우는 진공을 이용한다
· 막은 퇴적되며, 기판과의 밀착성은 뛰어나다	· 막은 퇴적 및 표면 반응에 의해 형성된다
	· 밀착성은 파라미터에 따라 변한다
· 막은 치밀하고, 스트레스는 크다	· 막의 치밀성은 온도에 따라 정해지고 스트레스는
· 벌크(bulk)에 가까운 막질이 생긴다	제어가능하다
· 단차 피복성이 나쁘다	· 단차 피복성은 PVD보다 우수하다
· 조성의 제어는 일단 곤란하다	· 조성의 제어는 가스의 제거에 의해 가능하다

박막형성의 2개 기둥이라 불리는 것이 CVD(Chemical Vapor Deposition= 화학적 기상 성장)와 PVD(Physical Vapor Deposition= 물리적 기상 성장)이다.

그림 중의 CVD법의 분류에서는 압력에 의한 상압하의 CVD, 감압하의 CVD로 여기법에 의한 플라즈마 및 광여기 CVD로 구분한다. 플라즈마 여기 CVD 기술은 화학적 수법과 물리적 수법을 혼합한 기술이지만, 대개 CVD 기술 속에 포함시키고 있다.

표 5·8은 CVD법과 PVD법의 비교이다. CVD법은 화학반응의 응용이며 막형성의 추진력은 온도이지만, PVD법은 스파터링 등의 물리현상을 응용한 것이다. 현재로는 PVD법은 주로 Al 등의 금속 배선재료, Ti 등의 콘택트 재료의 막형성에 이용되고 있다.

도포에 의한 표면에의 코팅도 독립된 방법으로 생각해야 한다. 이 방법에 의한 박막형성은 용이한 수법이므로, 제어만 충분히 되면 막질적으로도 CVD법이나 PVD법에 필적한다.

그런데 그림 5·18 중에서 VLSI 프로세스의 하나로 최근 주목되는 것이 Al 배선을 대체하여 Cu 막형성을 하기 위한 '도금법'이다.

Cu의 성막에는 CVD법, 스파터 등의 PVD법도 가능하지만 성막을 위한 코스트, 막질, 양산성 등을 생각하면 전기도금에 의한 방법이 지금으로서는 가장 유망하다고 보고 있다. VLSI 프로세스 분야에 있어서 Cu 이외의 막을 도금에 의해 형성시키려는 시도는 없지만, 이전에는 Au 등의 도금이 전극으로 이용된 적도 있다. 도금법은 박막형성기술로 급속히 전개될 것으로 예측된다.

5·5·2 박막형성기술의 응용

박막의 종류가 다양화되고 있다는 것은 VLSI 디바이스에서의 응용이 광범위하다는 것을 가리킨다. 1970년에 Si 게이트 MOS 디바이스가 등장한 이래 박막의 **적층화와 가공**은, 디바이스 구조 형성의 포인트가 되어 왔다.

Si 게이트 디바이스는 폴리실리콘 전극과 Al 배선이 입체 교차하는 것이 특징이며 폴리실리콘막이 처음으로 디바이스에 응용되었다. 그림 5·19에 박막형성기술의 응용현상을 MOS 트랜지스터의 기판공정, 배선공정으로 나누어 본다.

기판공정에서는 ①에피택시얼층의 형성을 비롯하여, ②트렌치의 매립용 절연막, 게이트 전극으로서의 ③폴리실리콘막, ④실리사이드막으로 이어지며, ⑤층간 절연막(BPSG막이 이용되는 예가 많다)이 형성된다.

기판공정은 여기까지의 공정에 실리사이드 콘택트 형성을 포함하여 600℃ 이상의 온도가 가해진다.

배선공정에서는 ①W 플러그 구조, ②배리어(Barrier)층 (TiN이 주류), ③Al, ④반사방지막(ARC), ⑤층간절연막의 구조가 일반적으로 이용되고 있으며, CMP 기술이 많이 이용되고 있다. 최후의 메탈 패턴 위에는 ⑥패시베이션(Passivation)層(통상 $Si_3N_4+SiO_2$)이 형성되어 표면 보호를 한다. 배선공정에서는 Al이 이미 존재하고 있기 때문에 처리온도는 450℃ 이하가 일

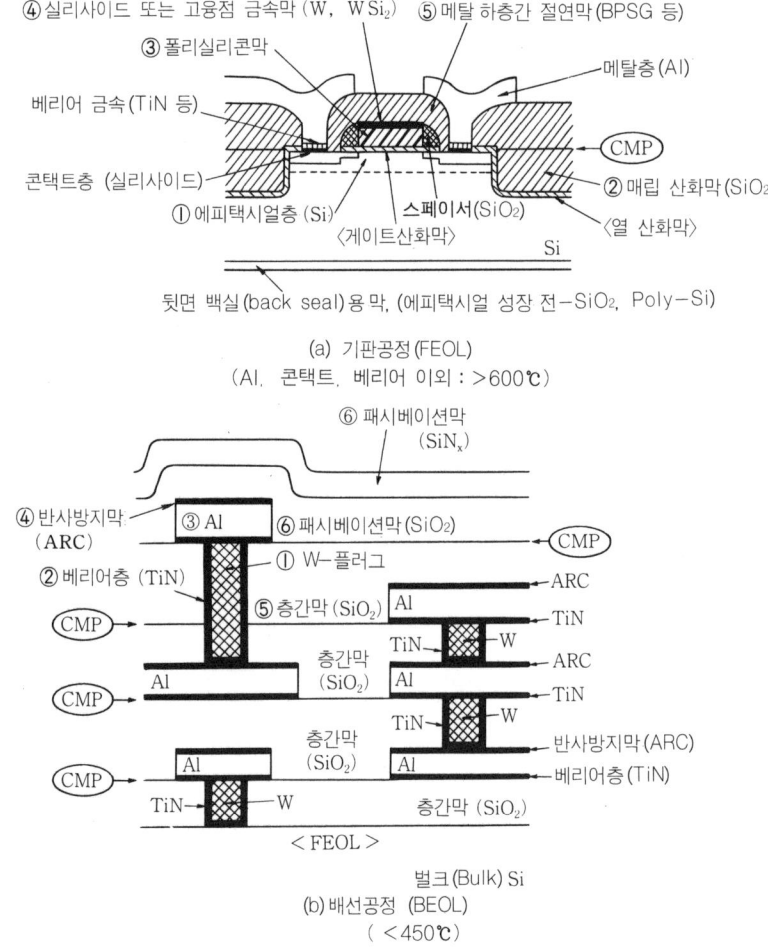

(a) 기판공정 (FEOL)
(Al. 콘택트. 베리어 이외 : >600℃)

(b) 배선공정 (BEOL)
(<450℃)

그림 5·19 박막 후 VLSI의 응용기판공정

반적이다.

현재 이들 막은 아래와 같이 나뉘어 만들어지고 있다.

· CVD법···에피택시얼 성장, 백실·매립 산화막, 폴리실리콘막, 실리사이드막, 스페이서
용 산화막, 메탈전 층간막, W플러그, 메탈-메탈 층간막, 패시베이션막

· PVD법···Ti막, TiN막, Al 및 Al 합금막, 반사방지막

덧붙여서 말하면 강유전체 박막 등은 졸겔법으로 스핀코타에 의해 형성되고 있는 예가 많다.
도포 글라스막(SOG)은 층간막의 평탄성 보조를 위해 여전히 이용되고 있다. 앞으로 저비유전
율의 층간막으로서 유기절연막 등도 등장할 가능성이 있다.

5·5·3 박막형성장치의 분류

그림 5·20 및 그림 5·21은 각각 CVD 장치, PVD 장치의 분류이다. CVD 장치는 에피택시
얼 성장에만 이용되는 에피택시얼 성장장치를 위시해서 상압, 감압, 플라즈마로 구분된다. 최
근 등장한 장치로 ECR, ICP 등의 고밀도 플라즈마 소스를 이용한 고밀도 플라즈마 CVD 장
치로 불리는 방식이 있다.

그밖에 광 CVD 장치, 레이저 여기 CVD 장치 등이 있으나 연구개발장치의 범위를 넘지 못
한다. 감압 CVD 장치는 대기압 이하의 압력(통상 0.1~10 Torr의 범위)에서의 반응을 이용

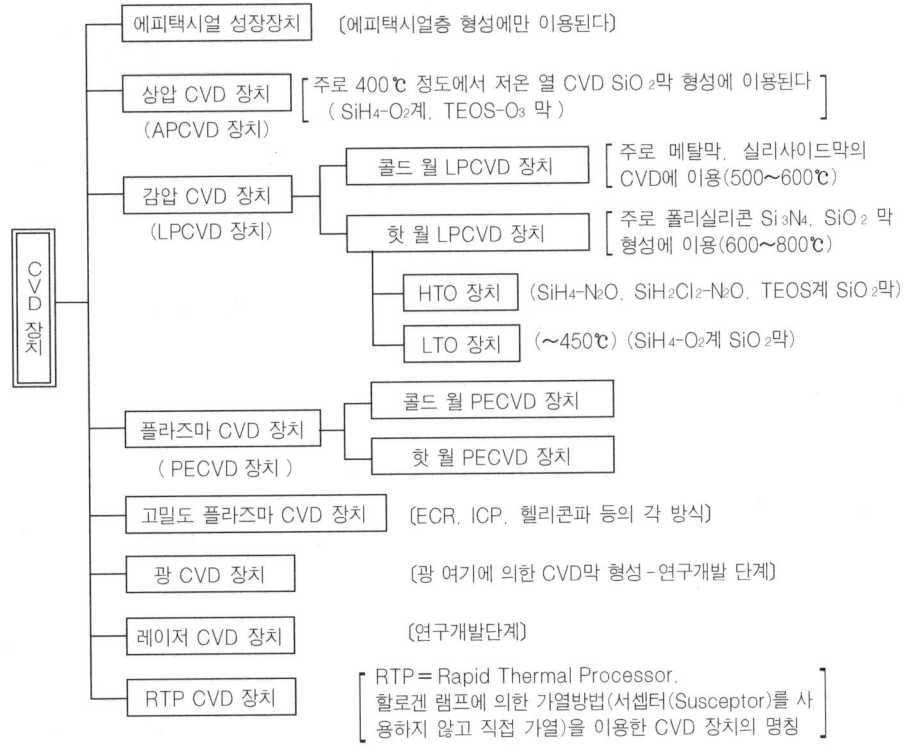

그림 5·20 박막형성장치의 분류-Ⅰ(CVD)

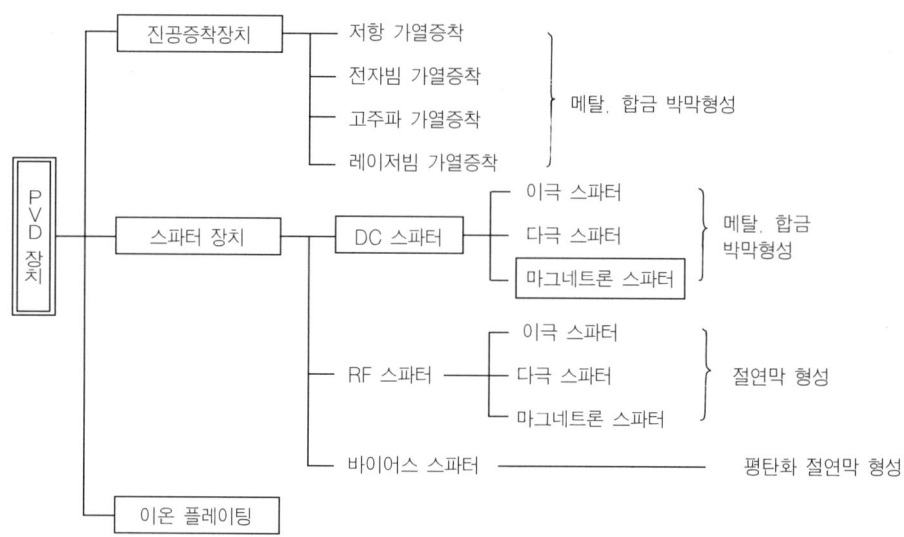

그림 5·21 박막형성장치의 분류-Ⅱ(PVD)

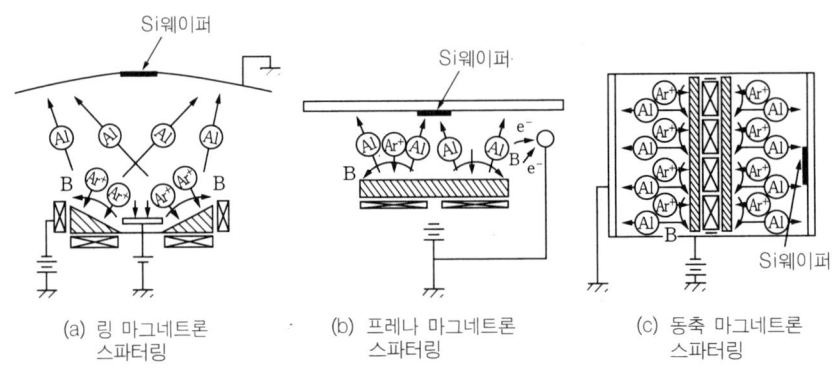

| (a) 링 마그네트론 스퍼터링 | (b) 프레나 마그네트론 스퍼터링 | (c) 동축 마그네트론 스퍼터링 |

그림 5·22 스퍼터링 장치의 방식(마그네트론 전극)
(A.J.Anderson: Solid State Technology. Dec., 1984. p.67)

하기 때문에, **콜드 월 방식**과 **핫 월 방식**으로 분류된다. 플라즈마 CVD 장치에서도 이 두 방식이 있었지만, 현재로는 콜드 월 방식만 사용된다.

핫 월 방식은 반응실의 벽온도가 웨이퍼 온도와 거의 같고, 시스템 전체가 열적 평형상태로 있는 경우로, 실제로는 퍼니스 안에 반응 튜브를 넣고, 그 안에서 배치로 처리한다. 이 핫 월 LPCVD 장치는, 일본에서 탄생한 기술이며, 폴리실리콘막, Si 질화막, 산화막 등 600℃ 이상에서의 형성에 위력을 발휘한다. 20년 이상이나 같은 원리가 사용되고 있는 기술이기도 하다. 콜드 월 LPCVD 장치는 메탈 및 실리사이드 성장에 이용된다.

그런데 콜드 월 방식에서 폴리실리콘막이나 Si 질화막을 형성하려고 하는 시도는 적극적인 메리트를 발견하지 못한 채 시들해지고 있다.

PVD 장치는 진공증착, 스파터링, 이온 플레이팅으로 분류되지만, 증착과 이온 플레이팅은 VLSI 공정에서 거의 이용되지 않고, 스파터링 장치가 주가 되고 있다.

그림 5·22는 스파터링장치의 마그네트론(Magnetron) 전극의 구조 예이다. 현재, 스파터링 장치는 싱글웨이퍼 방식이 주류이다.

전극 부위에 배치된 타깃(Target)재료에 Ar이온이 진공중에서 충돌하여 타깃이 되는 원자를 방출시킴으로써, 마주보고 있는 기판인 웨이퍼에 부착시킨다.

이것이 스파터링 현상에 의한 성막이다. 현재, Al, Al합금은 각각의 재료 타깃을 이용하여 스파터링으로 막형성을 일으킨다. Ti는 Ti의 타깃 재료를 이용하지만, TiN의 경우 TiN의 타깃을 이용하는 방법 및 Ti의 스파터시에 질소를 주입시켜 TiN을 형성시키는 반응성 스파터링 방식도 있다.

5·5·4 박막형성장치의 실제 예

다음은 실제 이용되고 있는 박막형성장치 예를 몇 가지 들어 보겠다. 막의 종류나 방식이 다채롭기 때문에 전부를 망라하는 것은 어려우므로 실제 예에서는 주로 전형적인 반응 체임버 부분의 구성을 제시하려고 한다.

그림 5·23 (a) (b) (c) 는 각각 대표적인 플라즈마 CVD 장치, 상압 CVD 장치, 콜드 월 LPCVD 장치의 체임버 부분이다.

플라즈마 CVD 체임버에서는 일반적인 그림에서 제시한 것처럼 평행 평판형 전극구조가 이용되며, 고주파 전력은 상부 전극에 의해 공급된다. 웨이퍼는 뒷면으로부터의 히터에 의해 가열되며, 전극간 방전중에서의 반응에 의해 막이 형성된다. 상압 CVD 장치는 $SiH_4 \cdot O_2$계에서 현재는 $TEOS \cdot O_3$계로 변하고, 그림처럼 페이스 다운 방식에 의해 400℃ 정도의 저온에서 막이 형성되고 있다.

콜드 월 LPCVD에서는 벽의 온도가 기판 온도보다 낮다. 이 경우, 웨이퍼는 서셉터와 함께 램프로 가열되고, 저항가열(핫 플레이트)도 이용된다. 이 콜드 월 LPCVD 장치는 W, WSi_2 등의 막형성에 이용되고 있다. 핫 월 LPCVD 장치의 구성은 그림 5·11(b)와 꼭 같다.

그림 5·23 (d) 는 ECR(전자 사이크로트론 공명)을 이용한 방식으로 고밀도 플라즈마 CVD 장치의 일종이다.

그 밖에도 헬리콘(Hellicon)파 플라즈마 소스, 유도결합(ICP) 플라즈마 소스 등을 이용한 예도 있다. 이 방식에서는 플라즈마 중의 이온밀도가 보통 플라즈마보다 수십배 정도 높고, O_2, N_2 원자의 활성도가 크기 때문에 생성되는 막의 치밀성은 상온에서도 극히 높다. SiH_4-O_2, SiH_4-N_2계 등이 각각 SiO_2, SiN막의 형성으로 이용된다.

기판측에 바이어스를 인가하면 기판 스파터링 효과도 동시에 일어나고, 막형성과 스파터링에 의한 凸部의 에칭 제거가 동시 진행적으로 일어나서 좁은 갭에 채워넣는 것이 가능하게 된다. 이것을 바이어스 CVD라고 부르고 있다.

그림 5·24는 시판 스파터링 양산장치의 체임버 레이아웃이다. 각각의 스파터실은 3실과 4실

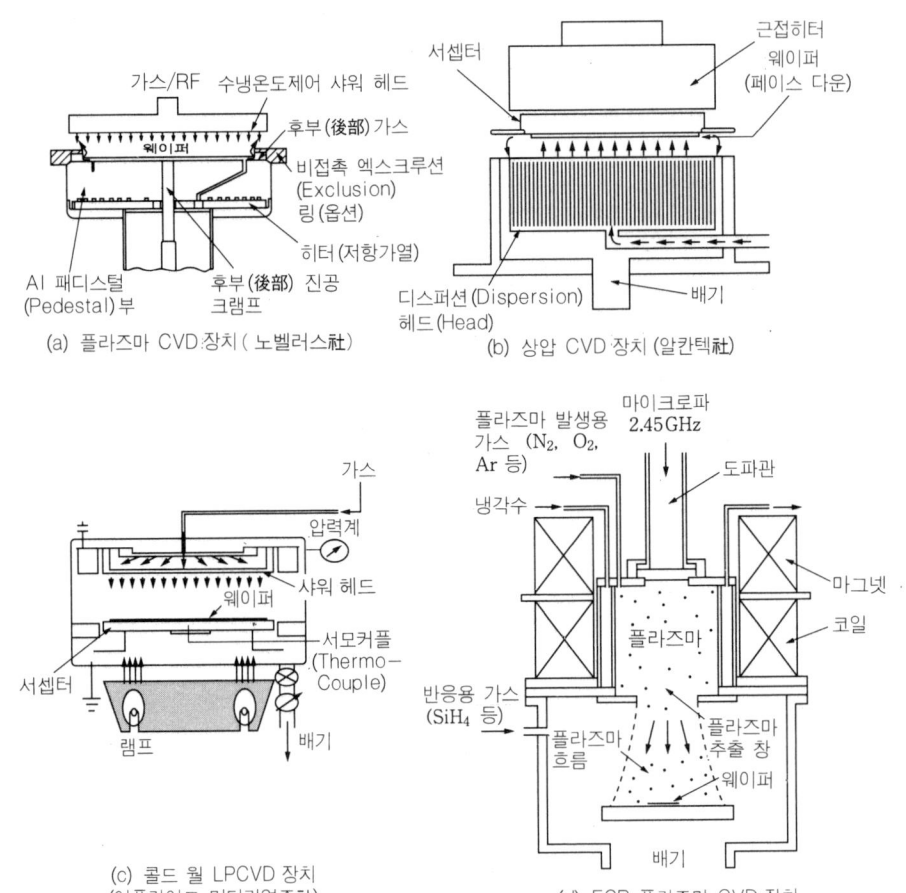

그림 5·23 CVD 장치의 실제 예(체임버 일부분)

가지고 있으며 그 밖에 가열 체임버, CVD 체임버, 에칭 체임버 등도 설치 가능하다. 이들 스파터링 장치는 싱글웨이퍼·멀티체임버 방식의 전형이다.

특히 각 스파터실에 있어서 Ti 스파터, 어닐, TiN 스파터, Al 스파터 등을 로봇에 의한 각 개별 체임버에의 액세스에 의해 연속화시켜가면 생산 관리면에서도 막의 품질을 유지하고 향상시킬 수 있다. 이 방식은 VLSI 디바이스 제조용 스파터링의 표준이 되고 있다.

최근에는 스파터링에 의한 성막에서 스텝 커버리지(Step Coverage) 향상 및 깊은 트렌치꼴의 패턴 밑부분까지 퇴적을 위해 타깃과 기판 사이에 콜리메이터(Collimator)를 배치하고, 스파터되는 원자 내의 수직 비행성분만을 빼내는 방법도 응용되고 있다. 이것은 또한 콜리메이터에로 파티글 부착과 메인티넌스 항목의 증가라는 새로운 과제를 탄생시켰다.

5·5·5 향후의 전망

막형성기술에 있어서는 신 디바이스 등장과 함께 많은 새로운 막재료를 필요로 하게 되었다.

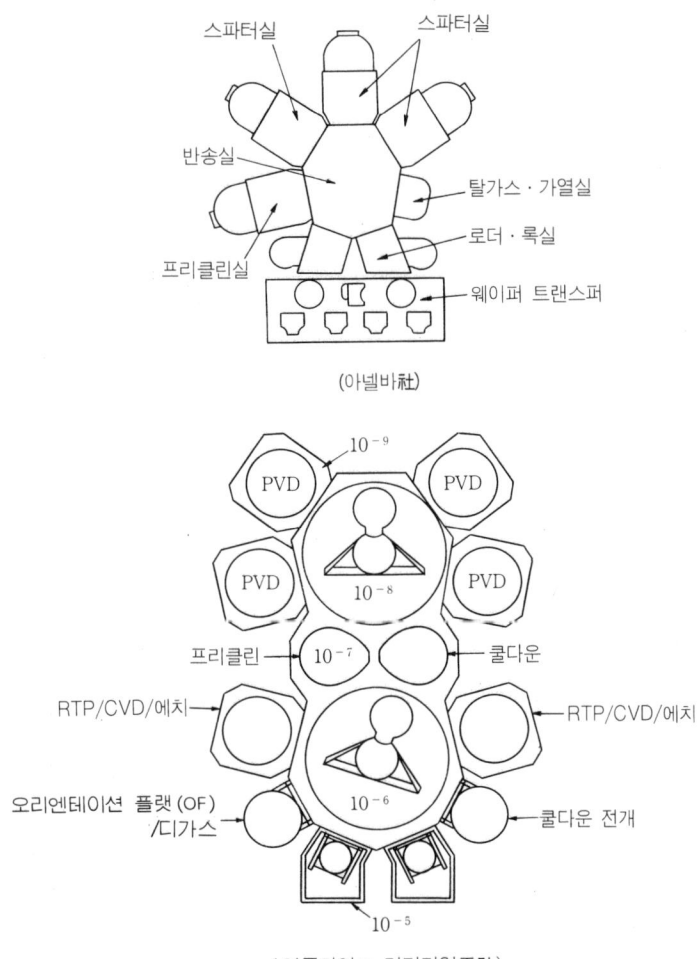

(아넬바社)

(어플라이드 머티리얼즈社)

그림 5·24 스파터 장치의 실제 예(체임버 레이아웃)

가까운 쟁래에 개발되지 않으면 안될 재료와 장치로는 다음과 같은 것이 있다.
· 새로운 금속 배선재료로서의 Cu 막형성장치
· 로직 LSI 성능 향상을 위한 저비유전율 절연막 형성장치
· 강유전체 메모리 디바이스 관련 박막의 양산 레벨로 형성 가능한 장치

모두 다 양산 장치로서의 개발이 기대되고 있다. 디바이스 고집적화를 위해 다층 배선기술은 앞으로 더욱 중요해 지고, Cu와 저비유전율막은 혼합 사용하든지 또는 각각 단독으로 디바이스 구조에 도입될 것으로 보여진다. Fe RAM용의 재료는 특수하여 향후 신재료가 개발될 가능성은 대단히 높다.

박막형성장치의 최대 과제는 메인티넌스(Maintenance)이다. 파티클, 메탈 컨태미네이션 등도 박막형성장치 특유의 문제이다. 단, CVD 장치와 스파터 장치는 원리적으로 다르기 때문에 공통적인 대책은 찾기 어렵다.

5·6 리소그래피 장치

5·6·1 리소그래피 기술의 개요

리소그래피는 포토마스크 기판에 그려진 VLSI의 패턴을 웨이퍼 상에 전사하는 수단이다. 포토레지스트(감광성 수지)의 도포에서 시작되어 스테퍼(노광장치)에 의한 패턴의 축소투영노광, 현상을 거쳐 포토레지스트를 마스크로 한 기판막을 에칭하고, 불필요해진 포토레지스트를 제거하기까지에 이르는 일련의 프로세스 흐름을 말한다. 기판막을 에칭할 목적이 아닌, 이온 주입의 마스크로서 포토레지스트의 패턴을 형성하게 되는 경우도 있다. 포토레지스트에는 그 밖에도 평탄화를 위한 희생막으로서의 용도 등도 있다. 리소그래피 공정은 반복되는 각종 기본 가공기술의 중심이며, 클린룸 내의 물류는 리소그래피 영역을 중심으로 행해진다.

현재의 VLSI 디바이스에서는 리소그래피의 횟수- 즉 포토마스크의 수는 20장 이상이나 달하고, 배선층수가 증가하면 30장을 넘는 경우도 있다.

이 마스크 매수는 칩 제조 원가 상승의 커다란 요인이기 때문에 디바이스 메이커는 그 매수를 강력히 억제하려고 한다. 같은 집적도의 DRAM에서도 디바이스 메이커에 따라 사용하는 마스크 매수에 차이가 있고, 사용하는 스테퍼의 대수에 차이가 생기기 때문에 그것이 디바이스 제조원가의 차이로서 나타난다.

그림 5·25는 리소그래피 공정의 흐름을 나타낸다. 크게 나누면 포토레지스트 도포, 패턴 노광, 현상, 에칭, 포토레지스트 제거 순으로 공정이 완결되지만, 실제로는 미세한 각 처리가 그 사이에 이루어지고 있다. 예를 들면 기판 표면의 상태에 따라서는 포토레지스트를 도포하기 전에 기판과의 밀착성을 향상시키기 위한 표면 개질- 즉 계면활성제 도포에 의한 소수성화처리가 필요해진다. 재료로서는 HMDS(Hexamethyl-Disilazane)라 불리는 유기막을 도포 또는 증기처리한다. 이로써 소수성화된 표면과 포토레지스트와의 밀착성이 향상된다.

도포 후 또는 현상 후 이루어지는 베이킹(燒成)도 중요한 공정이다. 현상공정에서는 각 개별의 프로세스 유닛이 디바이스 메이커의 요구에 따라 통합화되어 스테퍼와 접속된다.

스테퍼에는 10 : 1의 축소에서 시작하여 5 : 1, 4 : 1 등이 있고, 1 : 1의 스테퍼도 이용된다. 축소투영의 장점은 필요한 패턴 사이즈를 확대한 마스크가 이용된다는 것이다. 이렇게 함으로써 마스크 패턴의 결손이나 미스, 파티클 등이 웨이퍼에 전사되는 위험이 경감된다.

스테퍼는 고도의 조명계, 광학계와 정밀구동 메커니즘과의 융합체이며, 광학기기 메이커의 오랜 기술력 집적에 의해 가능해진 장치이다. 디바이스 메이커가 장치 메이커에 의존하지 않으면 안될 기술이라는 점에서 이온주입장치와 쌍벽을 이루고 있다. 한편 드라이에칭 기술은 VLSI 디바이스로 이용된 박막이 현저하게 다양해진 것처럼, 장치 및 방식도 다양화되고 있다. 또한 디바이스 메이커가 이용한 리소그래피의 시퀀스, 레시피, 포토레지스트 재료의 차이나 조합방법 등에 의해 요구되는 장치 스펙(Specification: 규격)에 차이가 생기기 쉽다. 즉, 장치

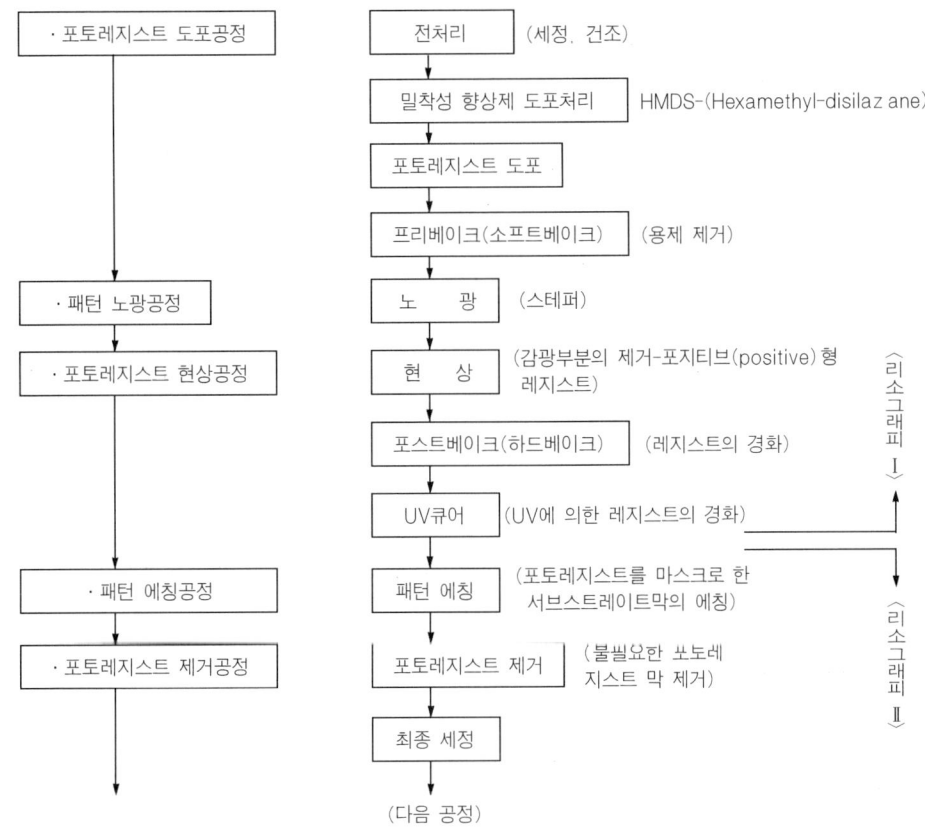

그림 5·25 리소그래피 공정의 플로

마다 스펙의 표준화가 곤란해진다는 것으로, 반도체 제조장치 특징의 하나이다. "절대평가가 존재하지 않는다"라는 것을 제시하는 전형적인 예이다. 이것은 포토레지스트 제거를 가스 또는 플라즈마 분위기에서 행하는 애싱장치와도 같다.

디바이스의 가공치수는 매년 축소되어 $0.25\mu m$ 이하의 디자인 룰에서의 양산이 이미 이루어지고 있다.

디바이스 성능 향상을 위해서는 가공치수와 동시에 치수정도 및 맞춤정도도 중요하다. 그 추이를 그림 5·26에 제시하지만, 이것은 스테퍼의 광학기기, 정밀기기로서의 성능에 100% 의존한다. 그림 5·27은 스테퍼의 해상력, 렌즈의 개구수(NA)와 이용되는 빛의 파장, 이것들에 의해서 결정되는 광학계의 초점심도(DOF)와의 관련을 제시한다.

스테퍼의 고성능화가 진행될수록 대신 초점심도가 옅어진다. 해상도를 높이기 위해서는 노광하려고 하는 기판 표면의 평탄성이 요구되기 때문에 다음에 서술할 평탄화 기술이 중요하다. 248nm의 파장을 가진 KrF 엑시머 광원에 뒤이어 193nm의 파장을 가진 ArF 엑시머 광원을 이용함으로써 $0.1\mu m$ 레벨의 패턴 해상도 가능해질 것으로 보인다. 단, 그렇기 위해서는 광원의 안정화나 새로운 포토레지스트의 개발·성능이 향상되지 않으면 안된다.

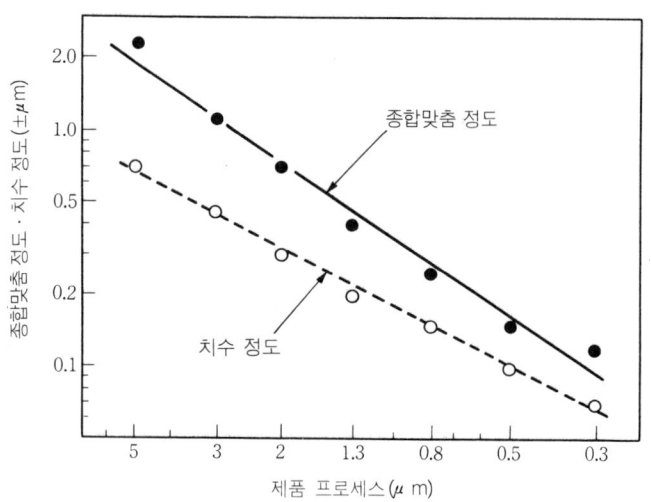

그림 5·26 패턴의 맞춤정도(精度), 치수정도(精度)의 추이
(國吉, 小林谷, 寺澤: 「초LSI 생산, 시험장치 가이드 북」,
전자재료 1995년 12월호 별책, p45, 일본 공업조사회 刊)

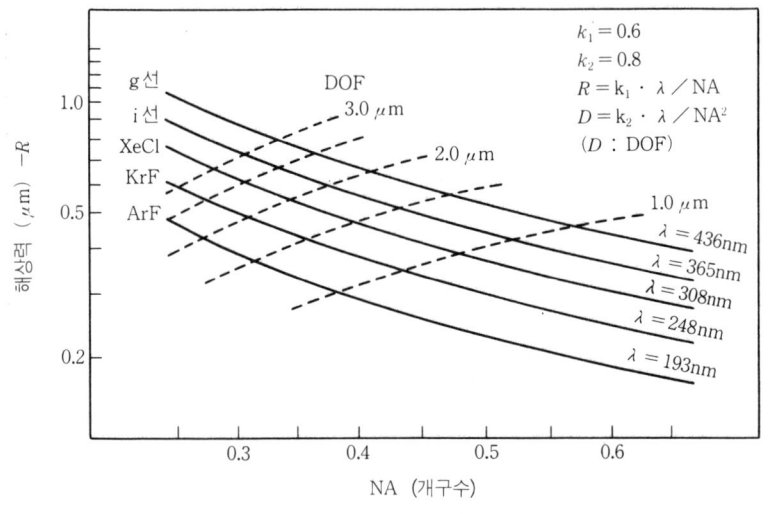

R : 해상력   DOF : 초점심도
λ : 파장 k_1, k_2 : 정수

그림 5·27 스테퍼에 의한 해상력, NA, 파장, 초점심도의 관계

5·6·2 리소그래피 기술의 응용

리소그래피 기술의 응용은 웨이퍼인 기판 위에 미세 패턴을 형성하는 것이다. 패턴 형성에는
CVD나 PVD처럼 막을 퇴적하는 경우와, 반대로 미세한 홈이나 구멍을 형성하는 경우가 있다.
아이솔레이션, 트렌치 커패시터 등의 구조에서는 패턴 폭만이 아닌, 깊이나 벽면 형상 등의 제어가 필요하며, 대부분 에칭상태의 좋고 나쁨으로 성능이 결정되어 버린다. 선택산화공정 (LOCOS)을 위한 **실리콘 질화막** 패턴의 형성은 직접 트랜지스터의 치수를 결정하는 공정이며, 극히 높은 정도가 요구된다. 게이트 전극, Al전극·배선 등은 다른 재질의 막이 적층구조를 형성하고 있기 때문에, 패턴 형성을 위한 에칭기술의 확립이 필요하다.

향후 패턴 형성에서 가장 중요한 기술로 생각되는 것이 실리콘 산화막에서의 콘택트 홀 및 비어 홀의 형성이다. CMP 같은 평탄화 기술이 도입되면, 미세화하기 위한 메탈 배선 패턴을 에칭으로 형성하는 것이 상당히 곤란해지고 더욱이 드라이에칭이 불가능한 Cu막 등이 이용되어진다고 할 때, **메탈 패턴**을 직접 형성하기 보다 CMP를 응용하여 SiO_2 막 내에 메꾸어 넣는 **다마신(Damascene)**이라 불리는 방법을 이용할 가능성이 높기 때문이다. 따라서 다층 배선구조의 진전과 함께 SiO_2 에칭이 반복되는 빈도는 더욱 높아진다. 이상과 같은 패턴 형성에 있어서 중요한 파라미터는,

· 포토레지스트 현상 후의 형상제어와 마스크 치수의 정확(精確)한 전사
· 포토레지스트와 가공막과의 에칭 속도비(선택성)
· 서브스트레이트(기판)와 가공막과의 에칭 속도비(선택성)
· 에칭에 의한 벽면 형상의 제어
· 에칭, 애싱 후의 부산물 및 잔사의 제거

등이다. 3차원적인 형상제어는 디바이스 성능면이나 또는 양품률 및 신뢰성면에서 요구되어진다. 예를 들면 Si내의 트렌치 구조에서는 벽면이 미끄러지듯 포지티브한 태퍼(Tapper)가 되어야 하고 바닥 및 상부의 코너는 약간 둥근형태로 되어야 한다. 또한 에칭 후 미세한 패턴 내부의 오염을 제거하고 클리닝을 하는 공정도 리소그래피의 책임범위이다. 리소그래피 기술 및 여타 많은 프로세스 중에서도 포토레지스트 패턴을 마스크로 한 드라이에칭은 가장 난이도가 높은 기술의 하나이다.

5·6·3 리소그래피 장치의 분류

그림 5·28은 VLSI 제조에 이용되는 리소그래피 장치의 분류이다. 우선 도포, 베이크, 현상 등의 유닛을 조합한 시스템을 **포토레지스트 처리장치**라고 부르고 있다. 이것을 일반적으로 웨이퍼 트랙이라고도 부른다. 축소투영 노광장치는 스탭·앤드·리피트 방식으로 패턴을 1칩마다 또는 몇 개 칩을 묶어 프린트하기 때문에 언제부턴가 **스테퍼**라고 불리어지게 되었다. **에칭장치**에는 드라이와 웨트 두 가지 방식이 있다. VLSI 제조 프로세스에서는 대부분 드라이 방식이 이용된다. 마지막에 **포토레지스트 제거**에 있어서도 레지스트 제거액을 사용한 웨트 방식과 산소 플라즈마를 주로 이용하는 드라이 방식이 있다. 드라이 방식은 기본적으로 유기물인 포토레지스트를 산화-즉, 재로 만들어(애시) 제거하기 때문에 애셔(애싱 장치)라고 불린다.

웨이퍼 트랙에서는 도포, 현상 등의 각 유닛(Unit)이 구성요소로 되어 있다. 포토레지스트 도포는 보통 **회전도포방식(스피나)**이 이용되고, 원심력을 이용해서 균일한 코팅을 하게 된다. 현상공정은 노광 후 포토레지스트 막을 현상액 중에 딥 또는 스프레이하지만, 그밖에도 여러 가

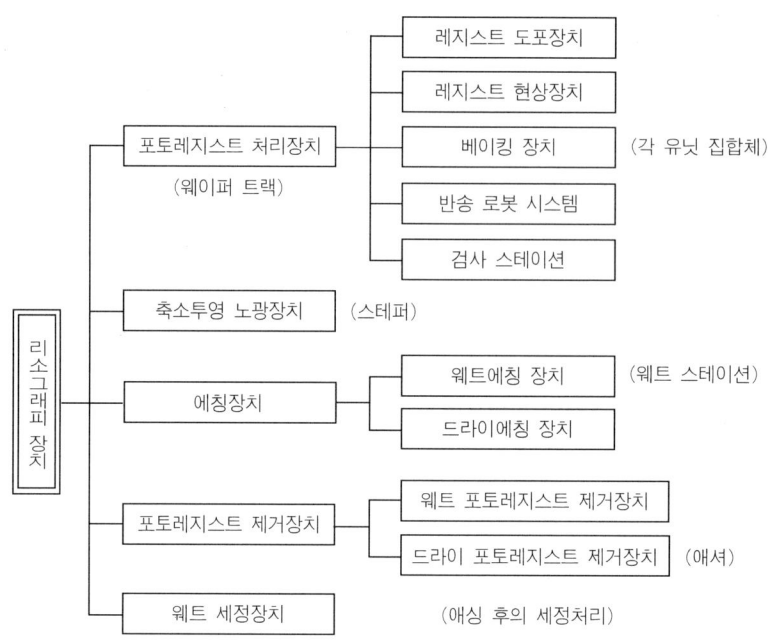

그림 5·28 리소그래피 장치의 분류

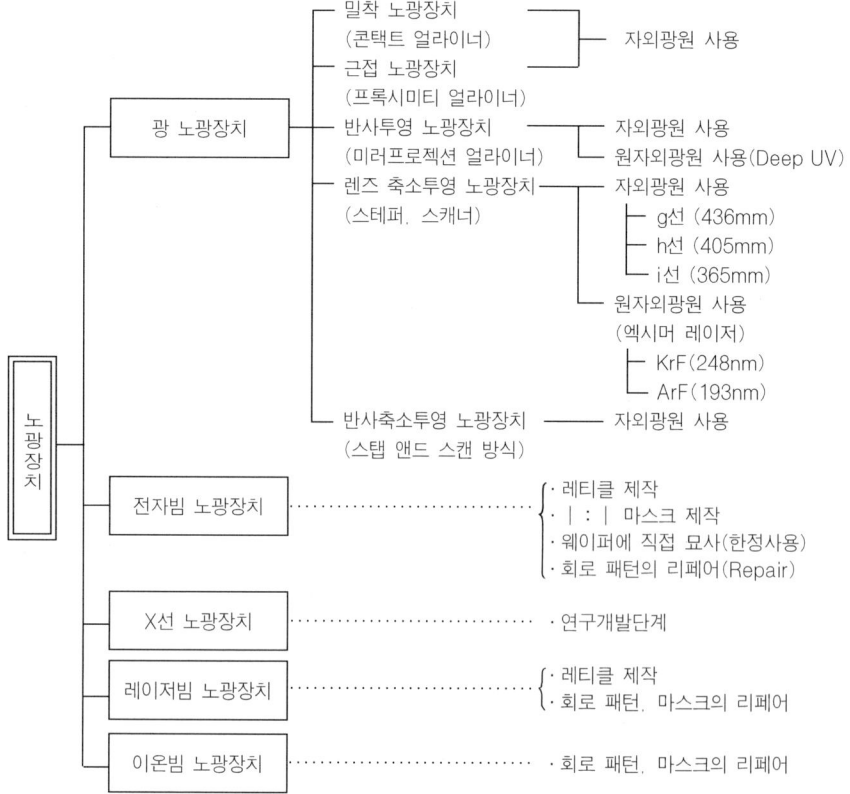

그림 5·29 노광장치의 분류

지 방법이 있다. 베이킹용의 오븐도 핫 플레이트, 컨베이어로(爐), 적외선 조사 등 여러 방법이 있다. 이것들은 "기술 옵션" 사항이 된다.

다음으로 **노광장치**를 살펴보자. 현재로는 스테퍼가 노광장치의 주류이지만, 그림 5·29에는 반도체 디바이스 제조를 위한 노광장치를 모두 리스트 업했다. 빛을 이용한 패턴 형성에는 1 : 1 마스크를 이용한 밀착 노광장치 등이 과거에 사용되었다.

스테퍼 시대에 들어와서부터 광원의 단파장화, 렌즈 성능의 향상을 거쳐 현재는 노광을 몇 개 칩을 1쇼트 단위로 묶어 스텝 앤드 리피트 하지 않고 스캐닝에 의해 행하는 **스캐너**라고 불리는 방식이 등장하고 있다. 패턴의 일그러짐이 적고, 노광 반경이 작아도 1쇼트에서 대면적 노광이 가능하다는 장점이 있어 향후 주류가 될 가능성이 높다. 그밖에 장래를 대비해 빛 이외의 노광 방식이 검토되고 있다. 0.1μm 전후의 세대에서는 **전자빔 노광**, X선 노광이 점점 실용화될지도 모르겠다. 전자빔 노광장치는 이미 스테퍼용의 래티클 제작에 이용되고 있다.

그림 5·30은 드라이에칭 장치의 분류이다. 웨트에칭의 경우는 세정공정과 같이 웨트 스테이션이 이용된다. 드라이에칭 장치는 기본적으로는 화학적 에칭 요소와 물리적 에칭 요소의 비율로 그 성능이나 특징이 정해진다. **플라즈마에칭 장치**에서는 RF(고주파) 플라즈마 내에서 활성

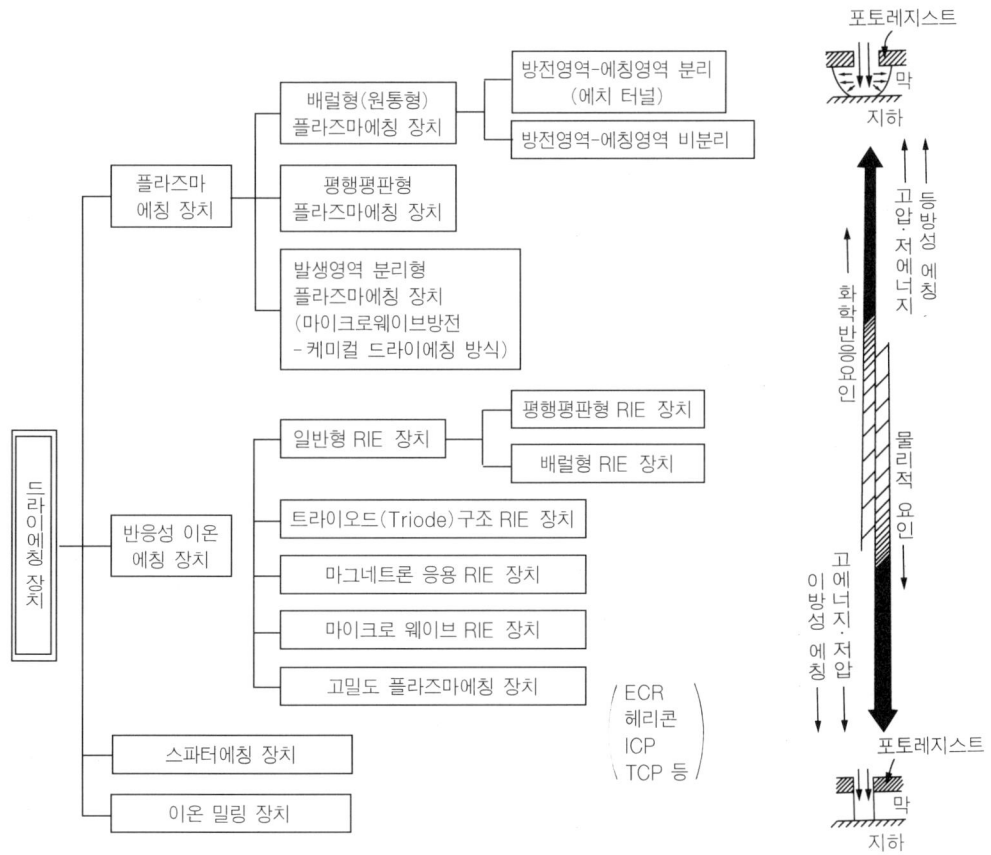

그림 5·30 드라이에칭 장치의 분류

화 된 불소나 염소계 라디칼이 포토레지스트를 마스크로 해서 에칭될 막과 화학적으로 반응한다. 물리요인이란 스파터링 효과의 유무이며, 그것은 **반응성 이온 에칭**(RIE＝Reactive Ion Etching)장치에서 이용된다. RIE 장치는 플라즈마 에칭에 비해서 저압이며, 라디칼의 기판 표면에의 충돌효과가 확대되어 스파터 에칭이 일어나게 된다. 결국 화학적 에칭과 동시에 스파터 에칭도 일어나게 되어, 에칭 후의 종(縱)방향 형상의 제어가 가능하다. 화학적 에칭은 그림에서 제시하고 있는 것처럼 등방적(等方的) 형상이 되며, 물리적 요소에서는 이방성(異方性)을 나타낸다. RIE 장치에서는 플라즈마 소스, 자계의 응용 등 여러 가지 아이디어가 더해져 현재로는 고밀도 플라즈마 소스를 이용한 장치가 주류가 되고 있다. 드라이에칭 장치는 미세화 동향에 대응하여 저압화, 이온 고밀도화, 저 대미지화로 진행되고 있다.

　그림 5·31은 **포토레지스트 제거장치**의 분류이다. 웨트 제거방식도 여전히 이용되고 있다. 드라이 방식, 즉 애셔에서는 저 대미지, 저가격, 고 스루풋이 절대조건이며 또한 이온 주입 후에 경화한 포토레지스트를 제거하는 등, 일종의 틈새장치로 불려 왔다. 그러나 기술적으로 그다지 용이한 프로세스는 아니었다. 한편 유기물을 산화시켜 제거하는 데는 변함이 없으며, 에너지원으로서는 플라즈마, 자외선(UV), O_3 등을 이용하는 방법이 있다. 일반적으로 애싱 후는 표면에 비휘발성의 잔사 또는 부산물이 존재하며, 또 Si 기판 근방의 프로세스에서는 대미지의 위험도 있다. 게다가 애싱 전의 드라이에칭 공정에 있어서 생성된 부산물, 즉 폴리머 등이 패턴 내부에 남아 있을 가능성도 있어, 통상 애싱 공정 후는 그것들의 제거를 위해 웨트 처리를 추가해야 하는 경우가 허다하다. 포토레지스트 제거의 완전 드라이화는 그런 의미에 있어서 아직 미완성 단계이다.

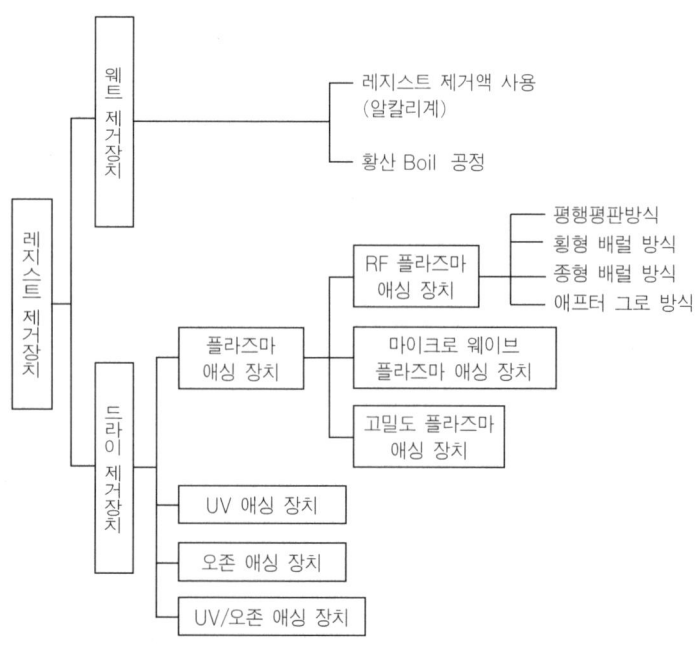

그림 5·31 레지스트 제거장치의 분류

5·6·4 리소그래피 장치의 실제 예

(1) 웨이퍼 트랙

웨이퍼 트랙은 먼저 설명했듯이 각 유닛을 사용자의 요구에 따라 조합하여 통합화 한 장치이다. 그것이 어느 정도 표준화 된 케이스도 많다. 그 시스템 배열은 스테퍼와의 관계에서 정해지지만, 일반적으로 코타(도포) 시스템, 디벨로퍼(현상) 시스템으로 나누어진다. 그림 5·32는 그 조합의 한 예를 나타낸다. 코타 시스템에서는 HMDS(밀착성 향상제)유닛, 도포 유닛, 핫 플레이트 등으로 구성되어 있다. 디벨로퍼 시스템도 동일 형태이며 반송로봇이 웨이퍼를 핸들링한다. 현재 KrF, ArF 등의 엑시머 레이저 노광용 포토레지스트에 대응한 각 유닛의 개발도 진행되고 있다. 포토레지스트는 문자 그대로 센서티브한 유기물이며, 취급중에도 세심한 주의를 요할 뿐만 아니라 장치적으로도 프로세스 상의 노하우나 경험이 많이 적용되어야 한다.

(2) 스테퍼

스테퍼는 현재 i선(파장 365nm)에서 KrF 엑시머 레이저(파장 248nm)로 이동하고 있다. 파장 248nm을 이용함에 따라 $0.20\mu\text{m}$ 전후의 패턴 형성에 대응할 수 있다. 그러나 그 이전부터 i선 스테퍼와의 공용이 이루어져, 크리티컬한 패턴에는 이미 KrF스테퍼가 채용되고 있다. 이미 언급한 것과 같이 스캔 스테퍼가 앞으로 많이 쓰여질 것이다. i선과 KrF와의 병용은 믹스·앤드·매치라 불리며, 비교적 느슨한 맞춤 정도와 가공 치수를 가진 패턴 형성에는 i선 정

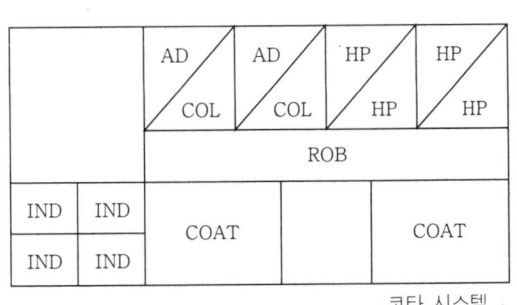

IND : 인덱서
AD : HMDS 유닛
HP : 핫 플레이트 오븐
ROB : 반송로봇
COL : 쿨링 플레이트
COAT : 도포 유닛

코타 시스템

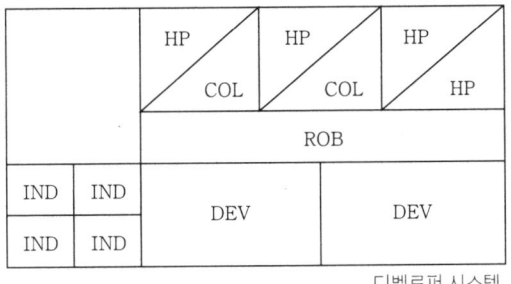

IND : 인덱서
HP : 핫 플레이트 오븐
DEV : 현상 유닛
ROB : 반송로봇
COL : 쿨링 플레이트

디벨로퍼 시스템

그림 5·32 포토레지스트 처리장치의 조합 구성 예
(河合 : 「초LSI생산, 시험장치 가이드 북」, 전자재료, 1993년 12월호 별책, p76, 일본 공업조사회)

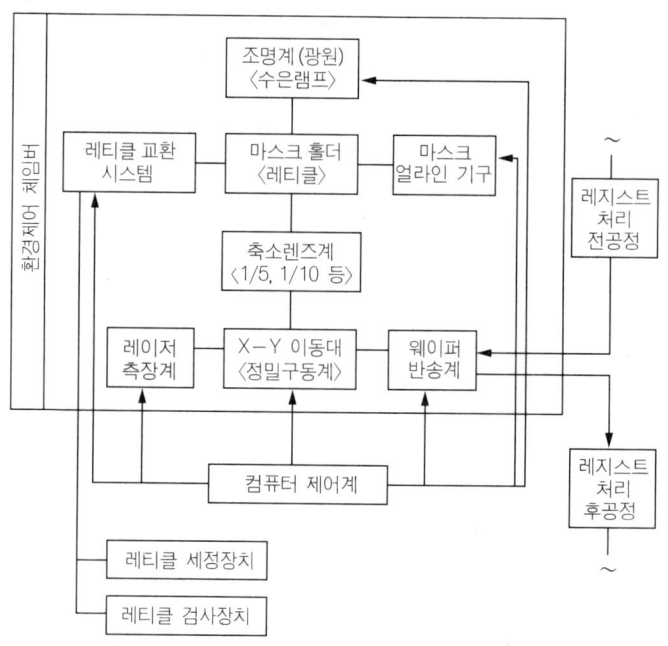

그림 5·33 스테퍼 구성의 블록 다이어그램

도를 요하는 패턴 형성으로는 KrF가 이용된다. 예를 들면 아이솔레이션 패턴, 게이트, 콘택트 등의 기판 공정에는 KrF 스테퍼를 쓰며 배선, 스루홀, 패시베이션(본딩 패드) 등에서는 i 선 스테퍼를 이용한다.

그림 5·33은 스테퍼 구성의 블록 다이어그램이다. 조명계 또는 렌즈계의 개선에 의한 패턴의 해상도를 높이는 노력이 스테퍼의 메이커인 광학기기 메이커에서 진행되고 있다.

(3) 드라이에칭 장치

드라이에칭 장치는 반응성 이온에칭(RIE) 방식이 주류이며, 저압에서 보다 높은 이온 밀도를 갖는 고밀도 플라즈마 에칭 방식으로 이행되고 있다. 디바이스의 미세화 진행에 대응해서 실리콘 트렌치 패턴 또는 SiO_2 막에서의 미세하고 깊은 콘택트 홀의 형성이 요구되는데, 대미지 감소와 높은 선택비가 점점 중요한 성능이 되기 때문이다. 항상 균일성과 고 스루풋을 동시에 추구해 왔다. 현재의 VLSI 생산용 드라이에칭 장치는 모두 싱글웨이퍼 방식의 체임버가 이용되고 있다. 단, 웨이퍼 사이즈가 확대될 때마다 체임버 자체의 근본적인 재검토가 필요한데, 그것은 드라이에칭 기술의 높은 난이도를 그대로 나타낸다고 할 수 있다.

그림 5·34는 VLSI용 드라이에칭 실제 예로서 고전적인 플라즈마 에칭 방식을 가리킨다. (b) 및 (c)는 고주파(RF)의 입력을 바꿈으로써 모드를 변경할 수 있다는 것을 가리킨 것으로 시판되고 있는 장치에도 이와 같은 예가 있다.

그림 5·35 및 그림 5·36도 같은 형태로 드라이에칭 장치의 체임버 구조를 나타낸다. 평행 평

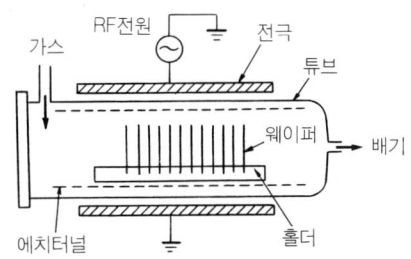

(a) 배럴형 플라즈마 에칭장치(플로팅)

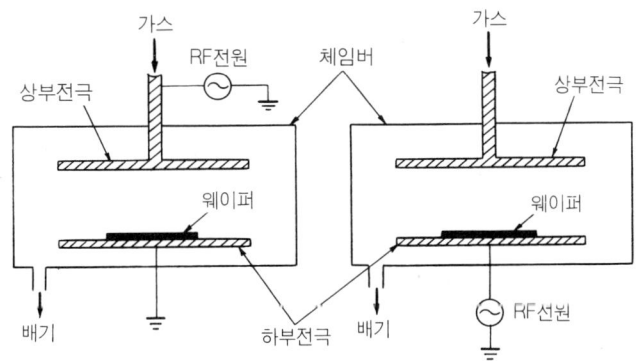

(b) 평행·평판형 플라즈마에칭 장치   (c) 평행·평판형 반응성 이온에칭 장치
      (애노드 커플링)   (캐소드 커플링)

그림 5·34 VLSI 제조용 드라이에칭 장치의 실제 예-Ⅰ

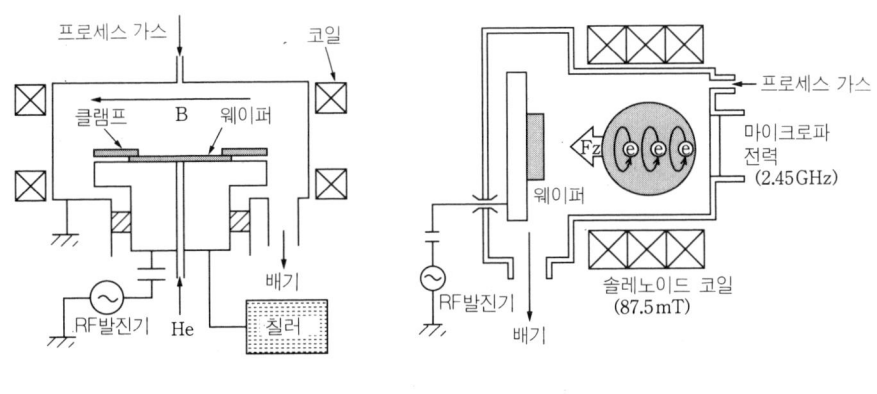

(a) 자장여기형 반응성 이온에칭 장치   (b) ECR 플라즈마에칭 장치
      (MERIE)

그림 5·35 VLSI 제조용 드라이에칭 장치의 실제 예-Ⅱ

(米田:「초LSI생산, 시험장치 가이드 북」, 전자재료, 1993년 12월호 별책, p104, 일본 공업조사회 刊)

판형의 RIE 장치에 플라즈마를 가두어두기 위해 마그넷을 배치한 MERIE(Magnetron En-
hanced RIE=자장여기RIE)라 불리는 체임버가 그림 5·35(a)이며, 다음에 개발된 ECR 방식

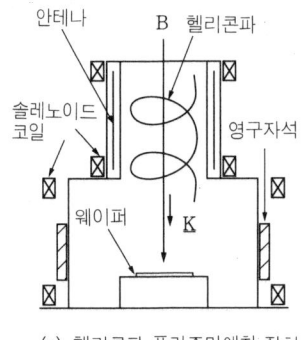

(a) 헬리콘파 플라즈마에칭 장치

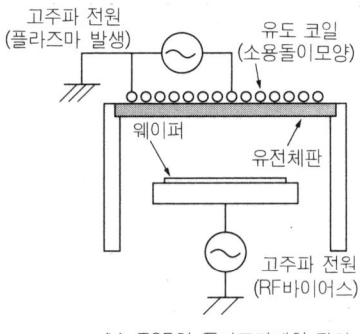

(b) TCP형 플라즈마에칭 장치

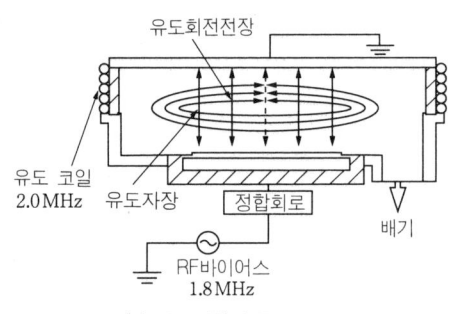

(c) 유도결합형 플라즈마에칭 장치

그림 5·36 VLSI 제조용 드라이에칭 장치의 실제 예-Ⅲ
(米田 : 「초LSI생산, 시험장치 가이드 북」, 전자재료, 1993년 12월호 별책, p104, 일본 공업조사회)

이 같은 그림(b)이다. 그림 5·36은 고밀도 플라즈마 에칭 장치의 세 가지 방식이다.
　현재, 이들 드라이 에처는
　・폴리실리콘/ 폴리사이드용 장치
　・실리콘 트렌치용 장치
　・산화막용 장치
　・메탈용 장치
등과 같이 애플리케이션에 의해 구분되고 있다. 그러나 체임버 방식으로서는 다소 차이는 있어
도 기본적으로는 그림 5·34에서 36에 제시된 구조를 이용하고 있으며, 이것들 사이에 차이점
은 이용하는 가스의 조성, 플라즈마 조건 등의 레시피이다. 프로세스를 공통으로 할 수 있는 것
은 아니지만, 체임버까지 전혀 다른 개별적인 것으로 논하는 것은 옳지 않다. 체임버는 같아도
케미스트리가 다르다고 생각하며 취급하여야 한다.

(4) 애싱 장치
　애싱 공정에서는 대미지 감소를 기본으로 해서 고속으로 애싱 처리가 되고 잔사 및 메탈 오
염을 발생시키지 않는 것이 최대의 목표이며, 부단히 신기술 개발이 진행되고 있다. 애싱 공정
그 자체가 저코스트의 프로세스여야 한다는 생각이 팽배해 있어, 지금까지 신기술 개발은 그다

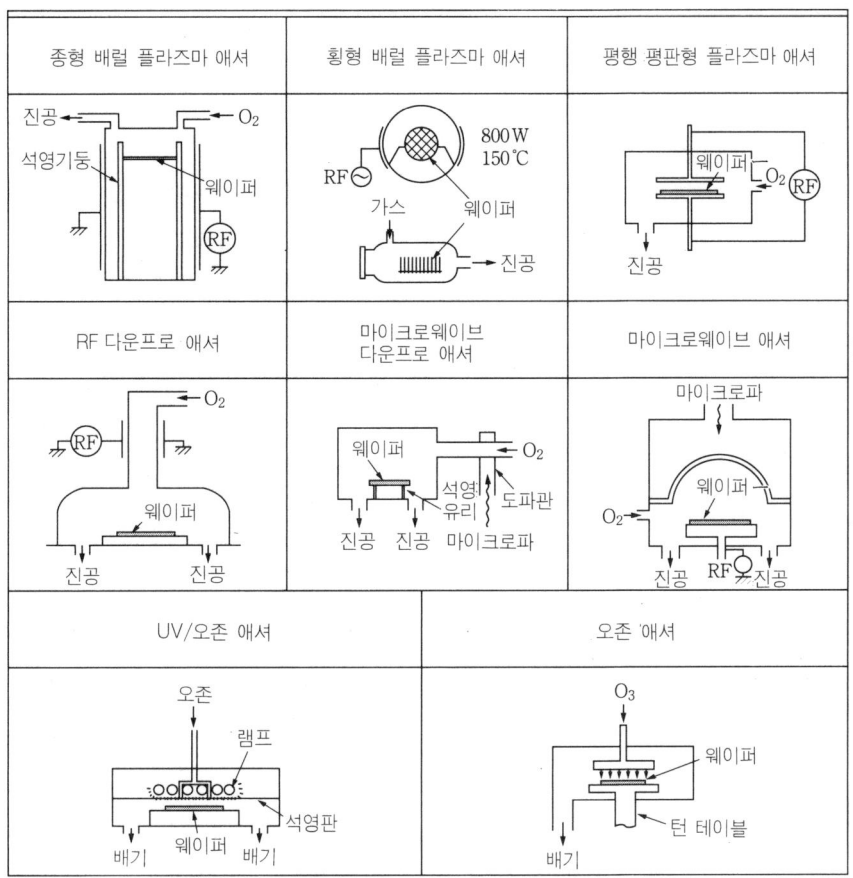

그림 5·37 애싱장치의 실제 예
(折田, 法元, 堀尾:Semiconductor World, 1989년 3월호, p124 외)

지 본격적으로 이루어지지 않았다. 그러나 디바이스의 진보와 함께 이 프로세스가 디바이스 성능이나 신뢰성에 주는 영향을 무시할 수 없게 되었다. 바로 전까지만해도 반도체 프로세스에서 "틈새기술"이라 일컬어질 정도였으나, 이제는 틈새라는 말이 없어지고 많은 신제품이 도입되는 상황으로 변했다.

그림 5·37은 현재 시판되고 있는 애싱장치의 체임버 컨셉트를 가리킨다. 플라즈마 애셔도 디바이스 메이커의 고유한 기술 노하우와 밀접한 관계가 있고 드라이에칭 장치와 마찬가지로 절대평가는 곤란하다.

5·6·5 향후의 전망

리소그래피 장치는, 모든 VLSI 제조 프로세스를 위한 중심적 존재로서 개발이 계속되어 왔으며, 특히 대구경화(300nm) 및 $0.15\mu m$ 이하의 패턴 미세화가 21세기를 향해 또는 21세기에 들어서 가장 중요한 과제로 되었다. 따라서,

· 어느 시점에서 전자빔 노광, X선 장치가 채용될 것인가?
· 포토레지스트 재료, 엑시머 레이저 광원 등의 주변재료는 어디까지 광 노광기술의 연명을 서포트할 수 있을까?
· 미세화, 독특한 구조의 콘택트 홀, 메탈 패턴 등에 드라이에칭 기술이 대응할 수 있을까?
· 대구경화에 의해서 저하하는 스테퍼의 스루풋을 어떻게 해서 향상시킬 것인가?

등이 향후의 과제가 된다. 리소그래피 기술은 포토레지스트 도포에서 시작되어 포토레지스트 제거로 끝나는 일련의 공정이지만, 그 과정의 각 스텝은 모두 상호간에 영향을 주고받기 때문에 개별적으로 취급할 수는 없다.

5·7 평탄화 장치

5·7·1 평탄화 기술의 개요

평탄화 기술은 문자 그대로 디바이스 제조공정 중 웨이퍼의 표면을 평탄화하는 방법이며 웨이퍼 전면(全面)에 걸친 평탄화(글로벌 평탄화)를 의미한다. 미세가공을 실시함에 있어 디바이

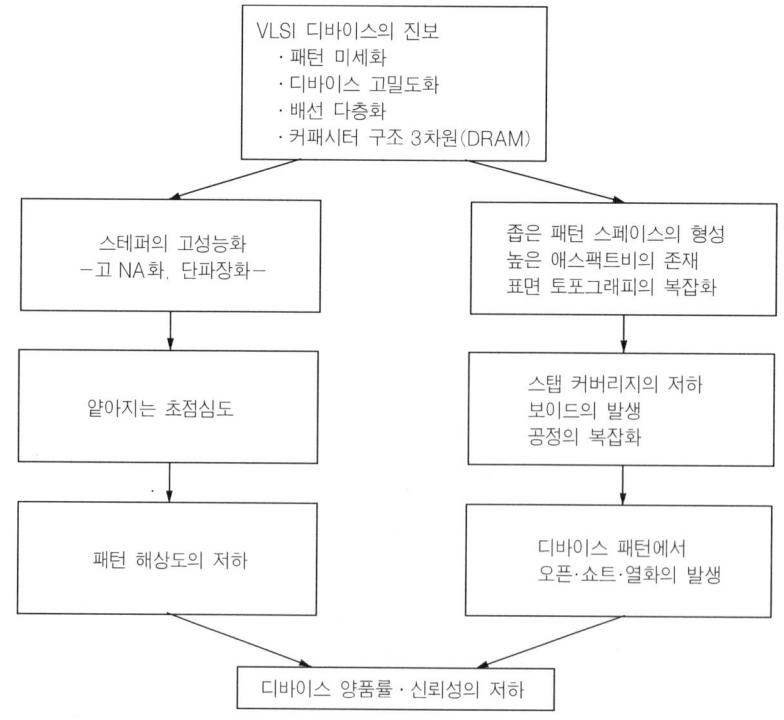

그림 5·38 평탄화는 왜 필요한가?

스 표면의 평탄성은 2개의 의미를 가지고 있다. 하나는 앞 장에서 언급했듯이 스테퍼 광원의 단파장화와 고NA화에 의해 초점심도가 얕아지기 때문에 초점심도 이상의 단차가 존재하는 기판 상에서는 패턴 해상도가 저하되며, 다른 하나는 단차에 의한 배선 끊어짐이나 쇼트 등에 의한 양품률 저하이다. 그림 5·38은 "평탄화는 왜 필요한가?"에 대해 정리한 것이다

그림 5·39는 조금 과장되어 있지만, 현실의 다층 배선구조와 그것에 평탄화 기술을 도입한 경우의 비교이다. "현실의…"이란 의미는 어떤 평탄화 수단도 사용되지 않았다는 것이다. 각 층마다 평탄화를 삽입하면 전체의 구조가 깔끔하게 되고 양품률도 높아질 것이다. 현재 층간 절연막-Ⅰ는 BPSG막 플로에 의해 평탄화가 이루어지고, Al-Al 간의 평탄화는 열적 제약이 있어 BPSG는 이용하지 않는다.

그림 5·40은 평탄화를 위한 각 방법이다. 이 가운데 현실적으로 사용되는 예가 CMP, 플로에 의한 평탄화, 에치백이다. 도포 및 자기평탄화 CVD는 각각 보조적으로 이용되고 있다. CMP는 가장 알기 쉽고 직관적으로 이해할 수 있는 기술이다. 단, 장치 및 프로세스에 있어서는 많은 과제를 안고 있다. 플로에 의한 평탄화는 열처리를 이용하는 방법이며, 디바이스 특성상의 온도 상한이 존재한다. pn 접합부에 실리사이드 콘택트 형성 후의 공정이면 통상 750℃를 넘어서는 안된다. 에치백법은 CMP가 도입되기까지 다층 배선구조에 있어서 넓게 이용되어 왔다. RIE의 조건설정과 무엇을 희생막으로 이용할 것인가가 포인트이다. 또한 자기평탄화

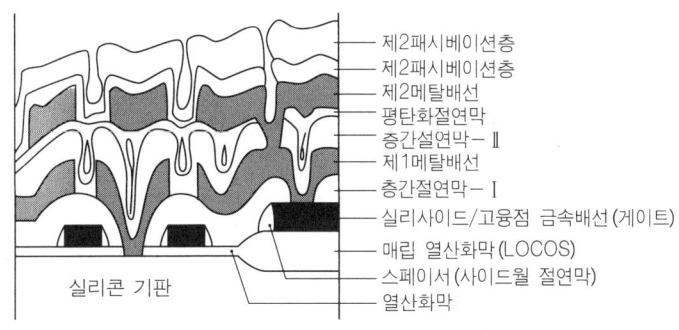

(a) 실질적 구조 (표면단차의 영향)

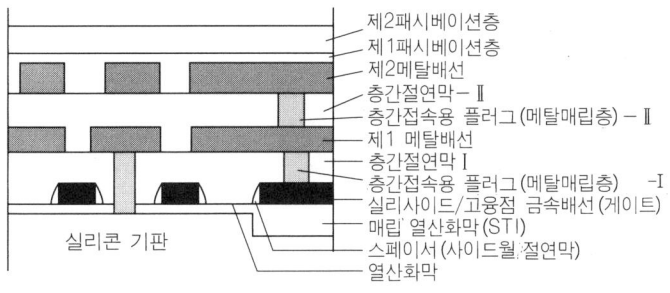

(b) 이상적인 구조 (평탄화기술의 도입)

그림 5·39 ULSI에 의한 다층 배선구조

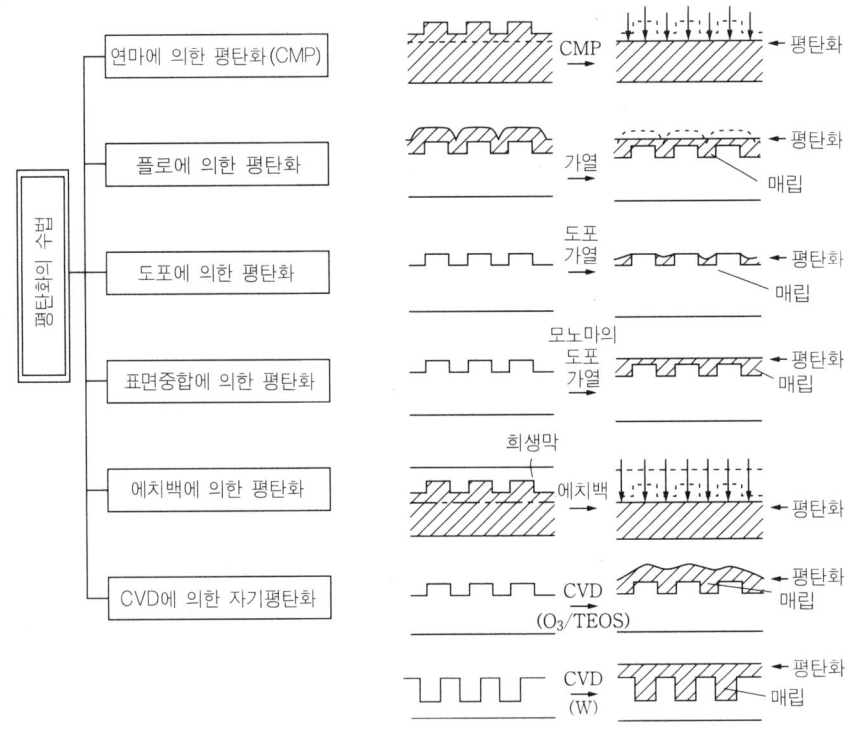

그림 5·40 VLSI에 의한 평탄화 방법의 분류

CVD에 의한 W막을 그대로 에치백하는 방법도 양산에서 실용화되고 있다. CMP와 에치백은 어떤 공정이 경제성이 높고 양품률면에서도 유리한지가 비교되며, 결국은 CMP가 향후의 주류로서 인정받을 것이라고 말할 수 있다.

5·7·2 평탄화 기술의 응용

그림 5·41은 VLSI 디바이스에 있어서 평탄화 기술의 애플리케이션을 나타내고 있다. 평탄화는 기판인 Si 내에 형성하는 커패시터나 아이솔레이션용의 트렌치를 폴리실리콘, SiO_2 등으로 메꾸어 표면을 평평하게 하는 것으로 시작된다. 또한 절연막의 평탄화는 다층 배선구조 형성에는 불가결하다.

메탈의 평탄화는 플러그 등을 메꾸어 넣은 후에 실시하는데, 플러그 부분만 메꾸어 넣은 형태로 편편하게 되도록 한다. 현재 양산 라인에서는 CMP가 폭넓게 실용화되고 있으며 BPSG 플로 및 W의 에치백법과 대체되거나, 병용되어 가는 경향이다. 그림 5·42는 CMP 기술의 애플리케이션을 제시한다. VLSI 디바이스에서의 평탄화는 CMP 기술을 이용하여 프로세스 표준화, 규격화가 가능하게 될 전망이다. 층간 절연막의 CMP에서는 블라인드 CMP라 불리는 스토퍼·또는 종점 모니터 없는 연마가 필요하다. 거기에 Si_3N_4 같은 막을 스토퍼로서 이용하는 예도 있다. STI(Shallow Trensh Isolation= 얕은 트렌치 분리)구조의 형성에 그런 방법이 이

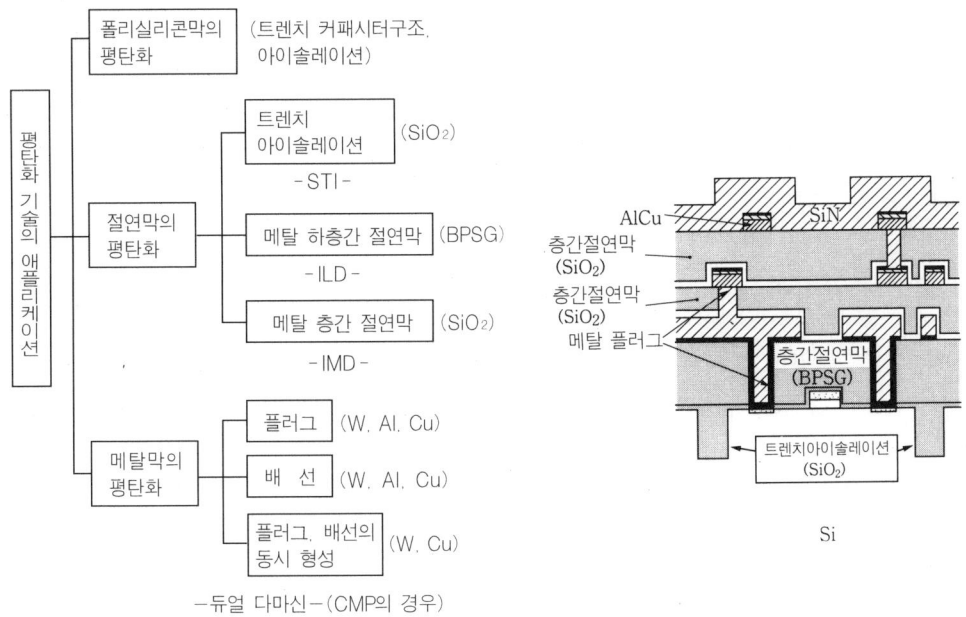

그림 5·41 VLSI에서의 평탄화 기술의 응용

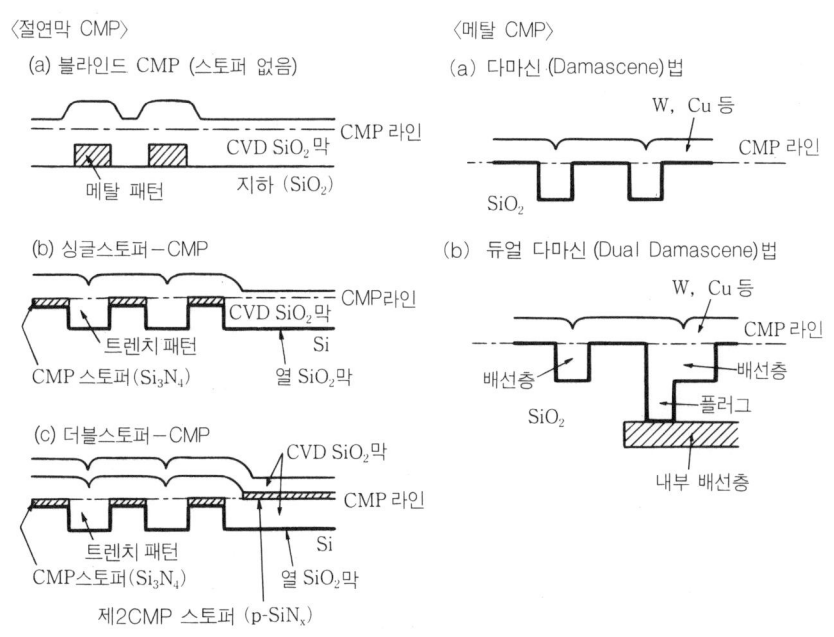

그림 5·42 CMP 기술의 애플리케이션 〈절연막 CMP〉

용되고 있다. 메탈 CMP에서는 다마신(Damascene) 및 듀얼 다마신(Dual Damascene)이라 불리는 방법이 있다.

다마신이란 상안(象眼)세공이란 의미로 SiO_2 막 내에 위치한 플러그용 구멍 및 배선에 상당하는 채널 부분에 메탈을 박아 넣는 방법이다. 이 다마신법이 일반적인 기술로 된다면 메탈 패턴 드라이에칭에 의한 형성 및 메탈층이 한번 형성된 후의 절연막 형성은 언제나 평탄한 표면에 퇴적이 되므로 CMP는 불필요하게 된다. 그러나 CMP 기술은 평탄화 기술로서 좁은 영역에 메꾸어 넣을 수 있는 기술은 아니다. 반대로 말하면 평탄화 기술에는 '메꾸어 넣음'과 '평탄화 가공' 2개의 요소가 있는 것이다.

5·7·3 평탄화 장치의 분류

평탄화 공정에 사용되는 장치를 그림 5·43에 제시한다. 연마에 의한 평탄화(즉 CMP) 이외는 지금까지 이 장에서 소개한 열처리용 퍼니스, 드라이에칭 장치, CVD 장치 등이 적용된다. 따라서, 지금부터는 CMP 장치에 대해서 약간 설명을 덧붙이고자 한다.

CMP 기술은 표면의 요철을 연마에 의해 깍아냄으로써 평탄하게 한다는 지극히 단순 명쾌한 개념을 기초로 한다. 그러나 연마제를 이용하여 처리하기 때문에 필연적으로 **파티클** 발생을 동반한다. 연마제 자체가 파티클이기도 하다.

따라서 CMP 후의 세정은 상당히 중요하며 이것이 완전하지 않으면 슈퍼 클린룸 내에 CMP 장치를 설치할 수 없다. 도입 초기에는 CMP 장치 전용 건물을 따로 준비시킬 정도이다. 현재 많은 CMP 장치가 시판되고 있지만, 장치 내부에 세정용 체임버가 포함되어 장치에서 웨이퍼가 처리되어 나올 때는 이미 청정화된 상태가 되는 방식이 대부분을 차지하고 있다. 이 개념을 "Dry-In/Dry-Out" 이라고 부르고 있다.

그림 5·44는 CMP에 의한 평탄화 기본 원리와 체임버 구성을 나타낸다. CMP 장치는 서로 마찰시키는 헤드(기판)와 테이블(정반)의 구성으로 되어 있다. 웨이퍼를 붙인 헤드와 **연마포**

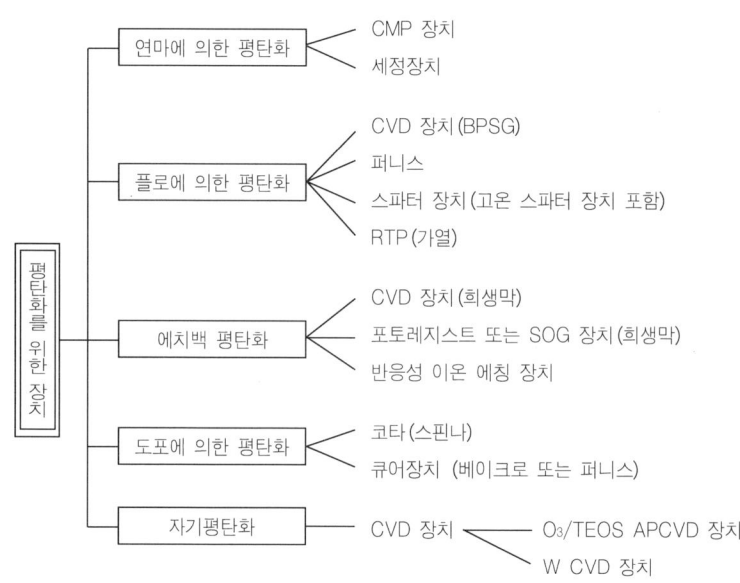

그림 5·43 평탄화에 이용되는 장치

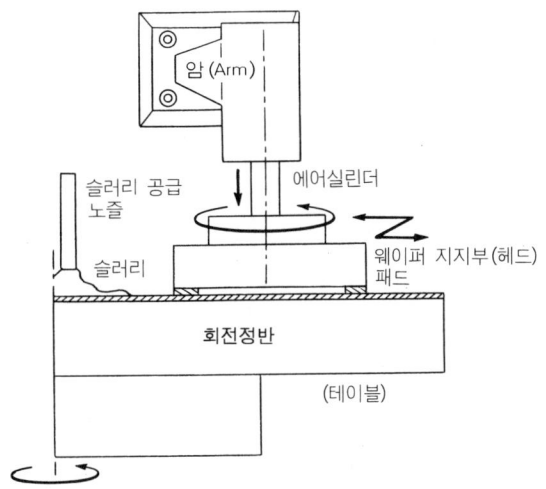

그림 5·44 CMP법의 기본원리·장치구조
(사이언스 포럼편 : 「CMP의 사이언스」 1997년 8월, p.72, 일본 사이언스포럼 刊)

표 5·9 CMP 장치에 관련된 제어 파라미터

CMP 장치	연마 방식	싱글헤드 싱글패드
		멀티헤드 싱글패드
		싱글헤드 멀티패드 외
		(체임버의 구성)
	연마하중	
	테이블 회전수	
	헤드 회전수	
	슬러리 공급속도·방법	
	패드컨디셔닝의 조건·빈도	
CMP후 세정장치	약액, 초음파 에너지, 스크러버 등	
연마제 (슬러리)	연마제의 종류	
	분산농도	
	pH	
	액 조성(이온 등 함유)	
연마포 (패드)	기판재질	
	연마포(섬유)재질	
	연마포의 길이 및 밀도	

(패드)를 붙인 정반 사이에 연마재를 분산시킨 용액(슬러리)을 공급하며 헤드와 정반을 각각 독립적으로 회전시켜 빈틈없도록 구석구석까지 연마시킨다. 실제로 이용되는 슬러리나 패드의 컨디션 제어가 요체이며, 장치마다 여러 가지 아이디어가 동원되고 있다. 이들의 각 파라미터를 표 5·9에 제시한다.

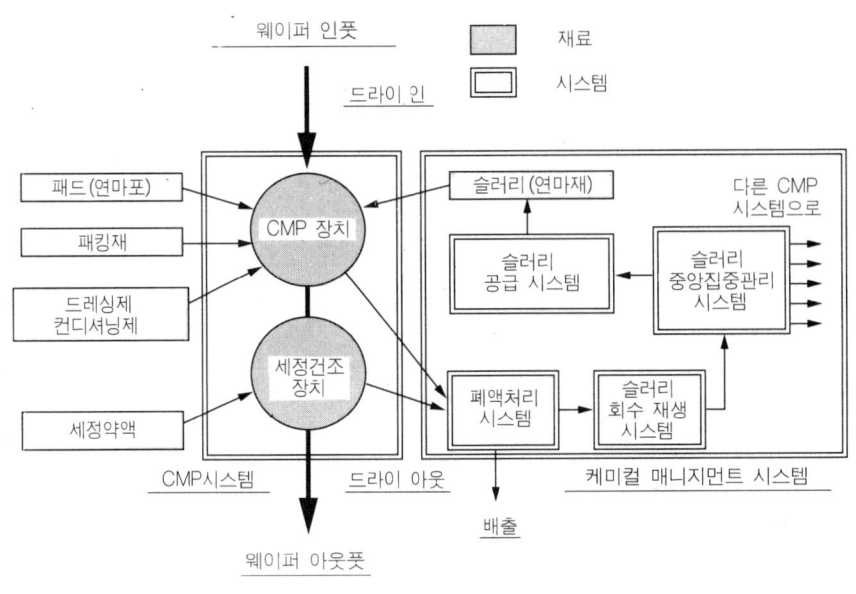

그림 5·45 CMP 장치 구성

5·7·4 평탄화 장치의 실제 예

여기에서는 CMP 장치의 실제 예에 대해서 간단하게 설명하고자 한다. CMP 장치는 현재 국내외에 10여 개 회사에서 판매되고 있다. 특정 디바이스 메이커와 협력하여 개발·개량을 진행시키는 예도 있지만, 시장 규모로 볼 때 메이커의 수는 지나칠 정도로 많다. 예전부터 드라이에칭 장치가 그랬던 것처럼 최종적으로는 몇 개 회사밖에 남지 않을 것이다. 이들 시판장치를 방식별로 분류한 것이 그림 5·46이다. 각 CMP 장치는 테이블과 헤드를 한 개씩 또는 복수로 조합하여 바닥 면적의 증대를 억제하면서 스루풋과 연마특성의 향상을 도모하고 있다.

이것들의 조합이 각 장치 메이커의 특징이 되고 있으며 CVD나 에피택시얼 성장장치 등 양산장치의 개발과정과 비슷하다. 또한 세정기의 인티그레이션은 피할 수 없는 동향이며 분리형은 차츰 일체형으로 바뀌고 있다. 슬러리 공급방식, 패드 컨디셔닝(재생), 종점검출법 등 모니터 기술도 포함해서 각 장치마다 특징을 갖는 아이디어가 들어 있다. CMP 장치의 기술적 성숙은 지금부터라고 할 수 있다.

5·7·5 향후의 전망

CMP를 주류로 하는 평탄화 기술은 VLSI 제조에 있어서 기본 프로세스의 새로운 카테고리의 하나이다. 그것은 스테퍼에 의한 미세 패턴의 형성 및 다층 배선구조와 밀접하게 연결되어 있다. 기술적으로는 아직 개발중이며 여전히 마진을 충분히 확보할 수 없기 때문에 막형성이나 에칭 등의 프로세스의 정도에 의존하지 않으면 안되는 상황이다. 재료면에서도 많은 과제를 안고 있지만, 그것은 장래 가능성의 깊이를 나타내는 것이기도 하다. 앞으로 몇 년간 CMP 기술 및 장치는 VLSI 프로세스 중에서 계속 주목을 받을 것이다.

장치 모양	헤드수	테이블수	스루풋 (카탈로그)	드라이 인/아웃 대응(CL : 세정기)	
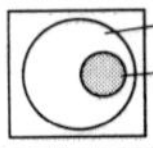 테이블 / 헤드	1	1	1		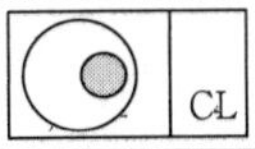 빌트 인
	1	2	1		 세퍼릿
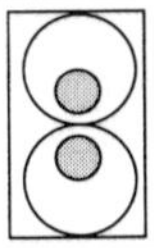	2	2	1.8		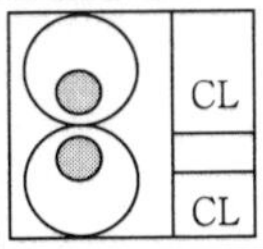 빌트 인
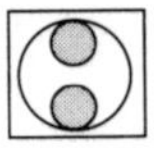	2	1	1.6		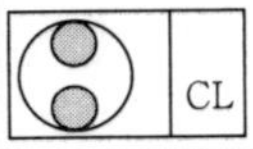 빌트 인
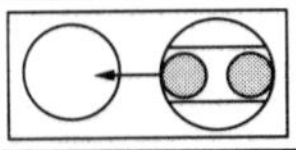	2	2	1.6		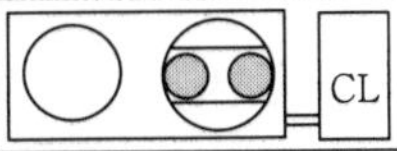 세퍼릿
	3	3	2.5		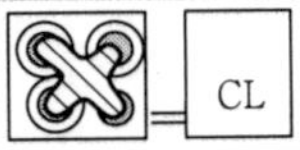 세퍼릿
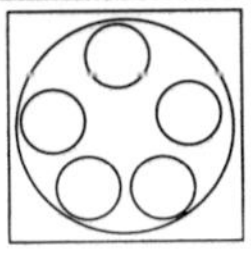	4~6	1	3~5		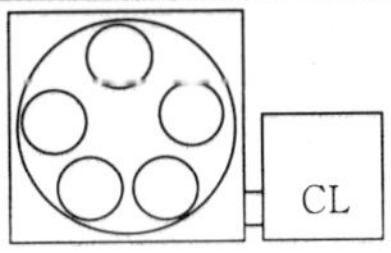 세퍼릿

그림 5·46 각종 시판 CMP 장치의 비교
(迅村 : 「반도체 프로세스 핸드 북」, 垂井康夫監修, 1996년 10월호, p327, 일본 프레스저널刊)

칼럼 ⑥

배치방식과 매엽방식 2

　배치식과 매엽식의 장점, 단점에 대해서는 본문에서도 설명했지만, 최근 1배치 2매, 4매라는 장치가 등장했다. 이것은 "스몰 배치", "미니 배치"라 불려야 하는 방식이며, 특히 2매를 취하는 방식은 1장(즉 매엽)의 결점을 보충하기 위해 나온 아이디어이다. 진공계, 가스 제어계, 전원 등 모두 공간절약이 가능해지며, 스루풋도 향상되기 때문이다. 그런데 본문에서는 매엽이란 용어를 전혀 사용하지 않고 "싱글웨이퍼 체임버"라는 영어 표현을 그대로 사용하고 있다. "매엽"이라는 용어는 누군가가 최초로 사용하여 그것이 그대로 정착했지만, 그다지 적절한 이름은 아닌 것 같다. 2장을 취하거나 3장을 취하는 것은 어떻게 표현해야 할까. 즉 1배치 2매의 장치는 "2매엽"이라 불리는 꼴이다.

6 반도체 제조장치의 현장

반도체 제조장치는 디바이스 메이커의 설비투자계획에 따라 조달되며, 슈퍼 클린룸 내에 설치된다. 여기가 반도체 제조장치를 사용하는 현장이 된다. 장치는 메이커에 의해 제조되고, 사용자에게 납입된 후 설치공사가 실시된다. 이른바, "설치 및 시험가동"이 끝나고 나서 사용자에게 양도된다. 여기까지는 가옥의 건축공사와 같다. 그러나 그후 사용자와 판매자인 메이커와의 관계가 새로운 국면을 맞이하게 되며, 장기적으로 그 관계가 계속된다는 점이 크게 다르다. 여기서는 제조라인에 도입된 반도체 제조장치의 현장에서의 과제를 정리한다.

6·1   반도체 제조장치의 현실

6·1·1 실질 가동률은 100%가 아니다

반도체 제조장치는 일단 공장 내에 설치되어 움직이기 시작하면, 자동차와 같이 정기적인 점검을 실시하는 것만으로 아무런 걱정없이 생산에 기여할 수 있는 것은 아니다. 반도체 디바이스(칩)에 "양품률(수율)"이 존재하듯이 반도체 제조장치에도 그와 비슷한 '가동률'이 존재한다. 물론, 장치는 100%의 가동률을 갖는 것이 이상적이다. 그러나 현실은 나중에 설명하게 될 많은 이유를 통해 알게 되겠지만, 이것은 달성할 수 없다.

가동률은 그 정의와 기준에 따라서 디바이스 메이커별, 장치 메이커별로 다양하지만 일반적으로 70~90%의 수치가 현재 상태에서의 "높은 가동률"이라 할 수 있다(정의와 기준의 차이에 대해서도 나중에 다루기로 한다).

반도체 제조장치는 가격이 비싸기 때문에 설비투자 금액의 증대가 칩의 제조원가를 높이고 있는 만큼, 그 가동률은 직접 제조원가에 영향을 미치며, 오히려 양품률의 향상보다도 의존도가 높다고 할 수 있다. 이러한 가동률이 존재하는 이유로는 자동화, 컴퓨터화가 고도로 진행되고 있는 반면, 장치 고유의 문제인 완성도, 습숙도의 부족과 프로세스 조정에 시간이 필요하다는 점을 들 수 있다.

6·1·2 실제로는 재현성, 설비간의 차, 설비 내의 차가 있다

반도체 제조장치에서의 현실적인 문제는 가동률만이 아니다.

예를 들면, 장치가 순조롭게 가동되고 처리된 웨이퍼를 계속해서 내보낸다 해도, 그 결과에 있어서의 재현성, 균일성에도 많은 문제가 있다. 이것을 조금 더 구체적으로 살펴보면 다음과 같다.

(1) 재현성

동일한 장치에서 완전히 동일한 레시피(Recipe)로 처리했음에도 불구하고 얻어진 결과가 동일하지 않거나, 점차적으로 그 결과에 차이가 발생하게 된다. 종점검출, 막두께(膜厚) 모니터, 공정진단이라는 기능이 요구되고 있는 이유 중 한 가지가 이 재현성 불충분의 문제이다.

(2) 설비간의 차

동일 모델의 장치(모두 동일한 설계도면에 의해 제조된 동일 사양의 장치)를 배열하고, 동일 조건에서 처리한 경우에도, 장치별로 얻어지는 결과가 일치하지 않는 경우가 많다. 비록 그 차이가 근소하더라도 어떤 방법으로든 조정이 필요하다. 그와 같이 할 경우 이미 동일 장치라고는 할 수 없게 된다.

표 6·1 최근의 반도체 제조장치의 특질

① 설비가격의 지속적 상승에 따른 사용자의 투자부담이 크다
② 설비 바닥면적, 높이, 부피 등의 증대
③ 장치기구의 복잡화, 다양한 기술의 백업이 필요하다
④ 진부화가 빠르고, 라이프타임이 짧기 때문에 습숙도 향상이 세대교체를 따라갈 수 없다
⑤ 가동률을 높이기 위해서는 사용자가 완전하게 잘 다룰 줄 알아야 한다
⑥ 디바이스의 양품률과 신뢰성 향상에 직접 영향을 미친다
⑦ 개발과 도입을 서두르기 때문에, 초기 불안정성(결함)이 존재하기 쉽다
⑧ 사용자측에서 보면 장치 메이커의 카탈로그에 나오는 수치는 챔피언 데이터이다
⑨ 고정도의 장치인 만큼, 부품교환, 부품보수(소모성 부품)가 많다
⑩ 동일장치내 및 장치간에 차이가 있고, 각 부품, 유닛(unit)에도 같은 형태의 차이가 있다
⑪ 사용한 재료(원료)에 따라 프로세스 결과에 차이가 발생한다

(3) 설비 내의 차

한 개의 플랫폼에 동일 디자인, 동일 구조, 동일 디멘션(Dimension)의 체임버를 여러 대 접속한 싱글웨이퍼 멀티체임버 장치에 있어서, 각 체임버에 완전히 동일한 레시피를 실행할 경우에도 각각 완전히 동일한 결과가 얻어지는 일은 매우 드물다.

표 6·1은 최근의 반도체 제조장치의 특질을 나타내는데, 설비 내의 차이 또는, "데이터의 흔들림"이 항상 존재하고 있는 것은 그 특질 중에서도 특히 눈에 띄는 문제이다.

"차이"를 조정해서 결과를 동일하게 할 필요가 있는 경우에는, 입력한 프로세스 조건 중에서 한 개의 파라미터(매개변수)를 취해서, 그 값을 바꾸는 방법이 사용된다. 즉, 설비 내의 차를 입력 파라미터의 미세조정으로 극복하는 것이다. "차이" 또는, "흔들림"을 제거하기 위한 미세한 조정을 완전하게 자동화하기 위해서는 센서기능, 모니터기능의 충실이 불가결하다. "흔들림"의 원인으로 생각할 수 있는 것은 그 장치들이나 체임버가 동일 설계도면에 의해 만들어진 것이라도 주변환경, 사용하는 재료, 장치에 장착되어진 부품, 또는 계기 등이 완전히 같다고는 할 수 없기 때문에, 여기에서 "반도체 농업"이라는 견해가 생겨나게 되었다.

이상과 같은 현실적인 문제가, 최첨단 장치를 사용하는 반도체 제조공장에서 일상 다반사로서 일어나고 있다는 것이 디바이스 메이커의 기술자들로부터 지금도 지적되고 있다.

하이테크 분야에 이러한 농업적 요소가 있어서, 항상 데이터의 흔들림이 발생되고 있다는 것은 어떻게 생각해야 좋을까?

그 원인을 찾아내고, 장치면과 프로세스, 재료면에서 자동적으로 미세한 조정이 가능하게 되어야만 비로소 완성된 장치라 할 수 있는 것은 아닐까? 오히려 현재, 실제의 최첨단 농업이야말로 이상에 가까운 조정이 가능할 수도 있을 것 같으므로, 종래의 "자연이라는 인간의 지혜가 미칠 수 없는 불가항력에 좌우되는 것이 농업이다."라는 인식을 바꾸지 않으면 안 될 시대인 것 같다.

표 6·2는 디바이스 제조현장에서 요구되고 있는 반도체 제조장치의 조건이다. 이 조건들을 만족시키기 위해서 어떠한 것들이 실행되고 있는지를 살펴보는 것이 본 장의 주제이다.

표 6·2 디바이스 제조현장에서 본 설비의 조건

항 목	정 의	키 포인트
① 신뢰성	기능의 저하, 정지, 고장을 일으키지 않는다	· MTBF · MTBA
② 보전성	설비의 이상상태 회복, 점검을 용이하게 할 수 있다	· 자가진단기능 · MTTR
③ 조작성	설비의 조작을 정확하고, 용이하게 할 수 있다	· 오작동 방지대책 · 조작 스위치의 수
④ 유연성	생산기종의 변경, 제품 사이즈의 변경에 유연하게 대응할 수 있다	· 제품 사이즈, 사용 가스와 　약품의 변경 난이도
⑤ 안전성	인체, 환경에 직접적, 간접적으로 해를 끼치지 않는다	· 안전 덮개, 안전장치 · 공해, 화재 대응
⑥ 자원절약성	재료, 용력 등의 사용량을 절감한다	· 전기, 가스, 약품의 사용량
⑦ FA대응	제품의 반송, 트랜스퍼, 정보의 온라인화, 이상상태의 자가진단	· 인터페이스의 확립
⑧ 성능향상	단위시간당 처리량, 품질의 향상, 불량률의 절감	· 먼지의 정도 · 웨이퍼의 깨짐 · 균일성, 재현성

(堀切 : '생산시스템의 현상과 과제', 사이언스 포럼 주최 'JST포럼' 자료, P-I, 1998년 2월호에서)

6·2 반도체 제조장치의 도입과 시험가동

　사용자인 디바이스 메이커는 판매자인 장치 메이커에게 설비를 발주하고, 메이커는 장치를 수주(受注)생산해서 사용자에게 납입한다. 만약, 각 장치에 절대평가라는 것이 존재하고, 처리를 위한 레시피가 보편적으로 결정되어지는 것이라면 더 이상 문제될 것이 없다. 그 후에는 정해진 대로 사용자가 장치를 반입하고, 가동시켜서 사용자와 메이커간에 보수계약을 성사시키면 된다. 그러나 반도체 제조장치라는 것은 그렇게 간단한 것이 아니고, 실제로 다양한 단계를 밟아서 도입과 시험가동이 이루어지고 있다.

　사용자로서는 일반적으로,

· 요구하는 스펙(사양)에 합치된 장치
· 라인 전체와 정합성을 가진 장치
· 충분히 성능이 평가되고 확인된 장치

를 도입하는 것으로, 카탈로그의 수치만으로 판단하거나 실제의 장치를 조금 살펴보는 정도에서 도입해 버리는 일은 있을 수 없다. 즉, 각 디바이스 메이커는 각각의 고유한 기술을 가지고, 다른 경쟁 메이커와의 차별화를 도모하고 있기 때문에 사용되는 재료와 레시피는 일반적으로 호환성이 없다고 보는 것이 좋다. 따라서, 장치의 사양에 대해서도 호환성을 가지지 않는 것이 보통이다. 도입된 장치는 각각의 사용자별로 완전히 별개의 사양서, 도면, 옵션이 필요하게 된다.

　단, 그러한 사양은 주로 장치 본체의 주변 부분에 한정되어 있으며, 체임버 부분은 장치 메이커 고유의 장치로서 손댈 수 없는 경우가 많다. 장치 메이커는 체임버가 가지는 기능에 의해서 프로세스의 성능을 보증하고 있기 때문이다.

6·2·1 반도체 제조장치의 도입

그림 6·1은 디바이스 메이커에 제조장치를 도입하기까지의 순서를 나타내는 플로 차트이다. 이것에 대해서 그 순서에 따라 설명하도록 한다.

새로운 디바이스 개발이 끝나고, 그것에 이용되는 프로세스 개발도 거의 종료된 단계에서 디바이스 메이커는 생산계획, 설비계획의 입안에 따라 도입해야 할 장치의 개요를 결정한다. 실제로는 프로세스 개발의 단계에서 이미 기존 장치나 신규 장치에 대한 평가가 실시되는 경우도 많으며, 그 결과도 양산용 장치 설정의 기준에 첨가된다.

장치의 개요가 정해지면, 극히 특별한 경우를 제외하고는 시판되고 있는 복수의 장치에 대한 자료조사가 시작되고 샘플의 제작의뢰, 데먼스트레이션(Demonstration)등 다양한 면에서 비교평가 또는, 콘테스트가 실시된다. 평가에 있어서는,

- ·장치의 기본성능 확인
- ·프로세스의 기본성능 확인
- ·디바이스의 평가용 패턴 웨이퍼(TEG-Test Element Group이라고 불리고 있다)를 사용한 평가
- ·실제 디바이스에 상응하는 웨이퍼를 사용해서 양품률, 신뢰성 평가(경우에 따라 실시한다)

등이 실시되고 있다. 이것은 장치 메이커에 설치된 장치를 이용한 평가이다(디바이스 메이커가 샘플을 가지고 돌아가서 자사의 클린룸에서 계속해서 평가를 하기 위해서는 컨태미네이션(Contamination)체크를 엄밀히 실시할 필요가 있다).

비교평가의 결과, 기종(장치 메이커)의 선정이 실시된다. 기종 선정에 있어서는 다면적이면서도 객관적으로 장치의 성능을 평가하기 위해서 이른바 COO(Cost Of Ownership ; 6·6절 참조)라 불리는 지표, 또는 각 사용자별로 독자적인 비교기준을 이용해서 코스트 퍼포먼스(가격대 성능비)가 가장 우수한 기종이 선택된다.

그러나 그것으로 구입이 결정되는 것인가 하면, 반드시 그렇지는 않고, 최종 선정은 그 외에도 다양한 기준으로 실시되므로 기술적 요소는 그 일면에 지나지 않는다. 그 외의 기준의 예를 들면 다음과 같다.

- ·장치의 수주 실적(생산부문은 일반적으로 보수적이다)
- ·장치 메이커의 서비스 체제, 서포트(Support) 체제
- ·장치 메이커의 기업으로서의 안정도
- ·경쟁 디바이스 메이커의 실적과 평가(타사에의 납입 실적)

이러한 결정요소 외에 사용자와 공급자의 비즈니스적 관계와 호감도, 취미라는 감정적인 요소도 무시할 수 없다.

여기에서 도입기종, 공급자가 결정되면 가격도 결정되고, 사양에 대한 최종 결정이 양자 사

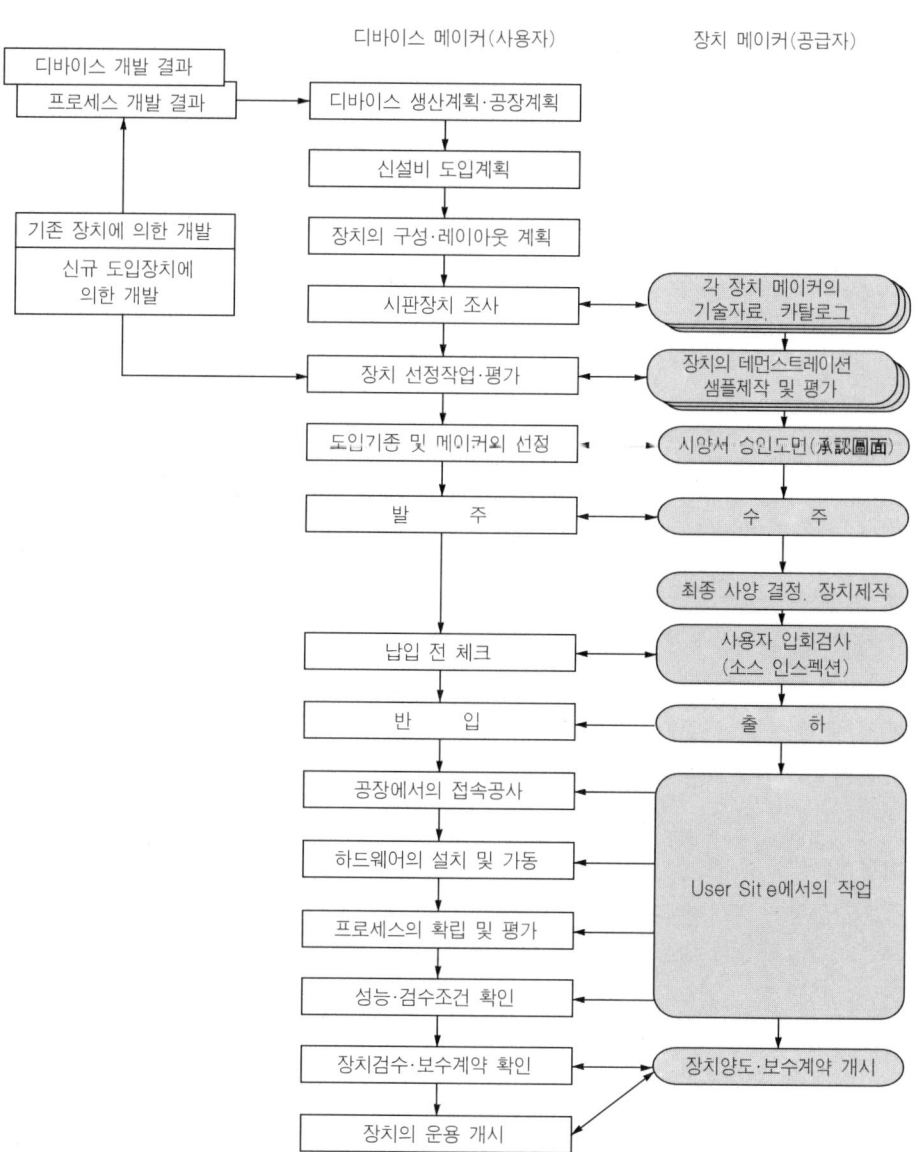

그림 6·1 반도체 제조장치 도입까지의 순서

표 6·3 입회검사에 있어서의 체크 리스트(소스 인스펙션)

항 목	내 용
① 장치의 사양(스펙)	·사양의 확인
② 유틸리티 접속	·유틸리티 접속의 형식과 범위(Dimension)
	·파이프 및 접속의 재질, 등급 등
	·용접의 스펙. 접속위치 등
③ 청정도	·세정방법 및 설치
	·포장 전의 검사
	·포장방법
④ 안전기준	·안전사양 확인(Interlocking System)
	·특별 안전사양
⑤ 기본장치 성능 체크	·기계적 동작(정도(精度), 반송, 안전용 경보 등)
	·프로세스 성능(프로세스 테스트)
⑥ 교정기준과 방법	·공급자측에서 교정기준과 방법 확인
	·공급자에 의한 계측부품(유량(流量), 온도 등)
	·설치후 교정기준의 확인
⑦ 설치작업의 스케줄	·설치 스케줄과 체크 항목의 확인
⑧ 출하, 납입 스케줄 및 공급자의 서포트 체제 확인	·최종 확인

(C. Y. Chang and S. M. Sze: "ULSI Technology", McGrawhill Book Co., 1996, p.621)

이에서 이루어져 장치제작에 들어간다. 완성까지의 리드타임(Lead Time)은 반도체 업계의 경기가 좋고 설비투자가 집중되는 시기에는 상당히 장기간 소요되기도 한다.

장치의 제작이 추진되고 납기가 가까워지게 되는 시점에서 통상, 장치의 사용자 입회검사를 장치 메이커측에서 실시한다. 디바이스 메이커의 담당자가 장치 메이커를 방문해서 실시하는 이 작업은 이큅먼트 소스 인스펙션(Equipment Source Inspection)이라 불리고 있다. 이 입회검사의 내용은 정도의 차가 있지만 대략 표 6·3에 나타낸 것과 같다. 특히 납입 후의 시설(Facility) 접속사양의 확인은 중요하다. 장치가 반입되고 접속공사가 종료되면 장치의 시험가동이 개시된다. 그래서 하드웨어, 소프트웨어의 동작 확인이 끝나면 프로세스 시험가동에 들어가는데, 성능확인과 검수(檢收) 조건이 만족되면 장치의 양도가 이루어지고 장치의 소유권은 비로소 메이커에서 사용자에게 이양된다.

여기까지는 건축공사와 같지만, 그 후로도 통상 1년의 보증기간을 포함해서 장기적인 보수계약관계에 들어간다. 장치의 운용기간중에 일어나는 여러 가지 이상 발생에 대응해서 양자의 관계는 상당히 긴밀하게 유지된다.

미국의 어떤 반도체 산업의 리서치 회사가 1년에 한 번씩, 장치 메이커의 "고객만족도 랭킹 리스트"를 발표하는데 이것은 사용자측에서 본 메이커의 제품성능, 보수 서비스 능력, 협력도 등에 대한 앙케트 조사에 근거한다. 장치 메이커에게 있어서는 고객의 만족도가 지극히 중요한 의미를 가지고 있다.

6·3 납입 초기의 반도체 제조장치

사용자에게 납입되어 양도가 끝난 장치는 가동을 시작한다. 사용자가 가지고 있는 고유한 기업문화에 따라서도 차이가 있지만, 그것을 사용해서 양산이 바로 이루어진다고는 할 수 없다. 일정기간 시운전을 거쳐 디바이스의 성능과 양품률, 신뢰성 등이 확인된 후에 비로소 운용이 시작되는 것이 보통이다.

반도체 제조장치의 특징으로서는 앞에서 설명했듯이 "초기 불안정성"이 나타나는 것도 이 기간이다. 따라서 시양산기간이 필요하다고 말할 수 있을지도 모른다.

도입 초기에, 장치는 다양한 불안정성을 나타내기도 하며, 예상하는 결과가 얻어지지 않거나 컨트롤되지 않는 경우도 많다. 이런 경향은 장치의 제조 일련번호가 빠른 경우, 즉 충분한 제조대수에 이르지 않은 상태에서 도입한 경우에 현저하게 나타난다

제조 1호기에서는 특별히 이런 경향이 두드러진다. 메이커가 제조대수를 늘려감에 따라서 차츰 이런 불안정성은 해소방향을 찾아가는데, 그것은 습숙(慴熟)도의 향상에 의한다고 할 수 있다.

초기의 불안정성의 원인으로는 다음과 같은 것이 있다고 할 수 있다.

· 소프트웨어, 하드웨어상의 결함 존재
· 장치제조에 있어서의 습숙도 부족
· 어떤 종류의 설계 미스
· 재료, 부품 등의 선택 미스
· 장치 내의 청정화, 환경에 대한 대응의 부족

나중에 설명할 배스터브(Bathtub) 곡선에는 이 초기 불안정성의 존재가 집약되어 있는데, 그것은 장치제조에 있어서의 습숙도가 제조대수와 함께 향상해 가는 것을 나타내는 것이라고 할 수 있다.

6·4 장치의 가동률

반도체 제조장치의 특징으로서 가동률의 비중이 큰 이유는 앞에서 설명했다. 반도체 공장에 있어서는 각 장치의 가동률을 어떻게 하면 높게 유지할 수 있을지가 최대의 과제로, 항상 그것을 위한 노력이 계속되고 있다. 장치의 가격이 비싸기 때문에 가동률의 향상이 디바이스의 제조 원가절감에 크게 공헌한다는 것도 앞에서 설명했다.

이상적인 가동률은 100%이지만, 일반적인 기준으로 현실에서는 70~90%정도라고 보고 있다. 단, 사용자별로 그 기준은 조금씩 차이가 있기 때문에 논의의 여지가 있다고 할 수 있다. 그림 6·2는 반도체 제조장치 가동률의 정의 및 계산기준이다. 여기에서 나타낸 것과 같이 가동

■ 가동률의 일반 정의 :
사람 또는 기계에서의 실동(實動)시간에 대한 유효실동시간의 비율
유효실동시간이란 「생산에 직접적으로 기여한 시간」으로, 그 해석에는 넓은 의미와 좁은 의미가 있는데, 이용목적과 측정
방법을 고려해서 정할 수 있다.   [JIS-Z 184]

$$가동률 = \frac{유효실동시간}{가동시간}$$

■ 반도체 제조장치에서의 가동률 :
일반적인 유효가동시간 및 가동시간에서 각 장치의 정지시간을 빼서 계산한다.

• 반도체 제조장치에 있어서의 「가동시간」＝공장 전조업시간－예정된 정지시간
(＝공장이 조업하고, 장치가 가동해야 하는 시간)
• 반도체 제조장치에 있어서의 「유효가동시간」＝공장 전조업시간－모든 정지시간
(＝실제로 생산에 사용된 시간)
• 모든 정지시간＝예정된 정지시간＋예정되지 않은 정지시간

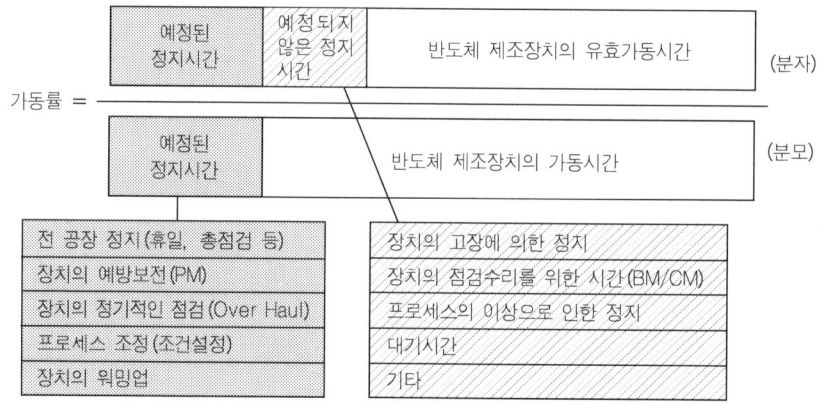

그림 6·2 반도체 제조장치의 가동률

률이라는 것은 유효하게 장치가 가동되고 있는 시간의 전체 시간에 대한 비율이다. JIS의 규정
에 의하면, 반도체 제조장치의 운용에서 "예정된 정지시간"과 "예정되어 있지 않은 정지시간"
2종류의 비가동시간이 있다. 전자는 가동률 계산에 있어서 분모에서 공제되어 계산되지 않는다
(가장 이상적인 가동률 계산에서는, 분모는 24시간, 24시간×30일, 24시간×365일이 되는 것은
물론이다). 분자에서는 전자와 후자의 합계가 공제된다. 따라서, 가동률을 높이기 위해서는 어떻
게 하면 "예정되어 있지 않은 정지시간"을 감소시킬 수 있을까하는 것이 문제가 된다.

"예정되어 있지 않은 정지시간(Unexpected Down-Time)"에는 그림에 나타낸 것과 같이
고장에 의한 정지, 그것을 수리하기 위한 장치의 정지(BM, CM), 프로세스의 이상으로 인한
정지 등이 있다. 더욱이 로트(Lot) 대기로 인해 장치를 정지시키거나, 아이들링(Idling) 상태
로 해두는 시간도 이것에 추가된다. 그러나 이것은 생산관리상의 문제로 장치의 성능, 기능과
는 직접적으로는 관계없다. 가동률의 향상은 단적으로 말해 장치의 다운타임을 감소시키는 것,
즉 고장으로 인해 멈추어 있는 시간을 감소시키는 것이 된다.

"예정된 정지시간(Expected Down-Time)"에는 예방보전(PM＝Preventive Maintenance) 및 장치의 정기점검이 포함된다. BM, CM에 대해서는 나중에 설명하도록 한다.

　그림 6·3은 반도체 제조장치의 가동률, 즉 "생산에 대한 기여" 시간비율의 현상과 향후 목표를 그림으로 알기 쉽게 나타낸 것이다. 이것은 어떤 장치에 대한 예로, 장치의 종류와 방식에 따라서도 큰 차이가 날 것이다. 현재 상태로는 장치에 관계되는 비생산시간은 41%이다. 목표는 12%로, 예방보전(PM)도 그 중에 포함되어 있다. 이것으로 보면 장치의 비생산시간은 그 절반 이상이 장치와는 별도의 요인에 의해서 결정되고 있다고 분석된다. 물론 장치에 기인한 정지시간의 요소도 큰 요인임에는 틀림없다. 프로세스 조정에 필요한 시간과 조작 미스 등도 따지고 보면 장치가 원인이라고 할 수 있기 때문이다.

> 　이 가동률은 앞에서 설명했듯이 각 메이커, 각 사용자에 따라 조금씩 다른 기준으로 산출되고 있는데, 실제로 정지시간중에 어떤 항목을 분모에서 분자, 또는 분자에서 분모로 옮기느냐에 따라서 크게 보이거나 작게 보이는 일이 가능하다. 예컨데 예상된 정지시간에 포함되어 있다고 해도 프로세스 조선산출이나 준비(Warm-Up)에 시간을 요하는 장치라면 가동률이 낮은 장치라고 밖에 할 수 없다.

　그림 6·4는 CIM(Computer Integrated Manufacturing),즉 생산관리상의 개선에 따라 장치 가동률을 향상시키는 예이다. 컴퓨터에 의한 생산관리방법의 도입에 따라 장치의 대기시간을 감소시켜, 실제의 프로세스에 기여하는 시간의 비율을 높이고 있다.

　장치기술적으로 본 경우, 가동률의 향상은 고장에 의한 다운타임의 감소가 포인트이다. 고장이 나지 않는 장치라는 것은 존재할 수 있을까? 장치의 운용중에 고장이 일어나지 않도록 하는 사전대책이라는 것은 과연 있는 것일까? 이미 무엇인가가 일어나 버리고 난 뒤 대책을 강구

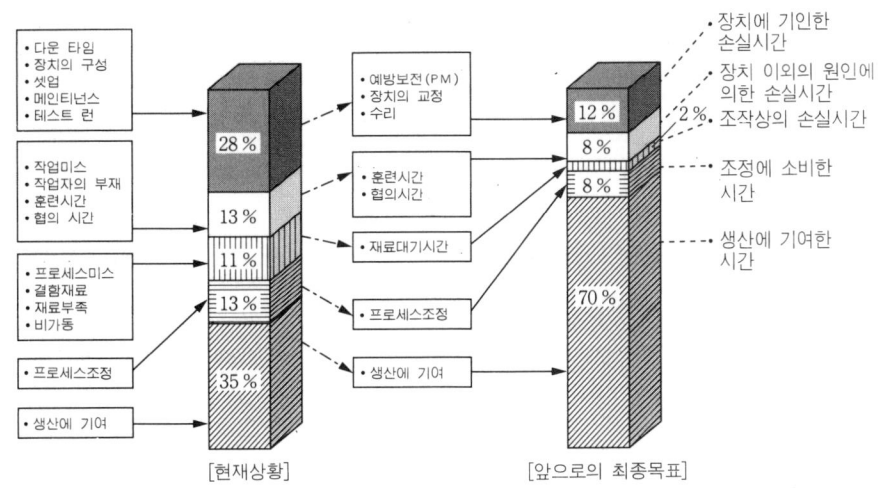

그림 6·3 장치의 가동 상황(현재 상황과 향후 목표)
(D. W. Reed and S. D. Leele: TI Technical Journal p.4, No.5, 1992)

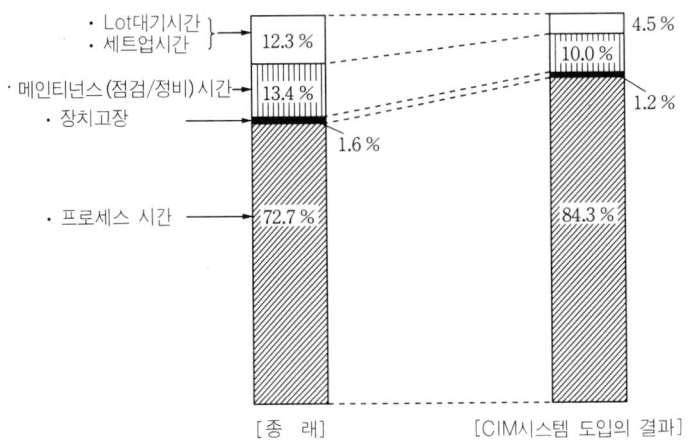

그림 6·4 CIM에 의한 장치가동 상황의 개선
(安島, 澤崎 : Semiconductor. World, 1998년 2월호, P.45)

하는 것이 아니라 미리 그것을 살펴서 알고 대책을 강구하는, "예정된 정지시간"으로서 장치의 운용기술 속에 포함시키거나 자동적으로 진단해서 메인티넌스를 실행할 수 있는 시스템을 구축할 수는 없는 것일까? 현실적으로는 어떠한 장치에서라도 반드시 고장은 있을 수 있는 것이다. 중요한 것은 생산에 영향을 미치는 일이 없도록 대응하지 않으면 안 된다는 것이다. 예방보전(PM)으로 지나치게 시간을 낭비해 버리면 가동률 식에 있어서 가동시간 그 자체가 적어지기 때문에 바람직하다고는 할 수 없다. PM에 많은 시간을 할애하지 않는 것이 고장시간을 감소시키고 가동률을 높이는 데에 큰 의의와 목적이 있다.

6·5 장치의 정비(Maintenance)

가동률의 향상에 있어서는 고장시간의 감소, 즉 고장에 의해서 정지하는 시간과 그 수리를 위한 시간을 대폭으로 삭감시키는 일이 중요하다. 장치에 이상이 발생해서 부득이하게 정지시켜야 할 경우에는 점검수리작업, 즉 메인티넌스(Maintenance)가 필요하다. 때문에 장치의 메인티넌스가 필요하게 된다. 여기에서 장치의 메인티넌스 특성이 문제가 되는데 이 "메이티넌스 특성"에는 다음과 같은 지표가 자주 이용되고 있다.

- MTBF(Mean Time Between Failures)
  =장치고장까지의 평균시간(평균 고장 간격)
- MTBA(Mean Time Between Assists)
  =작업자 지원이 필요하기까지의 평균시간(평균 어시스터 간격)
- MTTR(Mean Time To Repair)

=장치수리를 위한 평균시간(평균 고장수리시간)

이 외에 MTBI(Mean Time Between Interruptions)라고 하는 지표도 이용된다.

당연한 것이지만 고장이나 보조가 필요하게 되기까지의 시간을 나타내는 MTBF, MTBA는 가능한 한 길게, 수리시간을 나타내는 MTTR은 가능한 한 짧게 하는 것이 목표이다.

MTBF는 현재 500~1000시간 사이라고 하며, MTBA는 장치의 종류에 따라서 차이는 있지만 하루에 한 번은 필요하다고 생각된다. 완전 자동화된 장치 또는 시스템이라도 이러한 것들은 엄연하게 존재한다. 현재의 메인티넌스에 대한 사고는 고장이나 트러블을 사전에 억제하기 위해, 발생이 예상되는 곳을 찾아내어, 그곳에 예방보전(PM＝Preventive Maintenance)을 실시함으로써 MTBF, MTBA를 늘리는 데 있다. 경우에 따라서는 예상하지 않은 고장이 절대로 일어나지 않도록 하는 일도 가능할지 모른다.

단, "Mean"이 있는 것처럼 MTBF 등의 지표는 어디까지나 통계상의 단순한 평균시간이므로 여기에서 크게 벗어나는 일도 있다. 따라서 고장이 다음에 언제 일어날 것인가를 정확히 예측한다는 것이 곤란한 경우도 많다. 그러나 미리 예측해서 PM을 실시하지 않으면 안된다.

　예전의 메인티넌스에 대한 사고는
·장치는 고장날 때까지 사용한다.
그래서,
·고장나면 고친다.
라는 것이었다. 그러나 이렇게 되었을 경우에는 생산이 중지되며, 그것을 예방하기 위해서는 예비장치를 가지고 있지 않으면 안 된다. 그 때문에
·잘 고장나지 않는 장치로 만든다.
라는 생각으로 메인티넌스가 실시되어 최종적으로는,
·고장나기 전에 고친다.
라는 예방보전적인 생각으로 바뀌고 있다. 이것은 메인티넌스의 일반적인 개념으로 반도체 제조장치에 한정된 것이 아니다. 이것을 정리하면 다음과 같다.
① 고장나면 고친다 - BM(Breakdown Maintenance) : 사후보전
② 고장나지 않도록 한다 - CM(Corrective Maintenance) : 개량보전
③ 고장나기 전에 고친다 - PM(Preventive Maintenance) : 예방보전
　또한 ③과 거꾸로 MP(Maintenance Prevention)라는 용어도 있다(坂本 : 「日立(히다치社)에서의 반도체 공장의 현장경영」 p.126). 이것은 보전예방이라고도 해석할 수 있는 용어로 처음부터 메인티넌스하기 쉽도록 고안해서 장치를 설계한다는 방식이다.
　현재로서는 예방보전(PM)을 철저하게 실시하는 것, 또 그것을 실시하기 쉬운 장치로 만들어 놓는 것이 가장 바람직한 상태라고 할 수 있다. 그것이 장치의 "메인티넌스성"이다. 이것은 앞에서 기술한 MTTR과 관계가 있다.

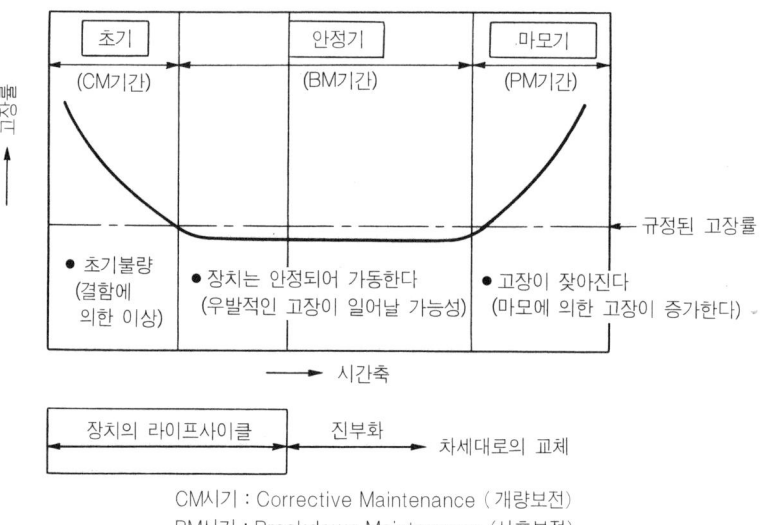

그림 6 · 5 웨이퍼 프로세스 설비의 고장수명 특성곡선 (배스터브 특성)
(堀切 : "생산 시스템의 현상과 과제", 사이언스 포럼 주최 "JST 포럼" 자료, p-I, 1998년 2월 및
坂本雄三郎 : 「日立(히다치)에서의 반도체 공장의 현장경영」, 1990년, 日刊工業新聞社 刊에 의해 작성)

반도체 제조장치 특징의 하나로서 라이프 사이클의 문제가 있다. 신제품이라 해도 단기간에 다음 세대의 장치로 이행되어 버리는 경향이 있기 때문에, 애써서 초기 불안정성을 제거하여 안정되게 가동시키더라도 그 때에는 이미 세대교체의 시기에 접어들어 버리는 경우가 많다. 즉 습숙도가 세대교체에 따라가지 못한다는 것이다. 따라서 장치가 마모될 때까지 사용되는 일은 아주 드문 일이다.

이러한 장치의 라이프 사이클과 고장발생률의 관계를 모델로 나타낸 것이 **그림 6 · 5**이다. 이것은 곡선의 형상으로 인해 "배스터브형"이라 불리고 있다.

그림에서 나타내고 있는 것은 초기 불안정기간에는 **개량보전**(CM)이 필요하며 안정되면 고장은 우발적으로 발생하므로 **사후보전**(BM)으로 대응할 수 있다는 것이다(坂本 : 「日立(히다치)에서의 반도체 공장의 현장경영」에 의함).

또한 장치가 마모되면 고장이 많아지므로 **예방보전**(PM)이 필요하게 된다는 것인데, 실제로는 CM 이후는 모두 PM으로 대응할 필요가 있다. MTBF, MTBA는 안정기라 할 수 있는 기간이라도 반드시 존재하기 때문이다. 역시 문제는 안정기의 도중에 세대교체가 일어나버린다는 일일 것이다. 그러나 고장이 나지 않는 장치는 없다. 메인티넌스의 중요성은 그것을 사전에 억제하기 위한 PM에 있다. 장치로서는 PM을 타이밍에 맞게 또 단시간에 실시한다고 하는 "뛰어난 메인티넌스성"의 개념을 집약해서 설계하고 정보를 사용자와 공유하는 것에 있다. 장치 도입 후 양자간의 긴밀한 관계는 그 때문에 필수불가결하다.

한편, 장치의 사용자인 디바이스 메이커는 각 사내에 독자의 설비보전팀을 만들어서 활동하고 있으며 가동률 향상에 힘쓰고 있다. TPM(Total Productivity Management)등으로 불리는 활동이 그에 해당한다. 사용자의 장치 담당 기술자 또는 오퍼레이터가 각각 맡은 장치에 대해서 오너십(자신이 책임을 지고 있는 기계라는 사고방식)을 가지고 개선하려고 노력한다는 발상이며 일본에서는 그 성공사례가 많다. 이에 따라 장치가 가지고 있는 결점이나 약점을 발견해내고 장치 메이커에게 피드백해서 개선을 촉구하는 일도 이루어지고 있다. 또한 그것이 장치 메이커의 기술력 향상의 한 요인이 되고 있는 것도 부정할 수 없다.

6·6 코스트 오브 오너십(COO)

장치의 코스트 퍼포먼스, 즉 웨이퍼 1매를 처리하는 경우에 필요한 코스트를 산출하는 지표로서, 그리고 몇 종류인가의 장치의 성능을 객관적으로 비교해서 장치선정기준에 일조하기 위한 지표로서 **코스트 오브 오너십**(COO=Cost Of Ownership)이란 방식이 있다. 이것은 미국의 세마테크社(현재는 민간의 10여개 회사의 공동출자에 의한 기업)가 제창한 것으로, 반도체 제조장치에 있어서 그 성능에 관련된 모든 파라미터(Parameter)를 정량화하고 일정한 계산식에 맞추어 웨이퍼 1매당의 코스트로서 산출하는 방법이다. 그림 6·6에 COO의 개념을 나타낸다. 파라미터 중에는 장치의 Throughput(처리능력), 운전경비, 메인티넌스, 설비 바닥면적

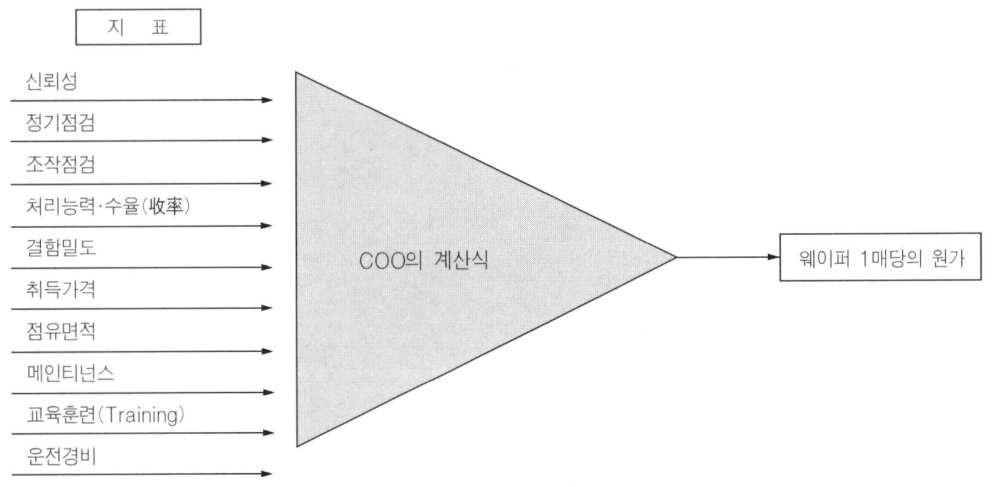

그림 6·6 COO(Cost Of Ownership)의 모델
(각 장치의 비교, 평가, 객관적인 선정기준)
(D. S. Williams: The Electrochemical Society Interface, Winter, 1992, p.48)

등이 포함되어 있다. 계산식에 대해서는 공개되어 있지 않지만, 각각 치밀하게 조건이 설정되어 있다고 할 수 있다.

이 COO사상은 세마테크社가 장치 메이커에 대해서 코스트 의식의 중요성을 갖도록 했다는 점에서 의의가 있다. 단지 카탈로그상에서 스루풋(시간당 웨이퍼 처리매수)이 높다든가, 메인티넌스성이 뛰어나다는 정성(定性)적인 표현이 사용되어도 정확하게 장치의 성능을 판단하기에는 부족한 점이 있기 때문이다. 그래서 COO의 계산결과는 객관적인 숫자로서 나오게 된다.

이러한 사고는 지금까지 일본의 장치분야에서는 결핍되어 있었다고 할 수 있다. 그러나 현실적으로 각 디바이스 메이커는 각각의 독자평가기준에 따라서 능력을 비교해 왔으며, COO가 특별히 새로운 사상은 아니라는 것이다.

그 영향은 장치평가기준의 객관성과 표준화에 있다. 그래서 장치 메이커에 있어서는 특별히 중요한 의미를 갖게 되었다. 그러나 단지 카탈로그상의 수치가 아닌 장치의 상세한 파라미터 내용이 사용자에게 투명하게 비추어지게 되었다고 하면, 장치 메이커에게 있어서는 일종의 족쇄가 될 가능성도 있게 된다.

COO와 동시에 COC(Cost Of Consumables)라는 지표도 있다. 이것은 장치의 운영경비 중에서 소모성 재료(가스, 약품, 소모부품 등)의 비용을 뺀 것으로 장치를 실제로 연속 사용할 경우 문제가 되는 요소이다. 특히, 메인티넌스시에 부품교환이 빈번히 일어나거나 상당히 가격이 비싼 소모품을 필요로 하는 장치에서 사용자는 사전에 충분한 정보를 얻고 싶어할 것이다. COO와 함께 COC도, 미국에서 제창되기 시작한 지 수년이 지났으며 일본의 업계에서도 일반적으로 사용되는 용어가 되었다.

6·7 반도체 제조장치의 현장

반도체 제조장치는 고도로 자동화 된 하이테크 제품으로 고정도(高精度), 초미세가공을 위한 툴이다. 그러나 현실적으로는 많은 문제점을 안고 있어서 여전히 농업적인 면을 가지고 있으며 "흔들림", "차이", "산포"에 대한 제어가 요구되고 있다는 것을 자주 거론해 왔다. 또한, 이 장치들을 가동시키고 있는 현장에서는 메인티넌스 특성의 향상과 그에 따른 가동률의 향상이 최대의 포인트라는 것도 설명했다.

그러나 반도체 제조장치가 이러한 면을 가지고 있으므로 TPM 활동이나 신뢰성 향상이라는 운동이 의미가 있으며 개선·개량의 여지가 많은, 기술적으로 큰 매력을 가진 장치, 그래서 깊이가 있는 기술이라고 할 수 있지 않을까?

만약, 장치가 전혀 메인티넌스와 점검을 필요로 하지 않고 365일 계속해서 가동되며(그런 일은 반도체 제조장치로서는 있을 수 없는 일이지만…) 레시피대로 조건을 입력해서 항상 같은 결과가 얻어진다고 하면, "현장"은 이미 문제를 가진 현장이 아니게 되며, 재미가 없어져 버릴지도 모른다. 그래서 기술자가 할 일은 지금과는 크게 달라져 있을 것이다. 한편, 장치가 가동되지 않고 메인티넌스에만 시간을 보내게 된다면 기술자는 무엇을 하고 있는지 알 수 없게 된다. 장치의 뒷처리로 하루하루가 지나가게 될 것이다. 현실은 오히려 그것에 가까운지도 모르겠다.

칼럼 ⑦

장치개발과 시행착오

핫 월 LPCVD 장치에서는 퍼니스(爐)안에 튜브의 방향으로 수직이 되도록 웨이퍼를 다수 배열해서 막을 형성시킨다. 이 장치는 폴리실리콘과 실리콘 질화막(窒化膜), TEOS 산화막 등의 형성에 사용되고 있다. 이 방식이 개발된 것은 1970년대 초이며 그 후 횡형로에서 종형로로 바뀐 지금에도 동일 개념으로 사용되고 있다.

4반세기 이상이나 기본적으로 변하지 않는 기술이라면 세정공정에 있어서의 RCA 세정과 같을 것이다. 자화자찬일지 모르겠으나, 이 기술은 우리 저자 그룹이 개발한 것이다. 이 장치가 개발됨으로써 비로소 실리콘 게이트 디바이스의 양산이 가능하게 되었다고 할 수 있을지도 모른다.

핫 월 LPCVD 방식의 이론적, 해석적 논문은 지금까지도 계속 발표되고 있다. 최근의 프로세스 관계의 교과서에서는 「이 핫 월 LPCVD 방식은 감압하에서 반응하므로 반응종의 평균자유행정이 길어져서, 배치 내의 균일성 향상을 배경으로 개발되어⋯」라고, 이론적 배경하에서 개발된 것처럼 설명되고 있다. 그러나 그것은 우리들이 나중에 깨달은 것으로, 개발 당시, 어떻게 배치 내, 웨이퍼 내의 균일성을 높이는 것이 가능한지, 웨이퍼의 배열은 어떻게 하는 것이 최선인지, 가장 효율적인 양산방식은 무엇인지 여러 가지로 고민하고 시행착오를 반복한 결과이다. 처음부터 답이 준비되어 있었던 것은 아니다. 조금 더 스마트한 방법도 있었을지 모르겠지만 시행착오는 경험의 축적을 의미한다. 저자인 나도 그 실패의 축적으로부터 많은 힌트를 파생적으로 얻을 수 있었다고 생각하고 있다.

7

반도체 제조장치의 기술요소

반도체 제조장치는 여러 기술적 요소로 구성된 종합적 제품이며, 단순한 정밀기계가 아니다. 전체 생산대수는 자동차 등과는 비교할 수 없을 정도로 적고, 익숙해지기 전에 벌써 다음 세대의 장치 기술로 전환되어 버린다. 생각대로 움직여 주지 않는 것이 최대의 문제라고 할 수 있으며, 그것을 능숙하게 사용하기 위한 기술이 중요해 졌다.

본 장에서는 반도체 제조장치의 체임버 구성에 관한 기술요소, 그것에 이용되고 있는 각 전문기술의 내용에 대하여 설명하고자 한다. 특히 최근의 VLSI용 제조장치에서 이들 주변 기술이 상당한 비중을 차지하고 있으며, 이에 대한 이해가 없이는 장치의 개발 설계가 불가능하게 되어 있다.

7·1   종합기술적 산물로서의 반도체 제조장치

반도체 제조장치를 구성하고 있는 것은 정밀기계설계, 제어를 위한 전자회로 및 소프트웨어 등의 전문분야로, 기계설계 기술자, 전자공학 기술자, 컴퓨터 기술자 그리고 시스템 기술자가 그것을 담당하고 있다. 여기서 말하는 종합기술이란 그러한 전문가군 외에, 각 프로세스에 관련되는 많은 기술자군이 포함된다는 의미로, 그들 상호간의 협력에 의해 장치의 하드웨어, 소프트웨어가 개발된다.

최근의 반도체 제조장치의 특색으로는,

· 가공원리가 다양화되고 있으며, 많은 방법들이 이용되고 있다.
· 장치구성재료, 원료로 사용되고 있는 재료의 분자레벨, 원자레벨의 구조와 순도, 상호관계   등의 이해가 불가결하다.
· 기존 개념을 바꿀만 한 신기술의 도입이 필요하다.

등을 들 수 있으며, 반도체 제조장치에서는 다른 기술분야와의 제휴를 갖는 일도 피할 수 없게 되었다. 최근 개발과 실용화가 급속하게 진행되고 있는 CMP 장치와 Cu 전기도금장치 등을 예로 들 수 있을 것이다. 지금까지의 반도체 제조장치분야에서는 이러한 **프로세스 기술**이 "고전적 요소기술"로 여겨져 왔으며, 그것들에 대한 경험과 식견을 가진 기술자는 거의 사라져 버렸다. 따라서 현재는 타 부분과의 기술교류가 절실히 요구되며, 그들의 식견을 활용해야만 할 때이다.

7·2   재료기술

반도체 제조장치와 재료기술과는 끊으려고 해도 끊을 수 없는 관계이다. 그것은 반도체 재료로서 실리콘을 사용하고 있으며, 반도체 제조장치 내부에는 실리콘을 포함한 많은 주변재료가 초고순도화 되어 사용되고 있기 때문이다.

재료에는 여러 가지가 있으며,

· 원재료로서의 실리콘 단결정 웨이퍼
· 프로세스 재료로서의 가스, 약품 등
· 장치의 부품재료, 구성재료로 이용되는 각종 재료

등을 들 수 있다. 여기서 논할 것은 장치구성상 이용되고 있는 부품재료, 구성재료 등에 대한 것들이다.

일반적으로 반도체 제조장치에서 요구되는 재료의 특성은,

· 반도체 디바이스에 유해한 원소의 공급원이 되지 않을 것
· 파티클의 발생원이 되지 않을 것

· 프로세스의 성능을 열화(劣化)시키는 물질을 생성시키지 않을 것

등이다. 반도체 디바이스에 유해한 금속의 예는 표 7·1과 같으나 이것은 이전부터 널리 알려져 있어, 제조공정에서 웨이퍼 표면에 공급되는 것은 극단적으로 금기시 되고 있다. 현재로서는 원자 수로 단위면적당 10^{10}개(10^{10}atom/cm²) 이하로 관리되도록 요구되고 있다. 측정기술상의 문제도 있지만 이러한 금속원소의 허용 존재비율은 ppt(part par trillion: 10^{-12}) 수준이다.

반도체 제조장치 내에서 이러한 문제점이 발생하는 장소는 크게 나누어 다음 세 부분이다.

① 반응 체임버(Chamber) 내의 재료(체임버 벽재료, 서셉터(Susceptor), 전극, 게이트 밸브(Gate Valve), 척(Chuck), 배기공(排氣孔), 급기공(給氣孔) 등)

② 가스, 약품 등이 접촉하는 배관, 용기, 밸브 등(배기, 폐액계도 포함)

③ 웨이퍼를 반송하는 기구, 로봇 등의 구동계 및 반송 암(Arm) 등

이상의 부분에서 유해 금속원소, 파티클(Particle), 오염물질 등이 공급되는 일이 없도록 재료를 선택할 필요가 있다. 그림 7·1은 반도체 제조장치에서 이용되는 주요재료의 분류와 요구되는 특성, 일반적으로 필요한 물성평가항목, 이것이 이용되는 부분, 소재의 가공수단 등을 나타내고 있다. 가공방법에서도 이로 인해 유해한 물질이 발생하지 않도록 선택할 필요가 있다.

최근 VLSI 제조 프로세스에는 플라즈마 방전현상, 열처리, 부식성 가스, 이온과 라디칼(Radical)의 충격, 고진공 등이라고 하는 가공수단 및 환경이 조합된 방법이 이용되고 있으며, 사용하는 재료에 대한 검토는 대단히 신중을 기해야 한다. 따라서 종래의 반도체 프로세스 및 장치기술의 지식과 경험은 너무나도 미비한 상태라고 말할 수 있다. 앞으로 "Material Science"의 비중은 점점 커갈 것임에 틀림없다.

특히 신기술로서, A1을 대신한 Cu 배선, 강유전체 박막의 응용, CMP 기술 등의 보급을 고려해 볼 때, 종래의 재료에 대한 개념을 크게 바꿔야 되지 않을까라는 염려도 생긴다. 왜냐하면 Cu는 종래의 실리콘 프로세스에서는 무엇보다도 기피되어 온 금속이지만 지금은 그것을 이용하고자 하며, 또한 CMP는 파티클을 이용하여 표면을 깍아내고, 그것을 파티클로 제거하는 방법이기 때문이다. 재료물성의 충분한 이해와 함께 그것들이 사용되는 분위기 및 환경과의 관계를 제대로 체크하는 일이 중요하다.

기술의 진보는 놀라울 정도로 발전하여 반도체 생산의 클린룸에서 Na 등의 이온은 거의 완

표 7·1 실리콘 디바이스의 유해원소

원소의 종류	예	유해 원인
알칼리 금속(Ia족)	Na, Li, K	· Si, SiO₂ 내의 확산계수 증대 · MOS 계면특성의 열화(SiO₂ 내에서 가동성 이온이 된다)
중금속(VIII족)	Fe, Co, Ni	· Si 내의 결함 중심, 결함 파이프 형성 · SiO₂ 막질의 저하 · 접합 리크전류 증대
귀금속(Ib족)	Cu, Au, Ag	· Si, SiO₂ 중의 확산계수 증대 · Si와의 합금화 용이 · Si 내의 캐리어 라이프타임의 감소(라이프타임 킬러)

전하게 제거되었고, 모든 소재, 부재 등으로부터도 절대 공급되는 일이 없게 되었다. 따라서 이것들이 존재할 가능성이 있는 어떠한 것도 클린룸으로 가지고 들어가면 절대 안된다는 것이 원칙이다. 또한 CMP와 Cu 배선의 시대, 또 체임버 내에서 복잡한 화학반응과 물리현상이 일어나고 있는 가운데 재료 및 그 처리법에 관하여 과민하게 신경이 곤두서게 되는 것도 생각해 볼 일이다. 요컨데, 디바이스가 형성되어 있는 웨이퍼에 바람직하지 못한 물질이 공급되지 않도록 확실하게 보장되어야 하며, 그것이 사용 재료에 대한 판단의 기본이 된다.

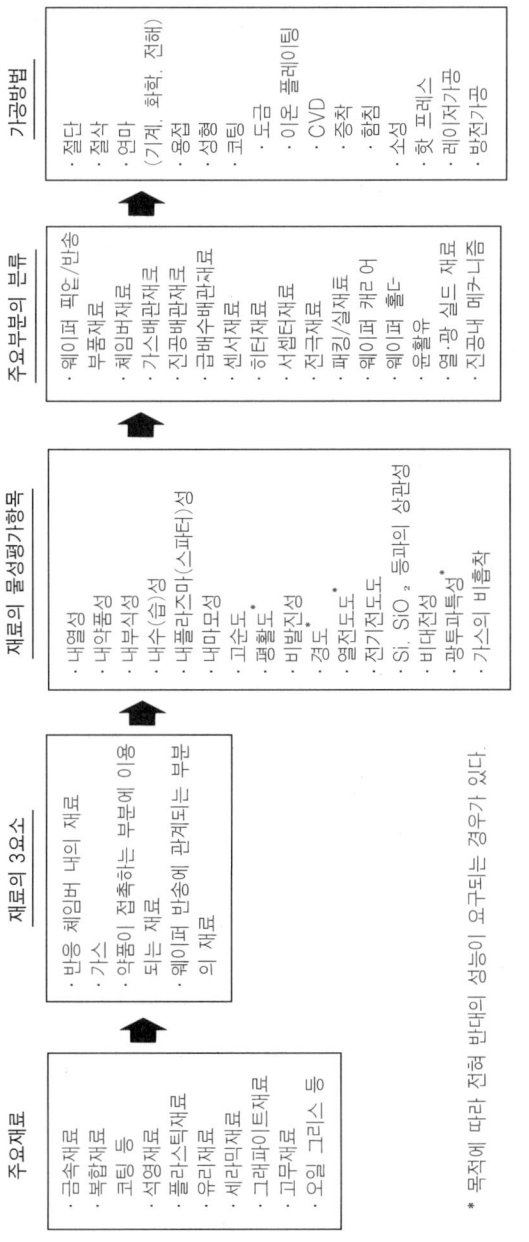

그림 7·1 반도체 제조장치에서 재료의 과제

* 목적에 따라 전혀 반대의 성능이 요구되는 경우가 있다.

7·3 진공기술

VLSI 제조에 이용되는 각 기본 프로세스에는 진공이 널리 이용되고 있다. "진공"이라고 하기보다는 "진공 안에서의 현상"을 응용하고 있다고 하는 편이 좋겠다. 그 이유는 **플라즈마 방전**, 이온화, 스파터링(Sputtering)이라고 하는 가공원리가 진공 중에서만 가능하기 때문이다. 현재, 각종 반도체 제조장치 중 진공을 이용하지 않는 것으로는 산화, 세정, 상압 CVD, 스테퍼, 레지스트 처리 등이 있기는 하지만 이러한 장치에서도 어떠한 형태로든 진공이 관여하고 있지 않다고는 말할 수 없다.

진공이라고 간단히 말해도 여기에는 몇 가지 레벨이 존재한다. 「실용진공편람」(일본, 산업기술 서비스센터 刊, 1990년, p.40)에 의하면, 진공은 다음과 같이 구분되며, XHV를 제외하고는 JIS에도 규정되어 있다.

- 저진공(Low Vacuum), LV, $10^5 \sim 100$ [Pa]
- 중진공(Medium Vacuum), MV, $100 \sim 0.1$ [Pa]
- 고진공(High Vacuum), HV, 0.1 [Pa] ~ 10 [μPa]
- 초고진공(Ultra-High Vacuum), UHV, <10 [μPa]
- 극고진공(Extremely High Vacuum), XHV, <10 [nPa]

  ($1\text{Pa} = 7.50 \times 10^{-3}$ Torr)

이 가운데에서 현재, 반도체 제조장치에 이용할 수 있는 것은 HV와 UHV의 중간정도까지이다. 단, LV, MV 등을 이용할 수 있는 프로세스에서도 프로세스 개시 전에는 HV, UHV의 고진공 레벨로의 도달이 요구되는 경우가 많다. 그림 7·2는 반도체 제조장치와 적용되는 진공도의 관계를 나타내고 있다.

> 한편, 진공이라는 것을 청정한 공간이라고 한다면, 그것은 전혀 틀린 것이다. 진공은 증기압을 가진 물질의 존재 정도로 결정되는 것이며, 증기압이 현저히 낮은 먼지(塵埃) 등은 낮은 증기압에서만 존재하게 된다.
>
> 따라서 먼지가 난무하는 고진공상태도 존재하게 되므로, 청정화의 과제는 비진공상태의 프로세스보다 적다고는 할 수 없다. 반도체 제조장치기술로서는 진공 그 자체의 제어와 동시에 파티클 제어에도 중점을 두고 있다.

1기압 이상의 고압 하에서의 프로세스는 물성적으로 새로운 현상이 일어날 가능성이 있기 때문에 흥미로운 분야이지만, 아직 기술로서는 일반화되어 있지 않다. 표 7·2는 진공이 반도체 프로세스에 이용되는 원리를 나타내고 있다.

진공의 이용은 처리의 균일화, 표면의 청정화 등에서도 매우 유효하다.

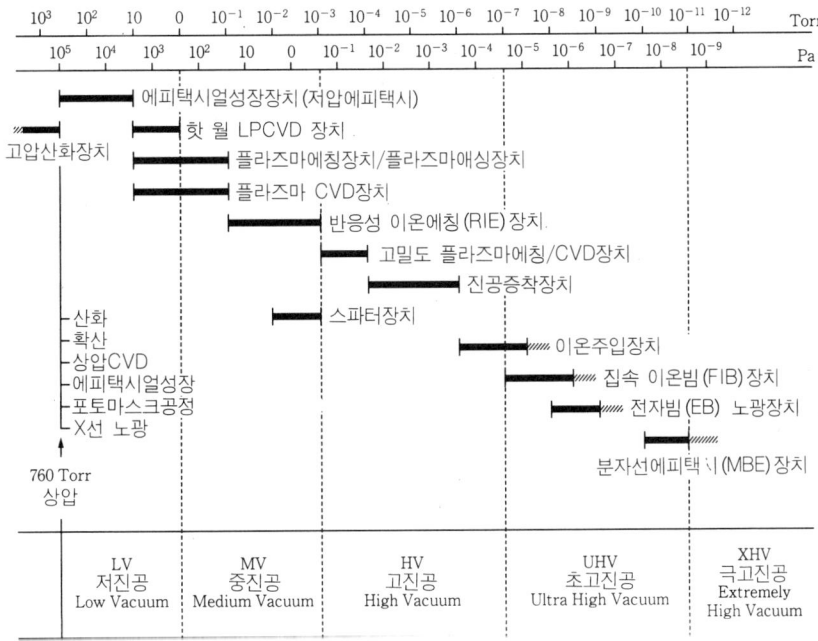

그림 7·2 반도체 제조장치와 적용 진공도 영역

표 7·2 반도체 제조장치에서의 진공 응용 목적

목 적	현상 · 효과	장치응용 예
① 진공에 의해 생성되는 물리적 화학적 가공원리	방전, 이온화 이온분리·가속 스파터링	· 플라즈마 CVD 장치 · 플라즈마에칭 장치 · 스파터링 장치 (예칭, 성막) · 이온 주입장치 등
② 균일한 처리 또는 균일성의 향상	활성종의 평균 자유행정 증대	· 감압 CVD 장치 · 플라즈마에칭 장치 등
③ 표면의 청정화	탈가스, 탈수	· CVD 전처리 · 스파터 성막 전처리 등
④ 반응의 제어	화학적 평형상태의 제어 생성물의 이탈 촉진	· 감압 CVD 장치 · 플라즈마에칭 장치 등
⑤ 반응 체임버 내의 분위기 치환	치환효율의 향상	· CVD장치 · 에피택시얼 성장장치 등
⑥ 청정공간의 형성	——	· 모든 진공응용장치

　진공기술에는 지금까지 "진공성역론"과 같은 개념이 존재했으며, 진공을 응용한 반도체 제조장치에서는 진공기술에 있어서 오랜 경험을 축적해 온 메이커가 유리하게 되었고, 실제로 그러한 시대가 계속되어 왔다.

　그러나 기술의 보편화와 함께 현재는 그러한 생각은 소실되어 버렸다. 앞으로도 진공기술은 반도체 제조장치의 중요한 주변기술이 되며, 그 중요성은 날로 증가할 것이다. 앞으로 나아갈

방향으로는 다음과 같은 사항을 고려할 수 있다.
  ① 초청정 진공의 형성과 그 속에서의 웨이퍼 반송
  ② 진공중에서 연속되는 일관 프로세스
  ③ 초(超)고진공, 극(極)고진공 중에서, 실리콘 등의 표면상태 제어와 새로운 물성적 지식의
    취득 그리고 장치기술에의 응용

7·4 광 응용기술

진공기술과 같이 광기술도 반도체 제조장치에서 널리 응용되고 있다. 빛을 이용한 계측과 센
서기술은 측정분석장치와 장치 내의 모니터 등에 이용되고 있지만, 여기에서는 빛이 가진 **화학
반응의 촉진작용**과 열적 작용에 주목하여 반도체 제조장치와의 관계를 정리하여 보자.
그림 7·3은 빛의 파장영역과 반도체 제조장치의 응용관계를 나타내고 있다. 적외선영역에서
빛은 열적 작용을 하고, 가열의 수단으로서 이용되며, 자외선영역에서는 화학반응의 촉진에 관
여하고 있다. 따라서 반도체 제조장치에서도 응용은 두 가지로 구분이 된다.

(1) 빛의 화학적 작용의 응용

반도체 제조에서 빛의 가장 중요한 응용은 **노광(露光)기술**이며, 자외가시역(紫外可視域)의
빛을 이용하여 감광성 수지에 노광하여 **패턴**을 형성한다. 감광성 수지(感光性樹脂)는 빛의 화
학작용에 의해 중합되거나 분해되어 잠상(潛像)을 형성한다. 그것을 현상하여 패턴을 형성하는
것이 리소그래피의 원리이다. 사용되는 램프의 파장영역은 패턴 미세화의 진행과 함께 짧아져,
g선(436nm), i선(365nm), KrF(248nm)와 같이 진전되어 왔으며, 더욱 짧은 단파장의 빛
이 이용될 것이다. 빛 다음으로 **전자빔**, X-선 등이 응용되리라고 예상되나, 당분간은 광기술
이 주로 응용되리라는 것은 확실하다.
빛의 화학작용은 드라이에칭 장치와 박막 형성장치에도 응용되고 있다. 이것은 자외선의 조
사에 의해 기판표면이 일어나고, 또한 화학반응도 촉진됨으로써 프로세스의 **저온화(低溫化)**를
가능하게 하는 방법이다. CVD에서는 100℃정도에서 실리콘 질화막 형성이 가능하게 된다. 빛
의 화학작용으로는 저온화가 메인이지만, 빛이 가진 화학작용으로 표면의 오염을 세정하려는
시도도 있다.
연구개발의 적당한 테마로서, 광 CVD 장치, 광 에칭장치, 광 세정(洗淨)장치 등을 들 수 있
다. 그러나 빛이 가진 에너지는, 플라즈마 방전 등과 비교할 경우 낮고, 가공속도는 충분하지
못하다. 열 및 플라즈마 등과의 병용이 아직은 현실적이라고 할 수 있다.
자외선 조사(照射)에 의한 포토레지스트 큐어(Cure)장치, 광·오존 애싱(Ashing)장치 등이
여기에 상당하는 복합적 기술이다.

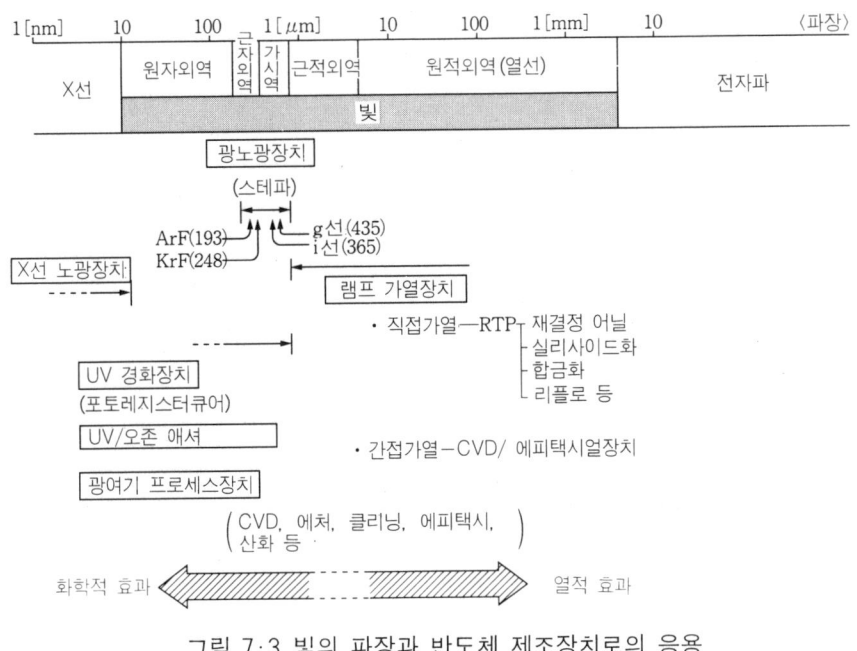

그림 7·3 빛의 파장과 반도체 제조장치로의 응용

(2) 빛의 열적 작용의 응용

빛의 열적 효과의 응용은 이미 실용화되어 있다. 가열원으로서의 빛은 직접 또는 간접적으로 이용되어지며, 직접가열의 경우에는 기판표면을 단시간 또는 순간가열을 할 수 있다. 즉, **급속 온도승강 가열처리장치**(RTP=Rapid Thermal Processor)에 사용되고 있다. 간접가열은 그래파이트 서셉터(Graphite Susceptor)등을 이용하여 가열하는 것으로, 서셉터가 일단 광복사에 의해 가열된 후, 그 곳에서의 전도로 기판, 즉 웨이퍼가 가열되는 방식이며, 가열방법에서는 핫 플레이트 방식과 그다지 다르지 않다.

일반적인 빛과 함께 레이저도 널리 이용되고 있다. 적외선영역의 레이저는 가열원으로 이용되어, **어닐, 재결정화** 등의 공정에서 장치화가 진행되어 왔다. 아몰퍼스(Amorphous)실리콘의 다결정화 등에서는 이미 실용화 되어 있다. 앞에서 말했던 스테퍼의 단파장 광원(KrF, ArF 등)은 엑시머(Eximer) 레이저이다.

빛의 작용을 열적 효과와 화학반응 촉진효과라고 한다면, 대부분의 프로세스는 빛의 조사로 가능하다고 말할 수 있을지도 모른다. 또한 광 프로세스가 가진 이점은 청정, 손상이 없다는 점이며, 그런 점에서 플라즈마를 이용한 프로세스와 대비된다. 더구나 레이저의 경우는 빔에 의한 **국소적 처리, 선택적 프로세스**가 가능하다. 레이저 마킹장치, 레이저 트리밍장치, 레이저 패턴 묘사장치 등이 그러한 예이다. VLSI 제조 프로세스로서의 응용은, 아직 시작단계이다. 여하튼 "청정 프로세스"로서의 빛의 이용은 현재의 스테퍼, 가열원으로의 응용 이외에도 수많은 가능성이 있으며, 이제부터 시작단계라고 말할 수 있다.

7·5 빔 응용기술

여기서 말하는 빔이란 일렉트론과 이온 같은 하전입자(荷電粒子) 및 라디칼(活性種)의 총칭이며, 이온공학으로 취급되는 범위의 기술이다. 물론, 빛과 X선도 빔기술의 범위에 포함된다고 생각할 수 있지만, 이에 대해서는 이미 이전 항에서 다루었기 때문에 여기서는 빛 이외의 에너지원으로서 VLSI 제조 프로세스에 사용되고 있는 빔기술에 대하여 생각해 보고자 한다.

빛 이외의 에너지원, 즉 열작용 또는 화학작용이라고 하는 가공원리와 관계있는 소스로는 **플라즈마, 이온빔, 전자빔**의 3가지를 들 수 있다. 그 중에서도 플라즈마 방전은 VLSI 제조 프로세스에서 광범위하게 이용되고 있으며, 이것이 없었다면 디바이스 제조는 불가능하다고도 말할 수 있을 정도이다. 플라즈마 방전 중에서는 기체는 해리되어, 여러 종류의 **라디칼** 또는 **하전입자**가 생성된다. 라디칼은 화학적으로 극도로 활성화된 상태이며, 기체상태에서 용이하게 반응하여 생성물을 형성하거나, 기판표면과 반응하여 에칭 등의 처리를 하게 된다. 플라즈마 방

표 7·3 빔 응용기술과 반도체 제조장치

기술구분	세 정	산화·어닐	불순물 도입	CVD
플라즈마	· 플라즈마 클리닝 (SiO$_2$, 유기물의 제거)	· 플라즈마 산화 (오존) · 플라즈마 질화 · 플라즈마 어닐 · 표면질개선	· 플라즈마 도핑 (저에너지 이온주입 대응)	· 플라즈마 CVD
전자빔 (EB)		· EB 어닐		
이온빔 (IB)		· EB 어닐	· 이온투입 (레지스트 마스크) · 선택적 이온주입	· 선택적 CVD

기술구분	PVD	리소그래피 (패턴 노광)	리소그래피 (에 칭)	기 타
플라즈마	· 스퍼터링 (마그네트론)		· 플라즈마에칭 · 반응성 이온에칭 · 플라즈마에칭	
전자빔 (EB)	· EB 가열증착	· 마스크리스 직접묘사		· 레티클 제작 (EB 직접묘사) · 회로 리페어 · 분석·계측
이온빔 (IB)		· 레지스트리스 직접묘사 (패턴 형성)	· 마스크리스 에칭 (선택 에칭)	· 마스크 리페어 · 분석·계측

(실용단계, 연구개발단계의 응용도 포함되어 있다.)

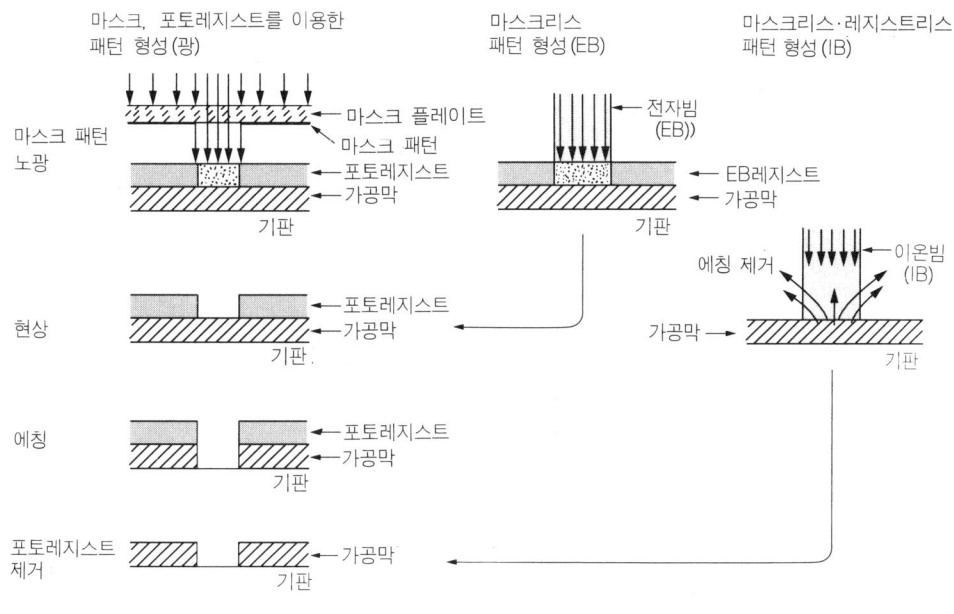

그림 7·4 패턴 형성기술의 트렌드

전은 열을 가하지 않고 반응을 촉진시키는 작용이 있으며, 화학적으로는 활성화 에너지를 저하시키는 효과가 있다. 또한 그 에너지도 빛과 비교한다면 상당히 크다.

표 7·3에는 VLSI 제조 프로세스에서의 플라즈마의 응용에 대하여 정리하였다. 전자빔, 이온빔에 대하여서도 각 공정과의 관계를 부가시켰다. 플라즈마 기술은 현재 고밀도의 플라즈마를 발생시키는 각종 플라즈마원(源)을 개발하는 기술, 플라즈마와 자계(磁界)를 조합하여 방전을 국소화시키는 등의 방향으로 진행되고 있다.

이온빔, 전자빔은 툴(Tool)로써 간접적으로는 VLSI 제조 프로세스에 큰 공헌을 하고 있으나, 앞으로는 미세화, 고밀도화의 진행에 따라 어떻게 실제의 공정에 직접 응용될 수 있는가가 과제이다. 전자빔은 스테퍼(光露光)가 한계에 달했을 때 등장할 기술로 보여지지만, 여전히 기술 장벽이 높아, X선 노광과 같은 상태이다. 다만 앞으로 마스크를 사용하지 않는(Maskless) 패턴 묘사기술, 레지스트리스(Resistless: 감광액을 사용하지 않는)의 패턴 형성기술이 전개된다면 이온빔과 함께 아주 유효한 기술이 될 것이다. 그림 7·4는 그러한 개념을 나타낸다. 연구개발은 예전부터 진행되고 있어, 데이터의 축적도 많지만 실용화 시키기에는 아직 시간이 더 필요하다.

7·6 화학반응의 응용

VLSI 제조 프로세스는 어떤 형태로든 화학반응을 이용하고 있으며, 장치도 그것을 이용하여 설계되어 있다. 프로세스가 진행되는 체임버는, 그 화학반응이 일어나는 장소이다. 일반적으로 프로세스는 순(純)화학적 내용에서 물리적 요소와의 병용을 거쳐 순(純)물리적 내용으로 구분된다. 표 7·4는 VLSI 프로세스 제조를 3가지로 구분한 예이다. CVD, 웨트에칭, 세정 등은 화학적 프로세스이지만, 플라즈마 CVD, 드라이에칭 등은 플라즈마 방전이라고 하는 물리적 원리의 응용이며, 화학과 물리의 혼합 프로세스라고 해도 좋다.

그러나, 프로세스의 진행은 화학반응이며, 반드시 반응계와 생성계가 존재한다. 표 7·5는 CVD 반응의 예, 표 7·6은 드라이에칭 반응의 예이다. 각각 목적으로 하는 막의 형성에 어떤 것을 반응계로 이용하며, 어떠한 반응을 선택해야 하는지, 목적으로 하는 재료의 에칭을 위해 어떠한 가스를 사용하면 좋을지를 알 수 있다. 예를 들어 CVD의 경우, SiH_4와 O_2의 반응에 의한 SiO_2의 형성은 SiH_4와 O_2가 반응계이고, SiO_2와 H_2 혹은 H_2O가 생성계이다. 드라이에칭의 경우, SiO_2의 에칭에서는 SiO_2와 활성화 된 F 또는 CF 등의 라디칼이 반응계이며, SiF_4

표 7·4 반도체 제조장치에서의 화학과 물리

화 학	화학과 물리의 병용	물 리

· CVD 장치 (열CVD)
· 에피택시얼 장치
· 세정장치 (웨트방식)
· 포토레지스트 제거
  (웨트방식)
· 에칭장치
  (웨트방식)
· 전기도금장치
· 포토레지스트 처리장치
  (트랙)
	· 플라즈마 CVD 장치*
	· CMP 장치*
	· 플라즈마에칭 장치*
	· 반응성 이온에칭 장치*
	  (RIE)
	· 노광장치
	· 애싱장치
	· 반응성 스퍼터 장치
		· 열산화장치
		· 어닐장치
		· 열확산장치
		· 이온주입장치
		· 스퍼터 성막장치 (PVD)
		· 스퍼터에칭 장치
		· 이온빔 응용장치
		· 전자빔 응용장치
		· 진공증착장치 (PVD)

* : 화학적 요소와 물리적 요소의 밸런스를 컨트롤 가능

표 7·5 CVD에서의 화학반응

반 응 계	반 응	생 성 계	형성되는 막
SiH_4-H_2 SiH_2Cl_2-H_2 $SiCl_4$-H_2 등	열분해반응 환원반응 환원반응	H_2, Si HCl, Si HCl, Si	Si
SiH_4-O_2	산화반응	$H_2 (H_2O)$, SiO_2	SiO_2
TEOS-O_2, TEOS-O_3 SiH_4-N_2O	산화반응/열분해반응 플라즈마 여기반응(<400℃) 산화반응(>600℃)	CO_2, H_2O, CHO계 가스, SiO_2 H_2O, NO계 가스, SiO_2 H_2O, NO계 가스, SiO_2	
WF_6-H_2 WF_6-Si	수소 환원반응 치환반응	HF, W SiF_4, W	W
SiH_2Cl_2-NH_3-H_2 SiH_4-NH_3	열적 반응 플라즈마 여기반응	NH_4Cl, HCl, Si_3N_4 H_2, N_2, SiN_x	Si_3N_4, SiN_x
WF_6-SiH_4	열적 반응	WSi_2, HF	WSi_2
$TiCl_4$-NH_3	열적 반응	HCl, NH_4Cl, TiN	TiN

표 7·6 드라이에칭에서의 화학반응

반 응 계	반 응	생 성 계	목적으로 하는 에칭
CF_4 CHF_3 NF_3 } -Si CCl_4 등	플라즈마에칭 스파터에칭 (활성종과 Si의 반응)	SiF_4 $SiCl_2$, $SiCl_4$ CHF계 유기물 CHCl계 유기물 등	Si
CCl_4 BCl_3 } - Al $SiCl_4$ 등	플라즈마에칭 (활성종과 Al의 반응)	$AlCl_3$ B-Cl계 가스 Si-Cl계 가스 등	Al
CF_4 SF_6 } - SiO_2 NF_3 CHF_3 등	플라즈마에칭 스파터에칭 (활성종과 SiO_2의 반응)	SiF_4 S-F계 가스 N-F계 가스 CHF계 유기물 등	SiO_2
CF_4 CCl_4 } - W O_2 등	플라즈마에칭 (활성종과 W의 반응)	WF_6, WOF_4 WCl_6, $WOCl_4$ Cl_2 등	W
CF_4 O_2 } - 포토레지스트	산화반응	CO_2, CO, H_2O CHO계 가스 등	포토레지스트

를 주체로 한 실리콘 화합물이 생성계이다. 이와 같이 화학반응을 파악함에 따라 각종 프로세스가 가능하게 되며, 이를 위해 어떠한 장치가 필요한가를 알 수 있다. 드라이에칭에서 생성계의 물질이 높은 증기압을 가지지 않으면 안 되는 이유도 이해할 수 있을 것이다.

화학과 물리의 컨트롤은 프로세스상 매우 중요하며, 가공형상과 프로세스 성능을 결정하는 요인이다. 예를 들면,

· CMP 장치에서의 물리(기계)적 요소와 화학적 요소의 비율
· 드라이에칭 장치에서의 물리적 요소와 화학적 요소의 비율
· 플라즈마 CVD 장치에서의 기판 바이어스 등의 물리적 요인을 부가한 방식

등이 전형적인 케이스이다.

이러한 화학반응은 7·2절에서 말한 재료기술과도 상당히 관계가 깊다. 그것은 화학반응이 디바이스에 따라 유해한 물질의 운반수단 또는 발생원 그 자체가 되어 버리는 경우가 되기 때문이다. 최근 개발이 진행되고 있는 Cu의 도금장치도 전기화학의 응용이며, 카테고리적으로는 순화학적인 장치이다. 이 방법에 대한 반도체 프로세스의 지금까지의 축적은 매우 미미하다.

7·7　환경제어기술

지구의 환경문제가 심각성을 더해가고 있는 가운데 VLSI 제조 프로세스에서의 환경문제도 이

미 방관할 수 없게 되었다. VLSI 공장에서 배출되는 가스 및 폐수는 지구로 되돌릴 수 있을 때까지 순화하지 않으면 안 되며, 인체의 안전성에도 충분히 배려되지 않으면 안 된다. 또한, 최근 미세 가공기술의 진전으로 새로운 재료의 도입이 필요해짐에 따라 다양한 대책이 요구되고 있다. 공장에서 배출되는 물질을 완전하게 제로로 하여, 모두 폐쇄시스템으로 회수하는 방법도 있지만, 그것만으로 충분한 것일까? 그것은 회수되어도 모두 폐기하거나 제2차 처리하지 않으면 안 되게 되어 있다.

현재의 VLSI 프로세스에서는 인체에 위험을 끼치는 화학물질, 대기오염의 원인이 되는 물질이 수없이 많이 사용되고 있음에 틀림없다. 그 중에서는 재료 메이커가 그 재료의 조성이나 화학명을 제대로 표기하지 않은 것조차 있었다. 이러한 재료가 현재 유통되고 있다는 것은 정말로 이해하기 힘든 일이다. 반도체 제조장치에서 중요한 것은,

· 인체에 대한 위험성의 회피
· 지구 환경오염의 방지
· 청정도의 유지

라고 하는 환경제어상의 키 포인트가 그 장치의 설계시점에서 부터 고려되지 않으면 안 된다는 점이다. 가능한 한 각 장치에서 자체적으로 제어할 수 있도록 해야 되며, 전체적으로도 제어가 되어야만 한다. 구체적으로는 장치 각각이 제해(除害)장치를 가지고, 재료면에서도 인체와 환경에 문제가 없는 프로세스를 선택해야만 한다. 이제는 프로세스 성능만 뛰어나다고 해서 어떠한 제조기술이라도 허용되는 시대가 아니다.

제조를 위한 초청정공간을 준비하지 않으면 안 되는 곳이 VLSI의 현장이다. 이와 함께 발상의 전환으로 면적과 에너지 절약화를 도모하는 "미니클린" 제조환경의 아이디어가 주목을 받기 시작하고 있다. 이것도 중요한 환경제어기술의 하나라고 말할 수 있다.

7·8 컴퓨터 응용기술

7·1절에서도 설명했듯이 반도체 제조장치는 시스템이며, 기계(하드웨어)와 그것을 가동시키기 위한 컴퓨터 소프트웨어로 구성되어 있다. 이 소프트웨어는 운용기술로서도 해석되고 있으며, 컴퓨터의 지시에 따라 장치, 즉 기계를 움직이는 기본이 된다. 장치에 적용하는 프로세스를 소프트웨어라고 하는 경우가 있지만, 물론 그것과는 구분된다. 프로세스 조건, 다시 말해 레시피 등도 모두 여기서 말하는 소프트웨어에 포함되어 있다.

소프트웨어의 역할은 장치를 가동시키는 일 외에, 다음과 같은 내용이 있다.

· 프로세스 데이터베이스의 축적
· 그 데이터를 기본으로 한 피드백, 피드포워드(Feedback, Feedforward)
· 각종 센서, 모니터, 안전잠금(Lock) 등의 제어

·공장 전체의 생산관리 시스템과의 결합(통신기능)

·CIM(Computer Integrated Manufacturing)으로서의 통합화

이를 위해서는 우선 각 장치가 로컬로 컴퓨터 제어가 가능하다는 것이 전제되어야 하고, 그 위에 공장 전체 또는 CIM 시스템 전체와 연계시켜 표준화 해야 되며, 또한 인터페이스 될 수 있도록 되어 있지 않으면 안 된다. 현재 미국에서 소프트웨어의 표준화, 인터페이스의 정비, 소프트웨어만이 아닌 장치간의 클러스터링 등에 필요한 하드웨어의 인터페이스 표준화 등이 활발하게 진행되고 있는 것도 이 때문이다. 전 세계가 표준화로 일색이 되는 것이 좋다고는 생각하지 않지만, 기술의 합리화, 공통화에 의한 코스트 절감 등의 수확도 있고, 불필요한 노력을 하지 않아도 된다는 이점도 있을 것이다.

장치가 갖는 소프트웨어의 중요성은 매우 높으므로, 장치 메이커에 따라 하드웨어의 개발과 동시에 소프트웨어의 개발을 시작하는 회사도 있다. 소프트웨어의 개발은 그 만큼 시간도 필요하고, 장치개발 중에서도 가장 중요하게 취급하고 있기 때문이다.

칼럼 8

재료가 갖고 있는 "함정"

반도체 제조장치, 특히 그 체임버 구성재료의 선택에는 세심한 주의가 필요하다. 디바이스의 미세화가 진행됨에 따라 지금까지는 아무 것도 아니었던 것이 큰 영향력을 가지게 된다. 이로 인해, 재료의 선택기준과 요구성능이 한층 까다로워 졌다. 각 재료의 순도는 물론, 그 가공방법과 표면상태 등도 문제가 되게 되었다. 예를 들어 내산화성, 내식성, 내열성 등은 사용목적, 사용 분위기에 따라 각각 까다로운 조건이 수반된다.

이미 해결된 문제이지만, 전극재료의 선택 때문에 힘들었던 적이 있다. 내산화성과 내불산성이라고 하여 고순도 SiC(실리콘 카바이드)판을 평가, 테스트한 적이 있는데, 실제로 사용해 봐도 반드시 기대한 결과를 얻을 수 있는 것은 아니었다. 잘 살펴보면 그것은 고순도 SiC의 소결판(핫 프레스)인데, 소결제(바인더)로, SiC 이외의 재료가 사용되었기 때문에 그것이 문제였다는 것이 판명되었다.

플라스틱 재료에는 가소제(可塑劑)가 첨가되어 있어, 그것이 공기 중에 차츰 방출되면서 웨이퍼 표면을 오염시킨다. 표면을 세정하고자 어떤 약액을 사용할 때 그 약액 중의 성분이 표면을 다시 오염시킨 경우, 그것을 제거하기 위한 별도의 세정을 고려하지 않으면 안 된다. 이러한 경우는 상당히 많아, 그 사실을 알고 사용하는 경우와 모르고 사용하는 경우의 차이는 매우 크다. 역시 재료 문제는 끝이 없다.

8 반도체 제조장치 기술의 로드 맵(Road Map)

지금까지 반도체 장치 메이커의 역할은 사용자인 디바이스 메이커로서 제품을 납입하는 것뿐만 아니라, 사용자의 기술개발 방향을 사전에 파악하여 장치개발을 하는 것도 중요한 일 중의 하나라고 언급했다. 또한, 이러한 이유로 반도체기술의 역사적 흐름과 방향성에 대해서도 설명을 해왔다. 이에, 그 기술 개발의 커다란 지침이 되는 것이 이 장에서 설명할 로드 맵이다.

현재, 반도체 기술의 로드 맵으로는 SIA(아메리카 반도체공학회)가 발표한 것이 세계적 권위를 가지고 있다. 본 장에서는, 그것을 기반으로 디바이스 기술, 제조기술, 제조장치 기술 순으로 로드 맵에 대해 설명한다.

8·1 기술 로드 맵의 중요성

최근 기술 로드 맵이라고 하는 용어가 곳곳에서 거론되고 있다. 반도체 기술 분야에서도 앞으로의 향방에 대해 매년 어떻게 나아갈지의 추이를 예측하여 로드 맵을 만들어 가고 있다. 로드 맵은 말 그대로 "도로지도"이며, 향후의 진행방향에 대해서 우리들이 지침으로 하지 않으면 안 될 사항들이 기술되어 있다.

반도체 기술에서의 로드 맵은, 몇 년 전에 아메리카의 반도체공업회(SIA)가 3년마다 발표하는 형태로 시작되었던 것이 계기가 되어, 발표 연도부터 15년 앞까지를 예측하는 것이 원칙이 되었다. 따라서 1997년에 발표되었던 로드 맵에는 2012년까지를 시간축으로 그리고 있다. 이 SIA 로드 맵이 발표되면 전세계가 그 내용에 주목하게 되고 무엇이 그곳에 그려져 있는가에 관심이 쏠리게 된다. 일본의 기술자들도 이 SIA가 그린 기술 로드 맵에는 깊은 관심을 보여, 이것을 베이스로 해서 개발계획을 입안할 정도이다.

이 로드 맵에는 그림 8·1에서 볼 수 있듯이 단계가 설정되어 있고, 그것과 관련된 모든 내용이 포함되어 있으며 해설과 함께 수십 페이지의 자료로 공표된다. 우선, 제품이 어떻게 나아가야 할 것인가를 나타내는 로드 맵이 있으며, 그것을 실현시키기 위해 필요한 프로세스 파라미터의 트렌드와 그것을 달성하기 위한 기술개발 내용에 이어 재료와 장치의 로드 맵이 나오고 있다. 그 이후에 더욱더 세분화된 로드 맵이 각 디바이스 메이커, 장치·재료 메이커에 대하여 개별적으로 작성되어 나오게 된다. 따라서 역으로 장치 메이커의 로드 맵부터 거슬러가보면 미래 디바이스 제품의 로드 맵에 도달하게 된다. 각 디바이스 메이커, 장치·재료 메이커 등이 이 SIA의 기술 로드 맵을 표본으로 하는 제품화계획, 연구개발계획을 세우고 있는데 이것이 현재

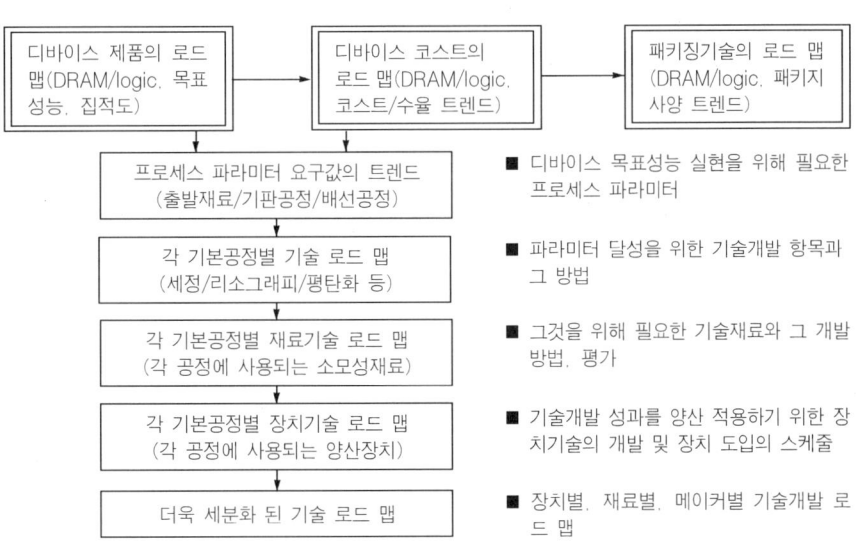

그림 8·1 기술 로드 맵의 구성

의 실정이다.

　그러나 생각해 보면 이 기술 로드 맵은 SIA가 창시했다고만도 할 수 없다. 이러한 예측은 예전부터 어디에서도 행해져 왔으며, 일본에서도 업계 단체 내의 위원회 등에서 심의되어 설문조사 되어 왔다. 그 답안 작성은 각 디바이스 메이커에서 파견된 위원회 멤버가 협의하여 작성하고 있다.

　SIA도 아주 똑같은 순서로 기술 로드 맵을 작성하지만, 다른 점이라고 한다면 미국에서 작성된 기술지침으로서 세계적으로 표준화되고, 또한 권위를 인정받고 있다는 것이다. 실제로 이 기술 로드 맵은 매우 치밀하고 대담하게 만들어져 있으며, 또한 기술 트렌드로서의 합리성을 가지고 있다. 칩의 경제성(코스트 트렌드), 패키지 기술까지를 포함한 광범위한 지침이다.

　반도체 제조장치 기술에서도 기술 로드 맵의 발상은 상당히 중요하다. 장치개발에 종사하는 기술자는 그림 8·1에 나와 있는 구성을 장치기술의 로드 맵부터 거꾸로 거슬러올라가 이제부터 어떻게 반도체기술이 전개되어 가는지를 주의깊게 살펴볼 필요가 있다. 이 기술 로드 맵은 또한 장치의 시장규모 트렌드(마켓 예측)와도 깊이 연관되어 있다. 여기에서는 우선 기술 로드 맵의 중요성을 강조하고, 반도체 제조장치기술의 앞으로의 추이에 대하여 논의해 가자.

8·2 반도체 디바이스 기술의 로드 맵

　여기에서는 SIA의 기술 로드 맵 일부를 인용하여 반도체 디바이스 기술이 어떻게 진전되어 갈지를 살펴보도록 하자.

　우선, 표 8·1은 로드 맵의 구성에서 제일 상류에 위치한 디바이스 기술의 로드 맵이다. 2012년까지 메모리의 대표인 DRAM 및 로직 LSI의 대표격인 MPU의 집적도, 성능, 칩 사이즈 등이 어떻게 진행될까(진행되지 않으면 안된다, 또는 진행시키고 싶다라는 생각을 포함하고 있다)를 나타내고 있다. 따라서 디바이스의 최소가공치수, 예상되는 마스크 매수, 배선 수, 웨이퍼 사이즈 등이 동시에 표시되어 있다.

　이것은 어디까지나 목표이며 이렇다고 할 뒷받침이 있는 것은 아니다. 이 트렌드는 미세화에 의한 고밀도화, 고집적화라는 흐름으로 3년마다 4배씩 고집적화되고 있다라는 "무어의 법칙"이 그 베이스로 되어 있다. 또한 그것을 바탕으로 과거의 트렌드를 끼워 넣은 것에 불과하다. 그러나 중요한 것은 이러한 로드 맵이 업계에서 공식적으로 인정되어 전세계에서 누구든지 이것을 근거로 사업전개, 기술개발을 해가려고 한다는 점이다. 2003년에는 최소가공치수가 $0.1 \mu m$ (100nm)이 되며, 로직 LSI의 기술레벨은 DRAM을 추월해서 한층 앞서나갈 것으로 예측되고 있다. 이 DRAM과 로직(MPU)의 기술레벨에서의 역전은 잘 알려져 있듯이, 테크놀러지 드라이버의 주체가 DRAM에서 MPU로 옮겨간다는 견해와 일치한다.

　또한 이 로드 맵에 나타나 있는 대로 같은 집적도의 디바이스에서도 도입부터 3년 단위로 디

표 8·1 VLSI 디바이스 기술의 로드 맵

항 목	1997	1999	2001	2003	2006	2009	2012
DRAM 최소 선폭(nm)	250	180	150	130	100	70	50
MPU 최소 선폭(nm)	200	140	120	100	70	50	35
DRAM 집적도(게이트/칩) - 도입시	256M	1G	—	4G	16G	64G	256G
MPU 집적도(트랜지스터/칩)	11M	21M	40M	76M	200M	520M	1.4B
DRAM 칩 사이즈(mm²) 　초기(도입시) 　3년 후(축소판) 　6년 후(차세대)	280 170 100	400 240 140	445 270 160	560 340 200	790 480 280	1,120 670 390	1,580 950 550
MPU 칩 사이즈(mm²) 　초기(도입시) 　3년 후(축소판) 　6년 후(차세대)	300 180 110	340 205 125	385 230 140	430 260 150	520 310 180	620 370 220	750 450 260
MPU 동작주파수(MHz)	750	1,200	1,400	1,600	2,000	2,500	3,000
리소그래피 필드 사이즈 (mmxmm)	22×22	25×32	25×34	25×36	25×40	25×44	25×52
MPU 최소 공급전압(V_{dd})	1.8~2.5	1.5~1.8	1.2~1.5	1.2~1.5	0.9~1.2	0.6~0.9	0.5~0.6
MPU 최대 배선층수	6	6~7	7	7	7~8	8~9	9
최대 웨이퍼 지름(mm)	200	300	300	300	300	450	450
최소 마스크 매수	22	22/24	23	24	24/26	26/28	28

(SIA 자료에 의거)

바이스 디자인 룰이 축소되어 칩 사이즈가 적어지게 되고, 다음 세대의 디바이스에는 축소된 디자인 룰을 그대로 계승한다는 동향을 예시하고 있다. 이것은 현상을 그대로 나타낸 것으로 슈링크판이라고 하는 디바이스의 개념이 여기에 상당한다. 슈링크에 의해 칩 사이즈는 축소되고, 디바이스의 생산성은 향상된다는 것이다. 이러한 디바이스의 진전을 가능하게 하기 위해서는 반도체 제조기술의 종합적 진보가 필요하다. 따라서 다음에 필요한 로드 맵은 목표성능을 달성하기 위한 프로세스 파라미터의 트렌드이다. 이 트렌드는 각 기술항목, 기본 프로세스 기술별로 작성되어 있으나, 대별하면 기판공정과 배선공정이 된다.

표 8·2는 그것의 한 예로서 배선공정에서의 프로세스 파라미터 요구값의 트렌드이다. 표 8·1의 목표달성을 위한 배선기술의 전개를 나타내고 있다. 이 중에서 주목되는 것은 배선 층수의 증가와 요구되는 평탄성, Al보다도 낮은 저항값의 금속재료, SiO_2 보다도 비유전율이 낮은 절연막 재료의 필요성이다. 검게 칠해진 영역에 대해서는, 개발착수는 고사하고 목표조차도 세우지 못한 미지의 영역이다. 이것은 기술개발로서 무엇을 해야만 하는가를 제시하는 메시지이기도 하다.

다음 순서는 이들의 파라미터를 실현하기 위한 구체적인 기술, 장치, 재료 등의 개발 스케줄이다. 여기에서는 기판공정, 배선공정에 관계없이 산화, 불순물 도입, 세정, 박막형성 등을 기본 프로세스별로 정해 자세히 작성하고 있다. 하지만 이러한 기술예측은 어떤 의미에서는 현실

표 8·2 배선기술의 로드 맵(요구값)

항 목	1997 250nm	1999 180nm	2001 150nm	2003 130nm	2006 100nm	2009 70nm	2012 50nm
DRAM 배선층수	2~3	3	3	3	3~4	4	4
Logic 배선층수	6	6~7	7	7	7~8	8~9	9
Logic 최대 배선길이(m/칩)	820	1480	2160	2840	5140		
Logic 신뢰성(FITS/m)x10^{-3}	4.9	1.7	1.3	0.9	0.5		
요구되는 평탄성(nm)	300	250	230	200	175	175	175
DRAM 콘택트 홀의 피치(nm)	550	400	330	280	220	160	110
Logic 콘택트 홀의 피치(nm)	640	460	400	340	260	190	140
최소 메탈선폭(nm)	250	180	150	130	100	70	50
최소 콘택트 치수(nm)	280	200	170	140	110	80	60
최소 비어 홀 치수(nm)	360	260	210	180	140	100	70
MPU 메탈애스펙트비	1.8	1.8	2.0	2.1	2.4		
MPU 비어애스펙트비	2.2	2.2	2.4	2.5	2.7		
DRAM 콘택트 홀 애스펙트비	5.5	6.3	7.0	7.5	9.0		
메탈 배선비저항($\mu\Omega$cm)	3.3	2.2	2.2	2.2	2.2		
베리어·클래드층 두께(nm)	100	23	20	16	11		
층간절연막비유전율(k)	3.0~4.1	2.5~3.0	2.0~2.5	1.5~2.0	1.5~2.0		

(SIA 자료에 의거)

☐ : 현상기술에서 가능   ☐ : 개발진행중   ■ : 미지의 영역

과는 다소 거리가 있다고 느껴진다. 몇 년 앞의 가까운 미래는 별도로 하더라도 그 이후는 실제로 완전한 미지의 세계라고 할 수 있다. 그러므로 재검토를 반복해가면서 차츰차츰 구체화 시켜가야 하는 작업이다.

그 다음은 더욱 세분화된 로드 맵이다. 각 디바이스 메이커, 각 장치 메이커별로 독자적인 로드 맵이 작성되어 있을 것이다. 그 베이스가 되는 것이, 대전제로서의 디바이스 기술 로드 맵이며, 프로세스 파라미터 요구값이다. 기술자 한 사람 한 사람도 자신의 개인적인 로드 맵을 가짐과 동시에 자신의 일에 대한 로드 맵을 가져야만 할 것이다.

8·3 반도체 제조기술의 로드 맵

8·2절에서 디바이스 기술의 로드 맵, 그것을 베이스로 한 프로세스 파라미터 요구값, 기본 공정기술 등의 트렌드에 대한 의견을 제시하였지만, 여기서는 기본적으로 반도체 제조기술이 어떠한 방향으로 진행되어 가려고 하는가에 대하여 이야기하고자 한다.

반도체 제조기술의 로드 맵은 산화, 세정 등이라고 하는 기본 프로세스 항목별 혹은 실리콘 기판을 위시한 재료별로 만들어진다. 그러나 또한 다층 배선기술, 아이솔레이션 기술 등과 같이 복합 프로세스별로도 만들어져야 한다.

이러한 각 기술에 대한 장래의 트렌드를 예측해 보면, 디바이스의 진보에 대응한 미세화, 고밀도화가 항상 목표가 된다. 그곳에서 **기판공정**과 배선공정으로 나누어, 각각의 목표와 개발되어야만 될 **디바이스 기술**과 **프로세스 기술**을 그림 8·2에 정리해 보았다.

디바이스의 고성능화, 고밀도화를 위해서는, 그림에 표시되어 있듯이 디바이스 구조와 프로세스의 기술개발이 불가결하다. 특히, 로직 디바이스에서는 개개의 트랜지스터의 고성능화와 배선기술의 고도화가 불가결하며, 프로세스의 개발목표도 여기에 초점을 맞춘다. 키워드는 대구경화, 디바이스의 축소(Shrink), 신재료의 도입, 평탄화 기술 등이다. 특히, 대구경화는 생산성 향상과 칩 사이즈 대형화에 대한 대응기술이며, 로드 맵에 나타나 있듯이 과거에서 현재

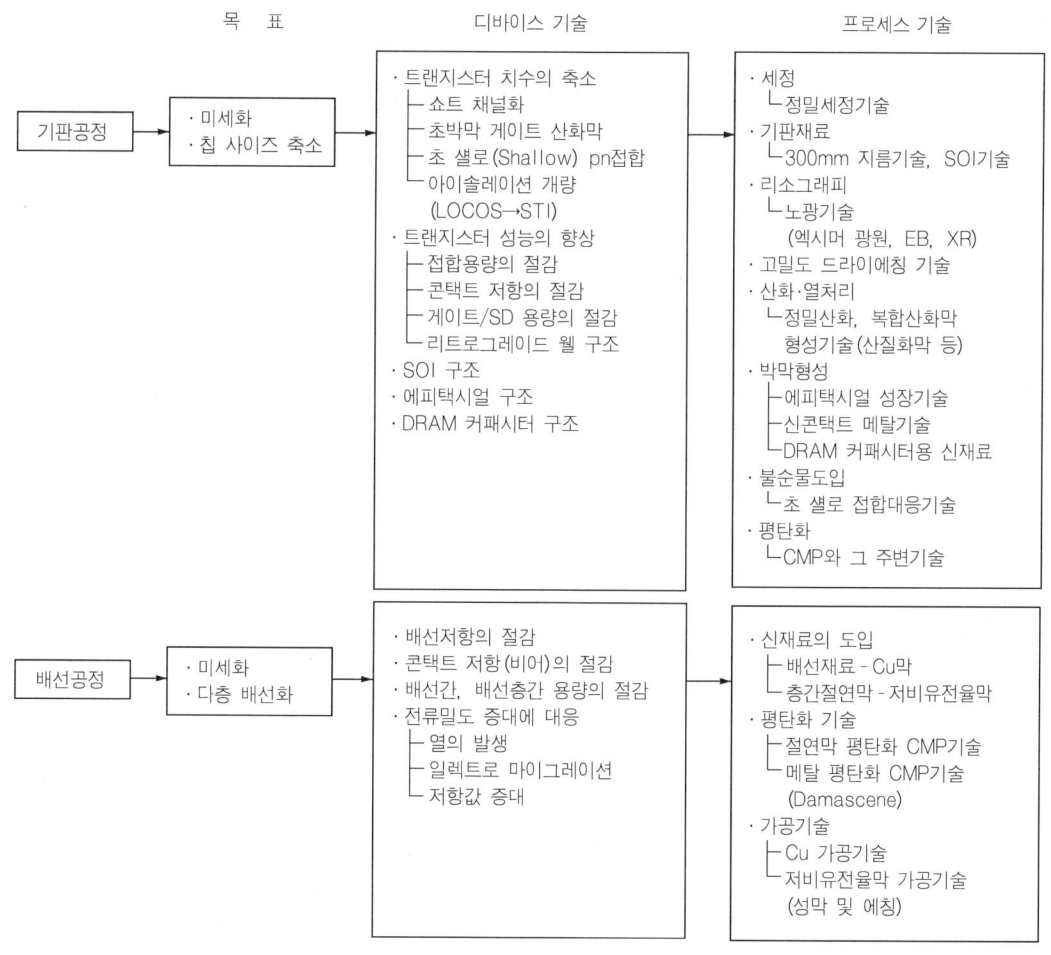

그림 8·2 디바이스의 고성능화·고밀도화를 위한 기술개발 요소

에 이르기 까지 기술상의 필연적 항목이다.

우선, 디바이스의 슈링크화부터 보도록 하자. 트랜지스터 특성을 슈링크로 향상시켜 간다는 발상으로 "스케일링(Scaling)"이라고 일컬어지는 룰이 있다. 이것을 기판공정에 적용하면 특성은 이상적으로 향상된다. 그러나 여기에는 전원전압의 스케일 다운도 필요하다.

또한 저항증대와 같은 마이너스 효과도 있다. 기판공정에서는 스케일링 룰이 거의 적용되어, 게이트 산화막 두께 및 pn접합 깊이 등 평면치수와 동일한 스케일링 룰이 적용되지만, 배선공정에서는 이 스케일링 룰은 전혀 적합치가 않다.

층간절연막 두께, 배선용 금속막 등에 스케일링 룰을 적용하면 배선저항의 증대, 각 용량의 증대를 동반하고, 마이그레이션도 일으키기 쉬워져 디바이스의 동작성능을 저해하는 요인이 된다. 그것을 회피하려고 하면 표면의 凹凸은 더욱 심해져 애스펙트(Aspect) 비는 증대하고, 배선구조는 다층화 될 수밖에 없게 된다.

결국 트랜지스터의 스케일 다운이 진행되어도, 배선구조는 거기에 따라서 축소할 수 없다. 여기에서 평탄화 기술과 Cu의 응용, 저비유전율막 등의 새로운 요구가 생겨난다. 몇 년 전인가 전자빔 노광, X-선 노광 등의 기술을 빛과는 이질적인 프로세스라고 하는 의미로 "이그조틱(Exotic) 프로세스"로 부른 적이 있다.

지금에 와서는 Exotic(이질적)이란 말도 별 볼일 없어졌지만, 현재로서는 저비유전율 절연막(폴리머 또는 불소함유 산화막), 강유전체 박막(BST, PZT 등) 및 SOI(Silicon On Insulating Substrate) 등을 포함한 신소재의 도입이 한창이며, 미국에서는 이것을 "이그조틱 머티어리얼(Exotic Material)"이라고 부르고 있다. Cu 등의 전극재료도 포함해 진정 Exotic이라고 말할 수 있을지도 모른다. 콘택트용 메탈 등에도 많은 신재료가 도입되려 하고 있다.

다음은 웨이퍼의 대구경화이다. 앞에서 설명한 바와 같이 대구경화는 기술 트렌드에서 필연적이며, 그림 8·3에 나타난 바와 같이 단점은 분명히 있지만, 장점의 비중이 우월하다고 말할

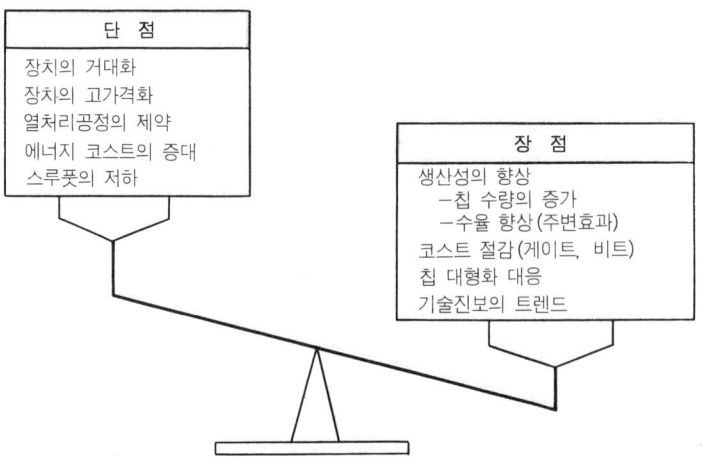

그림 8·3 웨이퍼 대구경화의 장·단점

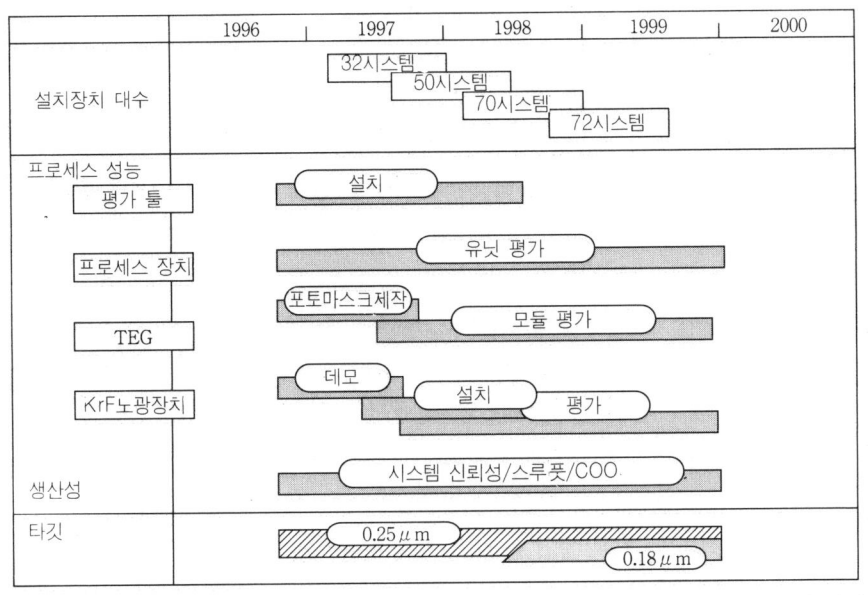

	1996	1997	1998	1999	2000

설치장치 대수 — 32시스템 / 50시스템 / 70시스템 / 72시스템

프로세스 성능
평가 툴 — 설치
프로세스 장치 — 유닛 평가
TEG — 포토마스크제작 / 모듈 평가
KrF노광장치 — 데모 / 설치 / 평가
생산성 — 시스템 신뢰성/스루풋/COO
타깃 — 0.25 μm / 0.18 μm

(SELETE 자료에 의거)

그림 8·4 300mm용 반도체 제조장치/재료 평가계획

수 있을 것이다. 그림 8·4는 SELETE(반도체 첨단 테크놀러지즈)에 의한 300mm용 반도체 제조장치 및 재료평가 계획의 로드 맵이다. 2000년 이후 어떻게 진행되어 갈 것인가는 아직 확실치는 않지만 반도체 제조기술의 일반적 트렌드로서 그 외에 공정의 복잡화, 디바이스 구조의 복잡화, 마스크 매수의 증가에 의한 제조원가의 상승 등을 들 수 있다. 이것들의 마이너스 요소로서의 대응은 당연히 필요하며, 프로세스 인티그레이션에 의한 심플화도 고려되고 있다. 그러나 그것만으로 해결되지 않는 것은 당연하며, 근본적인 변혁이 요구되고 있다. "Exotic Material"이 그 열쇠를 쥐고 있다고 생각된다.

8·4 반도체 제조장치의 기술 로드 맵

디바이스 기술, 프로세스 기술의 로드 맵을 베이스로 반도체 제조장치의 로드 맵이 그려진다. 기술 니즈의 정확하고 적절한 시기를 잘 파악하여 장치개발을 진행해야 하며, 로드 맵을 제대로 읽어 시장의 니즈에 맞는 상품을 만들어야 한다. 타이밍이 너무 빠르거나 늦어도 불행한 결과를 초래할 수 있다. 따라서 상류측의 로드 맵을 정확하게 해독하여, 장치기술과 연결하지 않으면 안 된다. 그런데 이 각 로드 맵은 작성시점에서는 정곡을 찌르지만 어디까지나 지침이며, 시간의 경과와 함께 정확도는 떨어진다. 당연히 로드 맵을 사용하는 입장에서의 해석법을 가지고 궤도수정도 항시 필요하다. 표 8·3은 반도체 제조장치 기술의 개발목표이다. 각 기술구분마다 타깃이 되는 장치와 그 기술 내용을 나타내고 있다. 이 항목들은 시간축을 2012년까지로 예상하고 있다. 목적으로 하는 것은 **대구경화, 미세화, 평탄화, 신재료**의 개발이다. 세정장치에서는 통합화와 드라이화가 개발목표이며, 장래에는 통합화된 드라이 클리닝 장치가 사용되리라고 생각된다.

산화·어닐 장치에서는 고속승강온도방식이 주목되고 있다. 대구경화 실리콘에서 슬립 결함의 발생과 같은 우려로 인해 저온화는 불가결하다. 불순물 도입장치에서는 초 샐로 pn접합을 위한 저에너지 이온주입장치 또는 플라즈마 도핑 장치가 필요하게 된다.

박막형성장치 분야는 진정 "Exotic Material"이라고 하는 막의 형성을 목적으로 하고 있다. 표에 나타나 있듯이 여러 방식이 존재하고 있으며, 최근의 예로서 Cu막 형성을 위한 도금장치가 특이한 위치를 차지하고 있다. BST, PZT 등의 강유전체 또는 고비유전율을 가진 막도 중요하다. 이로 인하여 DRAM의 평탄성이 향상되고, 프로세스도 디바이스 구조도 심플화 된다. 리소그래피 장치에는 KrF 엑시머 광원에 이어 ArF 엑시머 광원이 이용되고 있다. 0.1μm 이하의 세대에서는 EB, XR 등 과거의 Exotic Process가 사용될 것이다.

평탄화 장치로서는 CMP 장치가 주류이고 반도체 공장에서 활용이 본격화되고 있다.

이러한 동향을 시간축에 대비하여 어떻게 나아가야 할지는 각각 개별적인 로드 맵으로 그릴 필요가 있을 것이다. 로드 맵은 개발을 진행해 가는 과정을 나타내는 것이기도 하다.

새로운 장치의 개발—예를 들어 앞에서 서술한 바와 같이 Exotic Material, Exotic Process—을 진행할 경우, 또 한 가지 고려하지 않으면 안 될 일이 있다. 그것은 새로운 장치

표 8·3 반도체 제조장치에서의 기술목표 예

(대구경화는 공통목표)

장치구분	타깃이 되는 장치	목표기술
세정장치	· 통합화 세정장치 · 드라이 세정장치	· 신세정, 건조수법의 도입(탈 RCA 클린) · 웨트에서 드라이화로의 도전
산화·어닐 장치	· 정밀산화장치 · 고속승강온도 퍼니스 · RTP(Rapid Thermal Processor)	· 자연산화막 제어, 균일성 향상, 복합산화막 형성 · 저 서멀 버짓 등 · 대배치에서 최적배치 사이즈로 · 애플리케이션의 확대
불순물 도입장치	· 초저에너지 이온주입장치 · 신 도핑장치 · 고가속전압·대전류 이온주입장치	· 초 샐로 접합형성 · 초 샐로 접합형성 대응 　(플라즈마 도핑, 레이저 도핑 등) · 리트로그레이드 웰 구조, SIMOX대응
박막 형성장치	· 저비유전율막 형성장치 · Cu막 형성장치 · 고유전막, 강유전체막 형성장치 · 신콘택트·전극 재료형성장치	· 유기절연막 그 외의 저비유전율막 형성 · 폴러스실리카막의 형성 · 도금 또는 CVD 등에 의한 성막 · Ta_2O_5, BST, STO, PZT, PLZT 등의 형성(MOCVD) · Co, Ta 및 그 실리사이드, FeRAM용 전극재료 등
리소그래피 장치	· 스테퍼 · 전자빔, X-선 노광장치 · 고성능 드라이에칭 장치	· 고성능화(조명계, 렌즈계), KrF/ArF 광원, 스캔방식의 채용 등 · 0.1μm 이하로의 대응 · 고밀도 플라즈마소스, 고선택비, 형상제어, 저손상 등
평탄화 장치	· CMP 장치	· 성능향상, 균일성, 선택성 제어, Damascene 등

표 8·4 신프로세스 · 재료의 등장과 반도체 제조장치의 대응 예

Cu 배선기술	CMP 평탄화기술	강유전체박막 커패시터
① Cu 성막기술(CVD)·장치 ② Cu CVD용 원료의 개발 　(재료 메이커에서의 신재료 합성) ③ Cu 에칭기술·장치 ④ Cu 연마(CMP)기술·장치 ⑤ Cu용 베리어 메탈기술·장치 　· 보다 뛰어난 베리어성 　· 스텝 커버리지(특히, 측벽) 　· 극박막화 ⑥ 저유전체절연막 형성기술	① 양산용 CMP장치 　· 스루풋 　· 안전성 　· in-Situ 모니터 기술 ② CMP 후의 세정기술·장치 ③ 재료기술 　· 연마제(슬러리) 　· 연마포(패드) ④ 매립 메탈, 절연막기술 및 장치 　(CMP에 견딜 수 있는 막질과 　매립특성)	① 성막기술·장치 　(MOCVD 또는 스파터) ② 성막용 원료기술 　(재료 메이커, MOCVD 원료개발) ③ 축적용 전극 및 플레이트 전극용 　박막의 형성기술·장치 　(Pt, RuO_2 그 외의 도체막) ④ 강유전체 박막 및 전극 박막의 　에칭기술
↓	↓	↓
· Cu 성막장치 · Cu 에칭장치 · 저비유전율 형성장치	· CMP 장치 · 세정장치 · 매립절연막 형성장치 · 매립메탈층 형성장치	· 강유전체 박막용 MOCVD 장치 · 특수전극재료 성막기술 · 강유전체박막 에칭장치 · 특수전극재료 에칭장치

　는 단순히 그것을 개발하고 사용되어지기만 하면 되는 것이 아니고, 파생적으로 몇 가지 다른 장치의 개발도 동시에 요구된다는 것이다. 새로운 프로세스는 그것을 지원하는 별개의 새로운 프로세스가 개발되지 않으면 일반적으로 성립되지 않는다. 예를 들어 Cu 배선기술을 실현하려고 한다면 Cu 성막장치가 필요하지만, 여기에 부수된 많은 기술개발이 요구되며, 새로운 장치가 필요하게 된다. CMP 기술, 강유전체막(强誘電體膜) 커패시터(콘덴서)기술의 개발 등도 포함하여 케이스 스터디를 실행한 예를 표 8·4에 나타냈다.

　이것은 또한 신기술이 다른 신기술의 도입을 자극하는 것이며, 장치 메이커에게는 새로운 시장창조로 연결되기 위한 큰 임팩트를 가져오게 하는 한편, 디바이스 메이커에게는 기술적으로 검증해야 할 항목이 증가됨으로써 신규투자라는 장벽을 높이는 계기가 된다. 그러나 결국에는 신기술, 신장치는 그 자체가 로드 맵의 지침이고 기술의 흐름이라면 도입될 수밖에 없고 점차 세련된 보편적 기술로 자리잡게 된다.

8·5 반도체 제조장치의 과제

　반도체 기술의 진보는 로드 맵과 함께 계속되고 있지만, 각 세대에 각각의 과제를 안고 있으며, 결국 그것을 극복하여 다음 세대로 이행되어 간다. 반도체 제조장치 또한 같은 양상이며, 일반적으로 어느 세대에서도 항상 같은 과제, 같은 문제점을 안은 채 현재에 이르고 있다. 그래서 "영원한 테마" 라고 부르기도 한다.

이 영원한 테마를 "VLSI의 진보는 무엇을 가져다 주고, 무엇을 필요로 하고 있는가?"로 정리한 것이 그림 8·5이다. 기술의 진보, 디바이스의 고성능화, 고집적화 요구는 프로세스 구조의 복잡화를 가져 왔으며, 많은 고가의 장치도입이 필요해져, 칩의 제조원가를 증대시켰다.

칩의 원가는 제6장에서 말한 COO(Cost Of Ownership) 등에 의해 그 내용이 정의되었지만, 장치의 감가상각비와 그 가동률, 소모재료 등 장치에 관련된 요소가 높은 비중을 차지하고 있다.

반도체 산업에서 기업간의 경쟁은 "코스트"와 "성능"으로 결정되며, 성능이 같은 수준이라면 낮은 원가로 칩을 제조할 수 있는 기업이 살아 남게 되는 것이다. 이것은 다른 산업분야와도 똑같은 룰이다. 부가가치가 높은 칩을 고도의 기술, 복잡한 기술로 제조할 수 있을 때에는 관계없지만, 부가가치가 점차로 낮아지면 얼마나 낮은 원가로 칩이 제조될 수 있을지가 관건이다.

최근에는 "원가절감"과 이를 위한 프로세스 기술 측면, 디바이스 기술 측면, 장치 측면에서 무엇을 고려해야만 하는가가 쟁점이 되었다. 여기에서 그림 8·5에 나타냈듯이 "디바이스 구조·프로세스 심플화, 공정단축화 및 장치가격 절감화"가 요구되고 있다. 전자는 디바이스 메이커의 노력, 후자는 장치 메이커에 의한 노력이 따르지 않으면 안 된다. 단, 양자 모두 성능을 무시하고 목표를 달성할 수 없다는 것은 당연한 일이다.

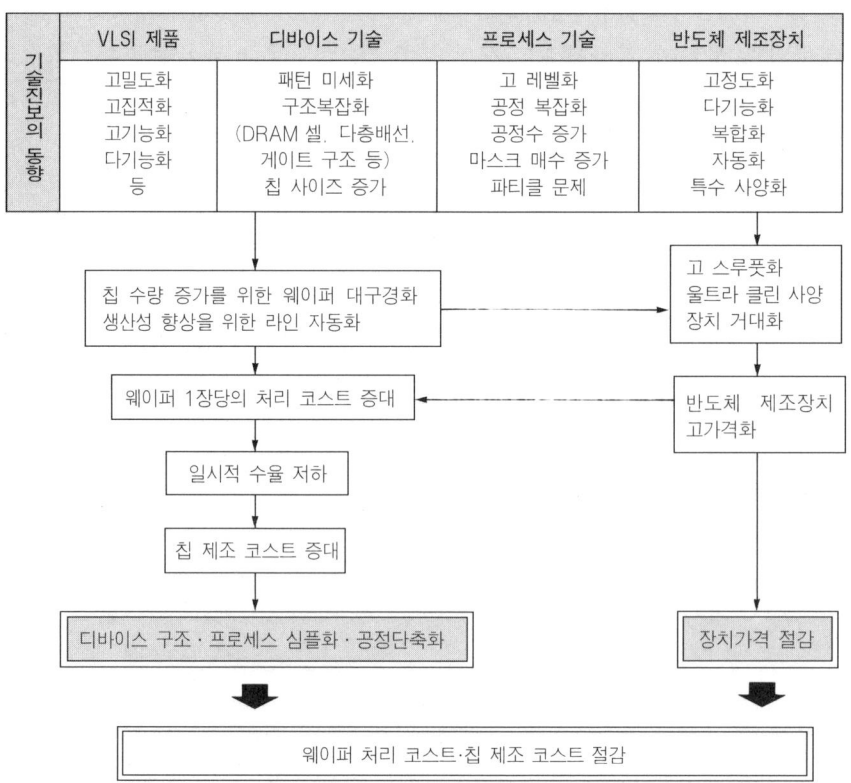

그림 8·5 VLSI의 진보는 무엇을 가져다 주고, 무엇을 필요로 하는가?

표 8·5에는 반도체 제조장치의 사용자, 즉 디바이스 메이커와 반도체 제조장치 메이커가 VLSI 제조 원가절감을 위해 각각 무엇을 해야 하는지를 정리하였다. 반도체 제조장치 메이커로서 단순한 장치가격의 절감 이외에 장치성능의 향상에 발을 맞추지 않으면 안 되는 것이 많다. 그림 8·6은 반도체 제조장치 메이커가 장치의 가격절감을 위해 검토해야만 할 항목을 나타내고 있다. 장치 개발기간의 단축, 개발비의 절감이 가장 효과가 있다고 생각되는 것으로 이를 위해서는 공통화, 표준화 등이 필요하다. 또한 세대 교체때마다 모델체인지가 되는 장치가 세대간에 아무 것도 계승되는 요소가 없다는 것은 있을 수 없으므로 반드시 세대간의 공통화, 공유화 요

표 8·5 VLSI 제조원가를 절감시키기 위한 방법

사용자(반도체 디바이스 메이커)	공급자(반도체 제조장치 메이커)
· 라인 가동률 향상 · 생산체제의 재검토 (생산품목, 라인 플렉시블화 등) · 설비투자의 재점검과 억제 · 장치의 장수명화(복수 세대에서 사용) · 장치가동률 향상(메인티넌스 체제)	· 장치가격의 절감

· 프로세스 심플화
· 디바이스 구조 심플화
· 제조공정 단축
	· 장치 신뢰성 향상
	· 장치 메인티넌스성 향상
	· 프로세스 재현성·균일성 향상
	· 장치간의 차, 초기불안성 등의 제거
	· 장치 사용자와의 협조
	    사용자 니즈를 충족시키는 장치
	    사용자의 시즈가 되는 장치 제공
	· 장치의 소형화, 콤팩트화

· 합리적인 프로세스/디바이스 개발
· 생산성 향상(대구경 웨이퍼 등)
· 장치 메이커와의 협조
    메이커에 적절한 방향 제시
    적절한 스펙 지시	

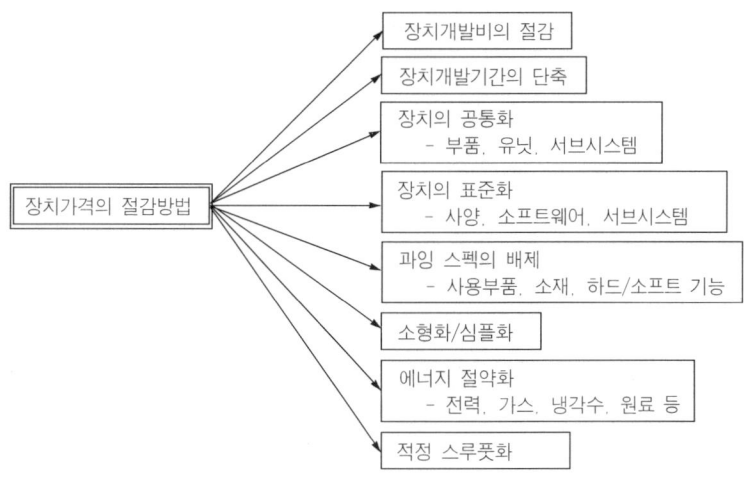

그림 8·6 반도체 제조장치 가격의 절감방법

소를 가지고 있어야 한다. 설계구상에서 처음부터 그것을 고려할 필요가 있다. 그러나 현실적으로는 그렇게 간단하지 않고, 2세대에 걸쳐서 공유할 수 있는 장치는 아직 존재하지 않는다.

웨이퍼 사이즈의 변화 하나를 두고 보더라도 1대의 장치로는 대응이 안 되고, 반드시 신규설계가 필요하다. 단지, 장치의 단순한 비례확대로 대응 가능한 경우와 대응이 불가능한 경우가 있는데 프로세스에 따라서 대응방법을 바꾸지 않으면 안 된다. 이러한 반도체 제조장치 분야의 과제는 한이 없으며 항상 해결을 위해 노력이 필요한 "영원한 테마"인 것이다.

칼럼 9

하이테크놀러지와 보물찾기

평탄화를 위한 CMP(화학적 기계연마) 기술이 VLSI 프로세스의 하나로 인지되어. 제조공정에 도입 되었다. 여러 문제점을 안은 채. 많은 CMP 장치가 라인에서 가동되기 시작하고 있다.

CMP 장치는 연마제로 디바이스 표면을 연마하여 평탄하게 깎아 내는 도구로서 여기에 과학이라는 것이 존재할 수 있을까 하고 생각하는 사람이 많다. 실제로 프로세스에는 재료의 품질 산포와 기술적 경험이 상품을 대변하기 때문에. 이론적 또는 정량적 취급이 곤란하게 되어 있다. 그렇다면 반도체 프로세스의 다른 장치는 과학적으로 완전하게 증명될 수 있다고 말할 수 있을까? 또한 현실적으로 반도체 생산에는 과학이 필요한 것일까?

여기서 문득 떠오르는 것은. 드라이에칭 프로세스 개발에서의 "보물찾기"이다. 드라이에칭의 특성(선택비제어. 단면형상제어 등)을 만족시키기 위하여 여러 가지 가스를 조합하고 있는데. 그 조합과 선택이 바로 "Cut and Try"이다. 그러므로 이유는 나중에 생각해도 된다. 하이테크와는 다소 모순되기는 하지만. 이러한 사실은 이 이외에도 몇 가지가 더 있다. 이것은 반도체 프로세스와 장치를 "미성숙"이라고 판단하기보다는 "특질"이라고 판단해야 한다.

반도체 프로세스는 결과가 좋으면 제 몫을 다하는 것으로서. 좋은 결과를 얻을 수 있다면 그 본래의 논리적 근거는 나중에 추론하는 것이 보통이다. 또한. 그 근거가 확실시 되기도 전에 프로세스와 장치는 다음 세대로 옮겨가 버린다.

다른 예로는 복합전극 구조의 개발이 있다. 이 경우에도 원소의 주기율표상 생각할 수 있는 다양한 금속재료를 조합하여 테스트한 결과. 최적의 선택을 할 수 있었다. 기술 전체가 이론을 기반으로 하고 있는 것만은 아니다.

8·6 디바이스와 프로세스의 심플화

반도체 제조장치 기술의 로드 맵에서 마지막으로 언급해 두고 싶은 것은, 프로세스와 디바이스 구조의 심플화와 그에 대한 장치의 대응이다.

예를 들어, DRAM에서는 세대교체의 진행과 함께 그 셀 구조가 복잡화되어, 제조 프로세스도 지극히 복잡해졌다. 그래서 많은 마스크 매수를 필요로 하게 되었다. 로직에서는 기판공정이 심플한 반면, 다층 배선구조가 복잡하여, 마스크 매수와 공정수가 증대한다. 특히, 박막형성공정과 CMP 공정의 횟수는 격증하게 된다. 앞으로 DRAM과 로직을 동일 칩상에 탑재한 시스템 LSI라고 하는 디바이스의 등장에서는 양자의 프로세스를 매칭(Matching)시킨, 혼재(混載)가능한 기술이 요구되고 있다. 전 항에서 설명했듯이 칩 원가의 절감을 위해서도 디바이스 구조와 프로세스의 심플화는 불가결하며, 또한 시스템 LSI로서의 DRAM·로직 혼재 칩에서도 중요한 포인트가 된다. 그렇다면 프로세스·디바이스의 심플화는 어떻게 달성할 수 있을까? 그 예를 몇 가지 소개한다. 그림 8·7에는 그 예로서 3가지의 케이스를 보여주고 있다.

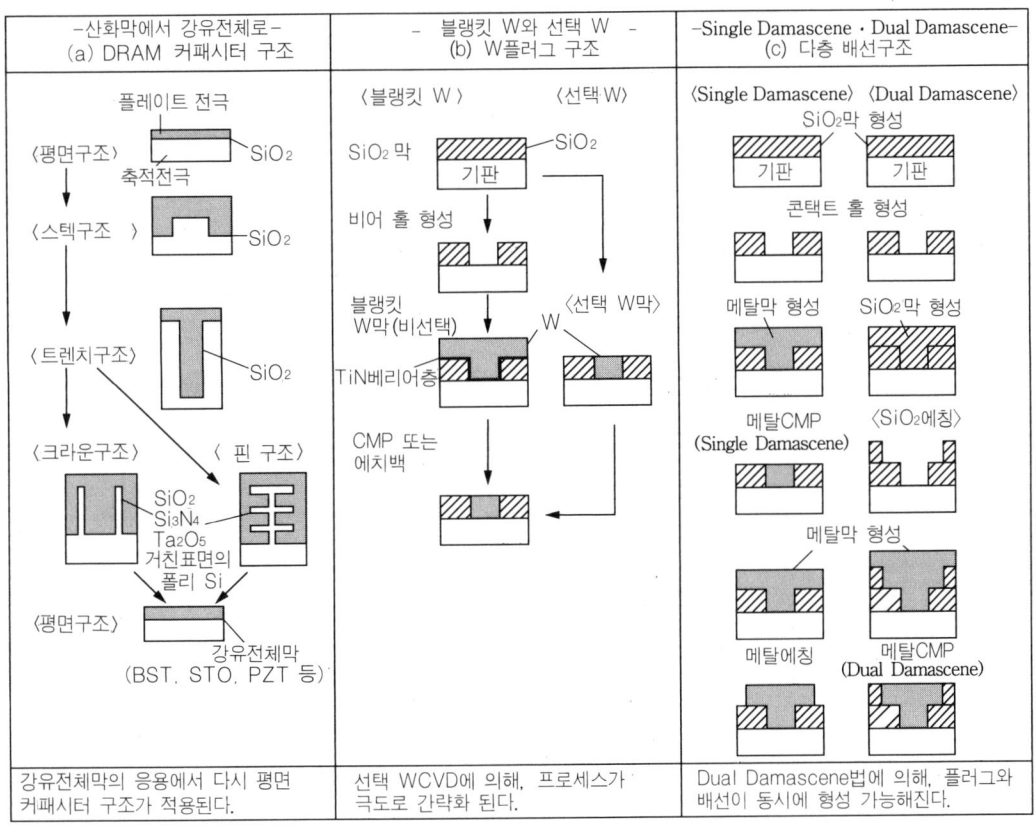

그림 8·7 반도체 디바이스 구조/프로세스 심플화의 예

우선, (a)의 DRAM 커패시터 구조에서는 평면적인 커패시터 구조로 시작해, 칩 사이즈의 증대를 동반하지 않고도 용량을 증대시킨다. 즉, 면적을 크게 할 목적으로 **트렌치 구조**와 **핀 구조**가 고안된 예를 나타내고 있다. 지나치게 구조가 복잡하면 많은 프로세스 스텝이 요구된다. 이에 반해 커패시터용 절연막으로 고비유전율 물질이나 강유전체 물질의 박막을 이용하면 현재와 같은 3차원 구조는 불필요하고, 다시 평면구조로 복귀하는 것이 가능하다. 이로 인해 공정은 한꺼번에 간략화 되는 결과가 된다.

(b)의 W 플러그 구조도 같은 양상으로, 선택적 W 성막을 이용하면 CMP와 에치백의 공정은 스킵 가능하게 된다. (c)의 **듀얼 다마신**에 의한 플러그와 배선의 동시 형성도 같은 맥락이다. 이들의 "심플화" 개념에는 항상 신재료, 신 프로세스의 개발이 관계되고 있으며, 그러한 것을 실현시키기 위한 장치의 개발이 불가결하다. 이 외에도 프로세스 및 디바이스 구조 심플화의 아이디어는 다양하다. 그러나 그 실현에는 역시 장치적 요소의 기여가 많이 요구되며, 결국 장치가 핵심이 된다는 형식은 불변이다.

칼럼 ⑩

이그조틱 프로세스와 이그조틱 재료

앞으로의 기술 로드 맵에는 예전에 없었던 새로운 프로세스와 재료의 도입이 기대되고 있다. 키워드는 CMP(이미 새로운 프로세스는 아니지만) Cu 배선, Low k(저비유전율)막, 강유전체 박막과 그 전극재료 등이다. 이들은 재료 그 자체는 물론, 그 처리법, 형성법 등도 독특하다. 그래서 이들의 프로세스, 재료에는 이그조틱이라는 형용사가 붙여지고 있다. 이러한 기술은 파티클을 발생시키는 장치, 실리콘에서는 가장 꺼리는 원소, 저유전율과 고유전율이라는 서로 상대되는 재료를 이용하는 등 완전히 이그조틱 그 자체이다.

이들의 프로세스와 재료를 취급할 때에는 종래의 반도체 기술의 기존 개념은 통용되지 않으며 타업종으로부터의 기술도입이 강하게 요구된다. 물론 그것과 동시에 반도체 기술자가 다른 기술을 이해할 필요성도 높아진다. 최근 미국의 서점에서는 반도체 제조기술 관련 코너에 전기 도금(Electroplating)에 관한 기술서가 진열되어 있는 곳을 찾는 사람들이 많아졌다. 물론 Cu의 도금기술이 주목받고 있기 때문이긴 하지만, 미국의 그러한 움직임에는 관심이 생긴다. 우리들도 본 받아야 할 점일 것이다.

9 21세기의 반도체 제조장치

─ 반도체 제조장치 진화론 ─

이 장에서는, 반도체 제조장치가 지금까지 어떠한 경로로 이어져 왔는가를 설명하고, 그것을 되짚어 가면서 21세기를 전망해 본다.

우선, 반도체 제조장치가 걸어 온 고도화의 길은 과연 "진보" 라고 말할 수 있는 것인가를 확인해 보고 싶다. 또한 거기에서 반도체 기술자와 고도화 되는 장치와의 관계, 반도체 제조장치의 특질에 대하여 논의하고 싶다.

한편, 기술의 첨단성과 독창성에 있어서 세계를 리드하는 미국에 대하여 일본은 어떻게 부활을 꾀해야 좋을지, 이를 위해 앞으로의 반도체 제조장치로서는 무엇이 기대되는지, 그것이 어떻게 하면 가능하게 되는지를 논하면서, 21세기의 반도체 제조장치를 탐색해 간다.

9·1　반도체 제조장치는 "진보"해 왔는가

　반도체 기술은 이 반세기 동안 현저하게 진보, 반도체 디바이스는 고집적화를 반복하여 산업의 쌀이라고 불리어질 만큼 일렉트로닉스의 발전에 공헌해 왔다. 오늘날 반도체 산업은 이전의 철강산업과 마찬가지로 기간산업의 하나로 되었다. 반도체 제조기술은 이를 지탱하는 뒷받침이 되며, 그 진보가 반도체 산업을 드라이브해 왔다고 말할 수 있다. 이 반도체 제조기술은 다른 산업계에도 임팩트를 부여하였고, 특히 그 미세 가공기술 등은 여러 분야에서 이용되고 있다.

　이러한 기술이 지향하면서 걸어온 길은 오로지 진보이며, 반도체 기술 반세기 동안 조금이라도 그 진보가 정지하거나 후퇴했던 적이 없었던 것은 당연하다. 한편, 반도체 제조장치도 제조기술의 진보에 발맞추어 고기능화, 생산성 향상, 자동화 등을 거듭하며 대량생산에 기여해 왔다.

　그러나 반도체 제조장치의 지금까지의 경위를 보면 "진보"라는 단어가 왠지 어색하다. 확실히 "진보"임에는 틀림없지만, 지금까지 종사해 온 우리들이 성찰해보면 "진화"라는 말이 맞아떨어지는 듯한 느낌이 든다. "진화"라는 단어는 진보만이 아닌, 퇴보, 정체 등을 포함한 변화를 의미하기 때문이다.

　이런 의미에서 반도체 제조장치는 반도체 제조기술의 진보의 흐름과는 별도의 "변화"를 계속하고 있는 것처럼 생각되어진다. 다시 말해, 본래 반도체 제조기술의 진보를 지탱해야 하는 본질에서 벗어난 방향으로 나아간 면이 있다고 본다. 예를 들어 새롭게 변화되어야 할 부분이 변화되지 않거나, 프로세스 성능과 장치를 사용하기 편리하다는 것과는 무관한 것이 개선된다든지, 프로세스 성능을 희생해서라도 기계로서의 성능을 중시한다는 것이 그것이다. 요컨데, 반도체 제조장치는 기계로서는 매우 고도화되어 왔지만, 이것이 진정한 "진보"라고 일컬을 수 있는 것인가 하는 데는 의문의 여지가 있다. 과연, 반도체 제조장치에는 무엇이 결여되어 있고, 그 "진보"에 따라 21세기에는 무엇이 필요한지를 알 수 있을 것 같기도 하다.

9·2　반도체 기술에서 일본과 미국의 관계는 어떻게 진행되어 왔는가

　산업으로서의 반도체 제조장치가 성립된 것은 1970년대이며, 그 당시까지는 각 디바이스 메이커가 독자적으로 장치를 조달할 수 밖에 없었다는 것은 몇 번이고 언급해 왔다. 그때까지 장치에 관한 정보는 미국의 디바이스 메이커에서 일본으로 흘러들어 왔으며, 일본은 반도체 제조기술과 함께 그것을 학습, 디바이스의 양산에 이용해 왔지만, 1970년 이후는 반도체 제조장치 메이커의 대거 등장으로 장치의 조달이 가능해졌다.

　그 동안의 경위를 살펴보면, 일본은 VLSI에 관한 디바이스 기술, 프로세스 기술, 장치기술 등의 모든 부분에서 미국의 가르침을 받아왔다고 해도 과언이 아니다. 그리고 그 기술을 이용해서 DRAM 등을 대량 생산하고, 거기에다 미국시장을 석권함으로써 미일 반도체 마찰이 생기기도 했다. 미국의 개발성과에 무료로 합승하여 기술을 획득, 디바이스 생산을 함으로써 이익을 올렸다는 점이 마찰의 원인이 된 것이다. 그렇다면, 실제로 일본측의 상황은 어떠했는가? 초 LSI 연구조합의 조직화 등, 제조장치의 개발이 반도체 산업의 열쇠임을 인식하고 적극적으로 "장치개발"을 진행시켜 왔으며, 그 성과는 결코 작지 않았다. 그러나 여기서 미국과는 전혀 다른, 일본의 독자적인 장치기술이 개발되었다고 할 수 있을 1980년대 중반에는 일본의 반도체 생산고가 미국의 그것을 추월, 절정기를 맞이하기도 했다. 그 시절 매스컴을 떠들썩하게 했던 것이 "반도체 입국 일본", 또는 반도체 제조장치에서 독자적인 일본의 기술"이라는 문구였다. 그리고 반도체 공장에 있는 설비에서 일제가 차지하는 비율이 차츰 높아지던 시기였다. 일본산 반도체 제조장치는 기술면에서 세련되고, 품질도 높아, 일본 내는 물론 해외에서도 평가가 좋았던 것이 확실하지만 과연 독창성이 있었다고 할 수 있을까? 그리고 나서 7년 후인 1993년, 통계상, 일본의 반도체 생산은 미국에 역전되었다. 동시에 반도체 제조장치 면에서도 다시 미국의 제품이 많이 사용되게 되었다. 1980년대의 기세는 어디로 가버린 것일까? 결국, 일본에는 독창성이 없었던 것이 아닌가 하고 생각되어 진다. 물론, 일본에서 독자적으로 개발되어, 지금까지도 전세계의 반도체 공장에서 사용되고 있는 뛰어난 장치가 몇 개 정도 있다. 그러나 일반적으로는 예전과 다름없이 미국을 따라가고 있는 것이 현실이다.

우리들이 21세기를 향해 생각해 두지 않으면 안 되는 것이 "독창성"이다. 반도체 제조장치에서 독창성이라고 하는 것은, 다른 표현으로 "차별화"이다. 누군가가 독창성을 발휘하여 새로운 양산장치를 독자적으로 만든다고 하는 것이 아니라, 남과의 차별화를 장치 속에서 실행하고자 하는 것이다. 이제 와서 장치를 하드웨어, 소프트웨어로 차별화 하기란 상당히 어려운 일이다. 지금 이대로는 일본의 반도체 제조장치기술 자체가 미국기술의 단순 추종자, 모방자로 되어버리고 말 것이다. 21세기에는 이런 상황을 변혁하는 것도 중요한 과제이다.

9·3 프로세스 기술자와 장치는 어떤 관계인가

1970년대까지는 디바이스 메이커의 프로세스 기술자가 적지 않게 개발에 관여해 왔으며, 반도체 제조장치는 프로세스 기술자의 의지대로 움직이게 되어 있었다. 1980년대에 장치는 공급자로부터 제공되었으며, 디바이스 메이커 기술자가 장치에 자기의 의지를 전하면, 장치는 그대로 수용하는 형태가 되었다. 즉, 자동화, 컴퓨터화가 진행된 것이다. 그후 1990년대에 반도체 제조장치는 더욱 고도로 진보, 어떠한 처리를 실행하는가라는 장치의 핵심보다도, 장치의 메커트로닉스 기능, 자동화를 중시하게 되었다.

여기에서 장치는 이미 완성되어 있는 것으로서, 프로세스 기술자의 의지로 변경하거나 개량

한다는 것은 불가능하게 되었다. 장치에는 장치 메이커가 정한 레시피(장치를 작동하는 방법, 혹은 순서)가 존재하고, 그 변경은 나쁜 프로세스 결과를 초래한다. 그래서 장치 메이커는 변경 사용의 결과에 책임을 지지 않게 된다.

현재 반도체 제조장치는 디바이스 메이커에 도입되어, 세트업(Set-up)이 완료되면 모든 것이 디바이스 메이커로 인도된다. 여기부터는 디바이스 메이커의 프로세스 기술자(또는 장치기술자)가 장치를 가동시키게 되지만, 프로세스 기술자의 일이란, 장치가 원만하게 가동되도록 매뉴얼 대로 관리를 하는 것이다. 관리를 완벽하게 하면 장치는 프로세스를 바르게 실행할 수 있도록 되어 있다. 여기에는 프로세스 조건의 자유로운 변경, 새로운 재료의 적용 등 개발적 요소는 전혀 없다. 디바이스 메이커의 프로세스 기술자는 단지 장치를 지키는 일만 하고 있는 듯한 인상을 풍긴다.

또한, 장치가 다운되어도 프로세스 기술자는 손을 쓸 수가 없다. 메인티넌스(Maintenance; 설비보수·보전) 기술자에게 부탁하던지 장치 메이커를 부르지 않으면 안 되게 되어있다. 현재의 장치는 프로세스 기술자 혼자서 어떻게든 해결할 수 있을 정도로 단순하게 되어 있지 않다.

이러한 상태는 원래 미국에서는 흔히 있는 일이다. 미국에서는, 꽤 오래 전부터 프로세스 기술자와 장치기술자의 일이 분업화되어 있어, 서로 상대의 영역을 침범하지 못했다. 따라서 미국에서는 장치가 다운되었을 때에는 프로세스 기술자가 할 일이 없어지고마는 상태가 된다.

오늘날 일본이 그러한 상태에 가깝지 않다고 말할 수 있을까? 일본에서는 이전부터 기술자는 자기가 담당하고 있는 공정, 장치에 관하여 주인의식을 가지고 있었다. 그것을 좋은 의미로는 일본이 뛰어난 엔지니어링을 지탱해 왔다고 말할 수 있지만, 그것이 붕괴되기 시작하고 있다고 보는 것은 지나친 생각일까?

디바이스 메이커의 프로세스 기술자와 장치와의 관계가 단지 장치를 지키는 것뿐이며 그것을 능숙하게 사용할 수 없다면 앞으로의 전망은 밝지 않다. 반도체 제조장치를 공급하는 장치 메이커의 입장에서 본다면, 앞으로는 양산장치라고 할지라도, 좀더 미리 프로세스 기술자의 의지가 전해질 수 있는 개발적인 요소가 반영될 수 있는 장치를 제안해야만 하지 않을까?

9·4 반도체 제조장치의 절대평가는 가능한가

반도체산업 이외의 분야에서 보면, 반도체 디바이스 제조공정마다 많은 장치가 필요하며, 또한 각 장치별로 많은 장치 메이커가 존재하여, 모두 다른 개념의 장치를 시장에 내놓고 있다는 것은 이상하지 않다. 하지만 그 중에서 어느 장치가 가장 우수한 것인가라는 절대평가가 존재하지 않는다고 하면 이상하겠지만 그렇게 될 수밖에 없다. 제철을 예로 든다면, 여기에는 절대평가가 존재한다.

그 시비를 가림에 있어, 여하튼 반도체 제조장치에는 절대평가가 존재하지 않으며, 디바이스 메이커는 각각 자신이 최상이라고 평가되는 장치를 도입한다. 이것은 모든 종류의 장치에 이용되기 때문에, "선택과 조합"이 매우 중요하다.

　이 절대평가가 불가능한 이유로는 몇 가지가 있지만, 그 하나는 반도체 제조기술에 이용되는 조건이 다양하고, 또한 사용재료도 각각 다르다는 것이다.

　산화막의 드라이에처의 경우를 생각해 보자.

　·그 에처로 어떤 산화막을 에칭할 것인가? 어떠한 방법으로, 장치로, 조건으로 형성된 산화막인가?

　·포토레지스트는 어디에서 구입된 어떤 종류의 것인가? 어떠한 도포조건, 노광조건, 현상조건, 베이킹 조건인가? 두께는?

　·산화막의 기판물질은 무엇인가? 어떤 종류인가?

등의 요소가 있으며, 에처 하나를 선택할 경우에도 주변의 프로세스, 재료 모두가 여기에 관계된다. 각 디바이스 메이커가 거기에 관련해서 완전히 동일한 조건이라면 한 회사에서 최상인 것은 타사에서도 최상이 된다. 그런 의미로 절대평가는 가능한 것이다. 그러나 현실적으로 기술제휴 기업 사이가 아니면 그것은 불가능하다.

　절대평가가 존재하기 어려운 것은 기술의 차별화가 존재하고 있다는 이야기도 된다. 그 점에서는 앞으로도 이러한 상태가 바람직하다고 말할 수 있다.

　한편, 최근의 동향으로는 프로세스 인티그레이션, 클러스터링, 툴 인티그레이션 등이라고 하는 사상이 있으며, 장치적으로는 다른 종류의 체임버를 조합시켜 마치 1대의 장치처럼 취급하는 방식이 있다. 또한 이것을 다른 장치 메이커 간에 실행하여, 어떤 프로세스를 완결시키자는 제안도 있다. 디바이스 메이커가 각 체임버 또는 개별장치를 충분하게 평가하여 그 조합이 자사의 프로세스로서 바른 선택이라고 확인한 뒤라면 문제가 없지만, 프로세스의 선택이 이처럼 잘 진행되어 가기란 드문 일이다. 프로세스의 성능을 희생해서라도 이렇게 하는 것이 옳은 일일까? 기술선택의 자유도가 상실되면 기술의 발전을 저해하지는 않을까?

9·5　반도체 제조장치의 독창성

　반도체 제조장치에서 독창성을 갖게 하는 것은 일본 반도체 기술의 장래에 있어서, 특히 중요한 일이라고 앞에서 말했다. 그러나 문제는 어떻게 해서 그것을 실현할 것인가 하는 것이다. 이를 위해서는 여하튼 프로세스 개발, 장치개발 기술자가 실무를 통해 학습을 해야 한다. 현장과 친숙하지 않고는 아이디어가 나올 수 없다. 또한, 끊임없이 디바이스 기술면에서의 요구를 흡수하고자 하고, 거기에 응하는 노력을 하지 않으면 안 된다. 제8장에서 설명한 기술 로드 맵도 항상 염두에 두고, 또한 자기 자신의 로드 맵도 만들어 두었으면 하는 바람이다. 21세기는 진정한 독창성이 요구되는 시대이기 때문이다.

독창성이라는 점에서 말한다면, 아직까지도 미국에 한 걸음 양보하지 않으면 안 된다. 1970, 1980년대에 수없이 등장했던 미국의 장치 메이커 중에는 성공하지 못하고 끝나버린 예도 많지만, 이것이 미국의 풍부한 독창성과 그것을 길러낸 풍토임을 느끼게 한다. 일본에서도 언젠가 그러한 환경이 정비될 때가 올 것인가? 그런데, 현재 반도체 업계에서 열기가 뜨거워진 기술에는, Cu 배선기술과 저비유전율을 가진 층간절연막 형성기술이 있다. 모두 장래의 다층 배선구조의 열쇠가 되는 기술이며, 이전부터 기술 로드맵에도 나타나 있는 중점 항목이다. 프로세스 개발, 장치개발에 종사하고 있는 기술자에게는 이전부터 이러한 인식이 팽배해 있었으나, 이들 기술개발 분야에 있어서도 미국이 앞서 있다.

일본의 기술자들이 그다지 장래성이 있다고 생각하지 않는 기술개발에 관여하고 있는 사이, 미국에서는 핵심이라고 볼 수 있는 기술선택이 행해지고 있었다. Cu 배선기술이 그 한 예이다. 1997년 중반경 미국에서는 IBM에 의해 구리를 다층 배선구조에 이용한 디바이스의 발표를 시작으로, 미국의 디바이스 메이커 각 사도 여기에 발맞추어 발표를 했다. 또한 그 구리막이 CVD가 아닌, 전기도금으로 형성되었다는 것도 포함해서 이 정보는 일본의 디바이스 메이커 각 사에 상당한 임팩트를 부여했다. 이미 미국에서는 구리의 막형성을 위해 도금장치가 개발되어, 양산장치도 시장에 도입되고 있었다. 일본에서도 그 장치를 도입하여 구리 배선기술의 개발을 추진하고 있다. 구리 도금장치의 상품화도 일본 내에 진행되고 있다.

미국의 정보에 즉각적인 반응을 보이는 것에 대해 냉정하게 생각해 보면, 좀더 일본 독자의 기술개발에 비중을 두어도 좋지 않을까 생각한다. 바로 2, 3년 전 CMP 장치의 도입 당시도 이같은 경우라고 할 수 있겠다. 일본에서는 미국의 모든 기술이 앞서 가버린 뒤에야 새로운 개발이 시작되었다. 이렇게 해서는 영원히 미국을 따라잡기가 불가능하다.

21세기는 벌써 거기까지 와있다. 기술의 독창성 주장이 우리에게는 필요하다. 이 미래기술을 어떻게 움직여 갈 것인가에 대한 해답은 이미 나와있다고 봐도 좋을 것이다.

9·6 반도체 제조장치의 중요과제

반도체 제조장치의 절대평가는 불가능하다. 그렇지 않을 경우, 반도체 기술은 모두 그게 그것이고, 제조에서 차별화 요소가 없어져 기술로서의 흥미가 없어진다. 그러한 편이 바람직하다고 한 것이 지금까지의 저자 주장이다.

그러나 여기에 관해서는 반론도 제기될 수 있다. 차별화는 어떤 것이나 제조기술만의 것이 아닌 제품 자체 아니면 회로설계기술 등에서도 가능한 것이다. 회로설계의 경우는 소량다품종 생산, 또는 파운드리(일종의 수탁생산 시스템)를 행하는 반도체 메이커에 상당하며, 제품의 경우는 동일제품(범용품)을 생산하는 경우로, 기술 차별화가 없다면 무엇으로 특색을 낼 수 있을까 하는 것이다.

기술의 차별화를 주장하는 경우에는 앞서 말한 바와 같이 툴 인티그레이션의 개념이 그다지 어울리지 않지만, 제품의 차별화를 위해서는 오히려 좋은 상황이다. 따라서, 앞으로의 장치기술은 기술과 제품의 두 가지 흐름을 갖게 되는 결과가 될 것이다. 양자 모두 차별화를 시도할 경우에는 제조기술의 차별화가 우선될 것이다.

현재, 반도체 제조장치기술의 과제는 기술적으로는 **대구경화**와 **미세화**이며, 운용 면에서는 **가동률 향상**과 **저코스트화**이다. 대구경화와 미세화는 극대화와 극소화이며, 기술의 고도화와 장치의 고성능화에 의해 달성된다. 다음의 과제는 얼마나 기술과 장치의 고도화를 장치의 가격 저하, 가동률 향상과 모순되지 않게 달성하느냐 하는 것이다.

지금까지는 반도체 산업이 끊임없이 발전하는 산업의 오른팔이라 할 수 있었지만, 오늘날에 와서는 여러 가지 문제점이 나타나고 있다. 그 하나가 칩 제조원가의 증대이다. 가격경쟁이 격화되고 선행자 이익이 충분하게 얻어지는 경우에는 괜찮지만, 아무리 기술 차별화를 잘 이행하고, 디바이스 성능과 신뢰성 면에서 타의 추종을 불허해도 제조 코스트에 있어서 우위에 설 수 없다면 아무 것도 되지 않는다. 가까운 장래에는 디바이스의 제조원가 절감을 위해 장치가격의 절감은 불가피하게 될 것이다.

이 장치가격은 웨이퍼 1장당의 가격, 다시 말해 코스트 퍼포먼스(Cost Performance)가 좋아진다는 의미가 아니라, 개별장치의 가격이 낮아지지 않으면 안 된다는 것이다. 현재로서는 장치의 모델이 바뀔 때마다 장치는 비싸지고, 그 대신 처리능력이 향상되어 결과적으로 코스트 퍼포먼스가 향상된다는 도식이 되풀이 되어진다. 이제부터 그러한 상황은 디바이스 제조의 입장에서는 받아들이기 어려워질지도 모른다.

장치가 복잡화되어, 클러스터화 되었다고 해도 가동률의 저하는 인정되지 않을 것이다. 또한, 완전히 클론(복제)과 같은 체임버로 똑같은 프로세스를 실행한다 하여도 결과는 편차가 크게 나타나는 등 높은 가격의 장치답지 않은 현상도 있다.

로드 맵에 따라 반도체 기술이 진보를 계속하려면 디바이스 구조와 프로세스의 심플화가 불가결하지만, 이를 위해서는 장치의 변화가 필수적이다.

❾ᆞ❼ 반도체 제조장치의 도전과 극복

반도체 제조장치는 진보라고 하기보다는 변화를 달성해 왔다고 말할 수 있으며, 향후의 디바이스 기술의 전개를 위해서는 지금까지와는 다른 종류의 프로세스 및 재료의 도입이 요구된다. 즉, 이그조틱 프로세스(新種 Process), 이그조틱 머티어리얼(新種 Material)이다. 제8장에서 설명한 바와 같이 기술 로드 맵 중에는 다양한 요소가 후보로 올라와 있으며, 나아갈 길은 아직 미지의 영역으로 많이 존재한다.

그러한 미지의 영역에 도전하려면 독창성을 중시, 어떠한 일에도 호기심을 가질 필요가 있다.

그러나 그것만으로 새로운 프로세스와 장치가 생겨나는 것은 아니다. 거기에는 종래의 반도체 업계에는 없었던 발상, 경험, 식견이 필요하다. 반도체 제조장치기술의 세계는 지금까지 발전이 더딘 듯한 닫혀진 세계였지만, 앞으로는 그렇게 해서는 디바이스 기술, 제조기술에서의 요구에 응할 수 없다.

특히 앞에서 말한 이그조틱 프로세스, 재료의 도입시에는 타업종과의 접촉, 그로부터의 지식 흡수, 경우에 따라서는 인재를 영입함으로써 개발을 촉진하는 일도 필요하게 된다. 그 동향은 시작되었으며, 유효한 성과도 이미 얻고 있다.

덧붙여서, 장치기술에의 돌파구를 가져올 가능성이 있는 요소에 대하여 언급해 두자. 그것은 오래된 기술개발 성과의 부활이다. 반도체 기술에는 트랜지스터로는 50년, IC로는 40년, LSI로는 30년의 역사가 있다. 이들은 많은 기술성과에 채색되어 있으며, 또 동시에 사용되지 않은 채 묻혀버린 기술도 상당히 많다. 또는, 너무 빨리 생겨나서 주목을 받지 못했던 기술도 많을 것이다.

그러한 과거의 개발성과에서 새로운 힌트를 얻을 가능성은 결코 적지 않다. 실제로 지금 주목되고 있는 몇 가지의 이그조틱 프로세스, 머티어리얼에서도 과거에 누군가가 사용한 적이 있는 경우가 많다. 그러나 그러한 과거의 데이터를 발굴하여, 의식적으로 다시 한번 활용하자는 시도는 거의 이루어지지 않고 있다. 또한 과거의 논문을 다시 읽거나 실험결과의 트레이스를 시도해 보려는 기술자도 없을 것이다.

여기에, 이 반세기가 축적되어 있으며, 실제로 지금 주목되고 있는 신기술 중에는 분명히 예전에 한번 개발된 적이 있는 기술도 포함되어 있다. 여기서 주장하고 싶은 것은 과거 기술의 부활이다. 오래된 기술일지라도 현재의 고도화된 주변기술과 연결하면, 이전에는 볼 수 없었던 성능이 발휘될 가능성도 있다.

과거의 반도체 기술의 역사는 기술의 보고이며, 그것을 새로운 해석의 밑거름으로 활용하면 거기에 새로운 생명을 부여할 수 있는 것이다. 지금은 최신의 개발성과라고 믿고 있는 기술이라 할지라도 과거에 이미 개발되었던 적이 있었을지도 모를 케이스도 많을 것이다. 타업종으로부터의 지식의 도입과 오래된 기술의 부활이 새로운 돌파구가 된다는 것도 21세기의 특징이 될지 모른다.

9·8 21세기의 반도체 제조장치

21세기의 반도체 기술 로드 맵은 이미 완성되어 있으며, 장치개발의 방향도 가시화 되었다. 문제는 그것을 어떻게 실행해 갈 것인가이다.

21세기에의 반도체 장치 메이커는 디바이스 메이커로부터 적절한 시기에 정확한 기술동향 정보를 얻음으로써, 신제품 개발을 진행해야 한다. 그러나 그러한 장치의 개발은 장치 메이커 단독으로 가능한 것이 아니다. 장치의 사용자인 디바이스 메이커와 장치의 공급자인 장치 메이커와의 밀접한 관계 아래 새로운 장치의 개발을 추진할 필요가 있다.

　본 장의 첫 부분에서 말했듯이 반도체 제조장치는 지금까지 진보되어 왔다고 하기보다는 변화되었다라고 해야 하며, 반드시 바라던 방향으로 진행되었다고는 말하기 어려운 경우도 있다. 그것은 반도체 제조장치가 닫혀진 세계이며, 그 스스로가 나아가야 할 방향을 찾아내어 독자적으로 변화해 왔기 때문이라고도 할 수 있다. 21세기를 맞이하여, 이제부터는 다시 새로운 변화를 필요로 한다. 일본의 반도체 제조장치 분야도 독창성이 있는 장치를 만들어 낼 수 있도록 토양의 정비를 하고 싶은 것이다.

칼럼 ⑪

일본과 미국의 기술력 비교

　반도체 기술 전반에 걸쳐 말할 수 있는 부분으로, 일본이 항상 미국의 가르침에 힘입어 여기까지 도달해 온 것만은 확실하다. 한국, 대만도 같은 경우라고 할 수 있을 것이다. 특히, 일본에는 독창성이 결여되어 있으며, 미국에 모든 기술도구(Tool)가 존재하고 있다고 믿고 있다.

　분명히 최근의 동향을 보고 있으면, 그렇게 생각할 수밖에 없다. 예를 들어, IBM이 1997년 7월에 Cu를 이용한 다층 배선기술의 개발성과를 발표했을 때, 일본의 각 기업은 크게 쇼크를 받았으며, 세미나 등에서 Cu를 거론하기만 하면 많은 참가자들이, 관심의 추이를 높이곤 했다. 미국의 움직임에 일희일우(一喜一憂)하는 것은 별문제가 아니지만, R&D에서의 개발이 각 사에서 진행되고 있음에도 불구하고, IBM 한 회사의 발표로 쇼크를 받았다는 것은 언제까지고 일본이 미국에 예속되고 있다는 증거이다. 또한 장치 메이커에서도, 일본은 급속하게 힘을 잃어, 1970년대와 마찬가지로 다시 미국으로 기울어지고 있다.

　그러나 일본에는 독창적 기술이 없는가 하면, 결코 그렇지만은 않다. 단지, 그 기술을 키워나가려는 소양이 결여되어 있다고 생각한다. "벤처기업"이라는 발상이 일본에는 존재하기 어려운 것도 그 이유 중 하나이다. 격조라든지 전통을 지키는 것을 안전한 것으로 여기고, 미덕으로 하는 문화와도 관계가 있을지 모르겠다. 일본이 기술재생을 위해 무언가 실행한다면 그것은 새로운 것으로의 도전이 될 것이다. 여하튼 파티클(먼지), 유해금속조차도 응용해 보려고 하는 시대이기 때문이다.

심층적인 반도체 제조장치의 학습을 위한 참고서

본 서의 내용에 대하여 더욱 자세하게 알고 싶은 독자를 위하여, 항목을 나누어 관련되는 참고서, 자료의 리스트를 작성하였다. 각 항목마다 코멘트를 첨가하였다.

(1) 반도체 산업 전반

반도체 산업 전반에 대하여 알기 위해서는, 반도체 산업의 동향, 시장동향, 업계구조, 다른 산업과의 관련(컴퓨터, 통신산업 등), 제조장치 재료업계의 동향 등을 살펴보아야 한다. 리서치회사, 분석가들에 의한 조사 리포트 등이 많이 출판되어 있으므로 참고로 하면 좋다. 이러한 자료는 과거의 실적과 현상황에서 장래를 예측하고자 하는 내용으로, 다각적인 분석에 의해 행해지는 진정한 정보의 보고라 할 수 있다.

그러나 장래의 예측에 대해서는 반도체 산업의 다이너미즘이 떨어지고 있는 것이 현실이다. 이미 과거가 돼버린 장래예측을 보면 그 이유를 쉽게 알 수 있다.

또한, 일상적으로 신문, 업계잡지 등에서 정보를 수집하거나 자가분석을 시도해 보는 것도 바람직하다.

(2) 반도체 디바이스, 장치, 재료시장의 동향

업계 단체, 조사기관에 의한 실적 동향 리포트 등이 매년 발표된다. 그 중에서도 현실에 접해 있는 알기 쉬운 예를 들어보자. 다양한 리포트 사이에서도 실제의 수치에는 그다지 차이가 없다. 베이스가 되는 데이터의 정도가 공통이기 때문일 것이다.

프레스 저널 조사부 「Special Survey 반도체 마켓/기업」
　　상　동　　　「Special Survey 반도체 장치/재료업계」
　　　(모두 프레스 저널 刊, 연 1회 발행)

(3) VLSI 기술 전반의 참고서

VLSI 기술, 디바이스, 프로세스 입문에 관한 참고서로서 다음과 같은 것이 있다.

柴田直, 山本隆一郎 監修 「VLSI 테크놀러지 입문」 平凡社(1986)
小田俊理 譯 「그림풀이 LSI 공학」(W. Maly, Benjamin Cummings Publishing Co.) 哲學出版 (1990)
S. M Sze 「VLSI Technology」 McGraw Hill Book Co. (1988)
C. Y. Chang and S. M. Sze 「ULSI Technology」 McGraw Hill Book Co. (1996)
岡田勉他 編 「그림풀이 반도체 가이드」 誠文堂新光社(1987)

(4) 반도체 제조 프로세스 관련 참고서

반도체 제조기술, 프로세스에 관한 참고서의 출판은 80년대 중반 이후 급속하게 증가했다. 이것은

VLSI 기술의 진보, 장치산업의 활성화와 관계가 있으며, 업계 전체가 급속도로 팽창해져 이러한 참고서의 요구가 커졌기 때문이다. 그것들을 시계열적으로 정리해 보고자 한다. 더불어, 각각의 프로세스에 관해서는 보다 많은 전문서가 발간되어 있음을 밝혀둔다.

原, 前田, 鈴木 編 「초 LSI 프로세스 핸드북」 사이언스 포럼 (1982)

右高正俊 著 「LSI 프로세스 공학」 オーム(옴)社 (1982)

前田和夫 著 「최신 LSI 프로세스 기술」 工業調査會 (1983)

橋本, 德山編 「MOSLSI 제조기술」 日經 마그로 힐 (1985)

S. Wolf & R. N. Tauber 「Silicon Processing for the VLSI era」 Vol. 1, Silicon Processing, Lattice Press (1986)

S. M. Sze 「VLSI Technology」 McGraw Hill Book Co. (1988) - (前出)

化學工學會協會 編 「화학기술자를 위한 초 LSI 기술 입문」 培風館 (1989)

S. Wolf & R. N. Tauber 「Silicon Processing for the VLSI era」 Vol. 2, Process Integration, Lattice Press (1990)

赤坂, 吉見, 柏木, 前田 編 「초 LSI 프로세스 데이터 핸드북-최신판」 사이언스 포럼 (1990)

S. Wolf & R. N. Tauber 「Silicon Processing for the VLSI era」 Vol. 3, Submicron MOSFET, Lattice Press (1995)

垂井康夫 編 「반도체 프로세스 핸드북」 프레스 저널 (1996)

C. Y. Chang & S. M. Sze 「ULSI Technology」 McGraw Hill Book Co. (1996) - (前出)

逢坂, 山崎, 奧戶 著 「반도체의 화학」 朝倉書店 (1996)

原央 編著 「ULSI 프로세스 기술」 培風館 (1997)

(5) 반도체 제조장치 관련 참고서

반도체 제조장치에 관련해서는, 장치제품의 소개, 기술동향 등에 관한 해설기사와 출판물이 많이 배출되고 있다. 그러나 장치는 매년 기술적으로 변화되고 있어, 그때그때 제품 내용을 체크하기 어렵기 때문에 그 정도 기술의 추이를 항상 역사적으로 바라볼 줄 아는 시각이 필요할 것이다. 다음과 같은 참고서가 도움이 되리라 생각한다. 장치의 메인티넌스 관련 참고서, 장치관련 용어집도 추가했다.

飯田, 中村 編 「반도체 제조장치 실용편람」 사이언스 포럼 (1984)

菅原, 前田 編 「ULSI 제조장치 실용편람」 사이언스 포럼 (1991)

前田和夫 著 「VLSI 프로세스 장치 핸드북」 工業調査會 (1990)

垂井康夫 監修, 日本 半導體製造裝置協會 編 「'반도체 입국' 日本-독창적인 장치가 만들어 낸 기록」 日刊工業新聞社 (1991)

金山敏彦 監修, 日本 半導體製造裝置協會 編 「반도체 입국-제조장치의 내일을 말한다-」 日刊工業新聞社 (1996)

月刊 「電子材料」 별책 「초 LSI 제조시험장치 가이드북」 1970년 11월에 제1회 발간 (집적회로 생산 시험장치 편람), 이후 매년 12월에 발행, 工業調査會

月刊 「電子材料」 매년 3월호의 반도체 제조장치 특집호, 1985년부터, 工業調査會

프레스 저널 編 「최신 반도체 프로세스 기술」, 2년에 1회 발간(90년판, 92년판, 94년판, 96년판, 98년판), 프레스 저널

NEC 編 「NEC의 TPM-반도체 사업의 매니지먼트 전략-」 日本 플랜트 메인티넌스 協會 (1996)

坂本雄一郎 著 「히다치 반도체 공장의 현장경영」 日刊工業新聞社 (1990)

日本 半導體製造裝置協會 編 「반도체 제조장치 용어사전 (제2판)」 日刊工業新聞社 (1991)

인용문헌 및 자료

본 서에서 인용하고 있거나 참고로 한 문헌, 자료 등에 대하여 여기에 일괄 정리하였다.
실제의 인용개소에도 동시에 명시하여 두었다.

제0장 반도체 제조장치라는 세계

通産省 監修 「전자공업 연감」 1998년판, 電波新聞社 (1998)

프레스 저널 編 「반도체 연감」 1986년판, 프레스 저널 (1985)

프레스 저널 조사부 「Special Survey, 반도체 장치/재료업계 97-98」 프레스 저널 (1997)

글로벌 네트 編 「반도체 아르머니악」 1997년판, 글로벌 네트 (1997)

제1장 반도체 디바이스의 제조공정

前田和夫 著 「VLSI 프로세스 장치 핸드북」 工業調査會 (1990)

前田和夫 著 「최신 LSI 프로세스 기술」 工業調査會 (1983)

R. L. Haberecht and E. L. Kern : 「Semiconductor Silicon」 p. 36, Electrochemical Society, Inc. (1969)

제2장 반도체 제조장치의 기술사

前田和夫 著 「VLSI 프로세스 장치 핸드북」 工業調査會 (1990)

前田和夫 著 「최신 LSI 프로세스 기술」 工業調査會 (1983)

F. J. Biondi : Transistor Technology, Vol. 3, Bell Telephone Laboratory Inc. (1958)

H. C. Theurer : J. Electrochem. Soc., p. 149, Vol. 108 (1961)

W. Kern : RCA Rev., p. 525, Dec. (1968)

제3장 반도체 제조장치의 종류와 역할

前田和夫 著 「VLSI 프로세스 장치 핸드북」 工業調査會 (1990)

제4장 반도체 제조장치의 기본구성과 방식

江崎, 賣賀 : 21세기의 반도체 기술문제 연구위원회 제22회 심포지엄 예고(豫稿) 「ULSI 개발 생산효율 향상으로의 어프로치」 p. 41, (1994년 6월)

前田和夫 著 「VLSI 프로세스 장치 핸드북」 工業調査會 (1990)

前田和夫 著 「VLSI와 CVD」 槇書店 (1997)

N. Hashimoto : Proceedings of SEMI Technical Symposium, p. 8-34, Dec. (1997)

제5장 반도체 제조장치의 실례와 개요

〈세정장치〉

前田和夫 著 「VLSI 프로세스 장치 핸드북」 工業調査會 (1990)

前田和夫 著 「최신 LSI 프로세스 기술」 工業調査會 (1983)

W. Kern and D. A. Puotinen : RCA Rev., Vol.31, p.187 (1970)

〈열처리장치〉

前田和夫 著 「VLSI 프로세스 장치 핸드북」 工業調査會 (1990)

前田和夫 著 「최신 LSI 프로세스 기술」 工業調査會 (1983)

〈불순물 도입장치〉

遠目 : 세미컨덕터 월드, 1993년 10월호, p.150

P. Singer : Semiconductor International, p.59, Aug. (1995)

桐田 : 세미컨덕터 월드, 1982년 8월호, p.42

鎌田 : 세미컨덕터 월드, 1997년 5월호, p.102

각사 카탈로그

〈박막형성장치〉

前田和夫 著 「VLSI와 CVD」 槇書店 (1997)

A. J Anderson : Solid State Technology, p.67, Dec. (1984)

각사 카탈로그

〈리소그래피장치〉

國吉, 小森谷, 寺澤 : 電子材料 별책 「1996년판 초 LSI 생산시험장치 가이드북」 1995년 12월, p.45, 工業調査會

浜谷, 渥美 : 세미컨덕터 월드, 1993년 4월호, p.132

河合 : 電子材料 별책 「1994년판 초 LSI 생산시험장치 가이드북」 1993년 12월, p.76, 工業調査會

米田 : 상동, p.104

折田, 法元 : 세미컨덕터 월드, 1989년 3월호, p.124

〈평탄화장치〉

柏木正弘 編 「CMP의 사이언스」 p.72, 사이언스 포럼 (1997)

垂井康夫 編 「반도체 프로세스 핸드북」 p.327, 프레스 저널 (1996)

제6장 반도체 제조장치의 현장

屈切 : 「반도체 생산 시스템의 현상과 과제」, 사이언스 포럼 주최, JST 포럼 자료에서, 1988년 3월

C. Y. Chang & S. M. Sze : 「VLSI Technology」 p.621, McGraw Hill Book Company (1996)

JIS-Z 1842

前田和夫 著 「VLSI 프로세스 장치 핸드북」 工業調査會 (1990)

坂本雄一郎 著 「히다치 반도체 공장의 현장경영」 日刊工業新聞社 (1990)

Texas Instruments Technical Journal, Oct. 1992

小島, 澤崎 : 세미컨덕터 월드, 1998년 2월호, p.45

D. S. Williams : The Electrochemical Society Interface, p.48, Winter, 1992

제7장 반도체 제조장치의 기술요소

前田和夫 著 「VLSI 프로세스 장치 핸드북」 工業調査會 (1990)

前田 : 표면기술, Vol.48, No.11, p.3, 1997

「실용진공 편람」 p.40, 산업 서비스센터 刊 (1990)

제8장 반도체 제조장치의 기술 로드 맵

SIA (미국 반도체공학회)기술 로드 맵

SELETE (반도체 선단 테크놀러지즈)자료

前田 : 電子材料, 1998년 3월호, p.22

前田 : 상동, 1996년 3월호, p.22

前田 : 상동, 1993년 3월호, p.22

柴田直, 山本隆一 監修 「VLSI 테크놀러지 입문」 平凡社 (1986)

찾아보기

 성안당　www.cyber.co.kr　www.upto.co.kr

경기도 고양시 일산구 장항동 596-16 TEL:02)844-0511(代) FAX:02)844-8177

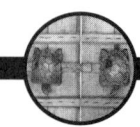

초보자를 위한 시퀀스 제어 입문

岩本 洋 著/박한종 譯/4·6배판/192p/정가 10,000원

이 책은 실험을 통해 시퀀스 제어의 기초를 배우고자 하는 분들을 위해 기본적 논리 회로인 AND·OR·NOT·NAND·NOR 등의 게이트 회로 및 플립플롭을 기초로 하여, 직접 실험을 통해 디지털 시퀀스 제어의 기본 회로를 이해하고 더 나아가 기본 회로 제작 및 침입자 경보장치나 교통신호 등의 응용 회로 제작 방법에 대하여 자세히 기술하였다.

자동제어

正田英介 監修/春木 弘 編/김상진 譯/4·6배판/250p/정가 10,000원

현재, 수많은 기기 장치나 설비는 전기적인 신호에 의해 제어되고 있다. 이들의 제어에는 다양한 방법이 있으며, 그 정밀도의 레벨 또한 다양하다. 이 책은 실무에 있어서 흔히 이용되고 있는 자동 제어의 기초적인 내용은 물론, 실제 예를 다루어 가급적 평이하게 기술하였다.

실용 ATM-LAN 기술

氷井 正武·都丸 著介 共著/박지환·김지관 共譯/4·6배판/240p/정가 10,000원

본 서에서는 기존 ALN에서 ATM-LAN으로의 유연한 이행 기술, ATM-LAN이 시스템 평가 기술 등 메이커와 사용자 모두에게 흥미를 줄 수 있는 과제에 대해서 언급하고 있다. 통신 기술자뿐만 아니라, ATM-LAN에 흥미를 가지고 있는 일반 기술자들에게도 필요한 지식으로서 많은 도움이 될 것이다.

알기쉬운 반도체 세미나

傳田精一 著/4·6배판/190p/정가 10,000원

우선 반도체의 기본인 원자 이론 및 결정 이론 등에 대하여 설명하였으며, 이를 바탕으로 반도체 동작을 이해할 수 있도록 기초적인 반도체 물성, pn접합의 구성 및 제작 방법, 트랜지스터의 제작 및 동작 특성 등에 대하여 설명하였고, 특히 이해하기 어려운 수식을 그림으로 비유하여 설명함으로써 차후 복잡한 반도체 이론을 습득할 학생들에게 도움을 줄 수 있도록 집필되었다.

패스 전자기사

전자기사검정연구회 著/4·6배판/1186p/정가 33,000원

■상세한 요점 정리:출제 기준 항목별로 요점 정리를 상세하게 하여 내용을 체계적으로 파악할 수 있게 하였다. ■적중성 높은 문제 엄선:적중성 높은 문제들을 엄선하여 기본 문제와 그에 따른 응용, 파생 문제에 대한 해석 능력을 배양할 수 있도록 하였다. ■상세한 해설을 덧붙인 문제:각 문제마다 상세한 해설을 하였으므로 혼자 공부하기에 어려움이 없도록 하였다. ■최근의 기출 문제 수록:부록에는 최근에 출제된 전자기사 문제를 수록하여 최근의 출제 경향을 쉽게 파악할 수 있도록 하였다.

패스 전자산업기사

전자기사검정연구회 著/4·6배판/1041p/정가 30,000원

■상세한 요점 정리:출제 기준 항목별로 요점 정리를 상세하게 하여 내용을 체계적으로 파악할 수 있게 하였다. ■적중성 높은 문제 엄선:적중성 높은 문제들을 엄선하여 기본 문제와 그에 따른 응용, 파생 문제에 대한 해석 능력을 배양할 수 있도록 하였다. ■상세한 해설을 덧붙인 문제:각 문제마다 상세한 해설을 하였으므로 혼자 공부하기에 어려움이 없도록 하였다. ■최근의 기출문제 수록:부록에는 최근에 출제된 전자산업기사 문제를 수록하여 최근의 출제 경향을 쉽게 파악할 수 있도록 하였다.

마이크로 로봇 바이블

윤지녕 著/4·6배판/600p/정가 20,000원/부록 CD 포함

이 책의 내용은 전국 대회 2회 우승에 빛나는 저자의 마이크로마우스 MANIAC-3를 근간으로 하고 있으며, 책에 소개되는 MARO-10 시스템 역시 MANIAC-3을 골격으로 성능과 안정성을 이어 받고 있다. 마이크로마우스는 단순한 시스템이 아니라서 많은 주변 지식과 노하우와 인내를 필요로 한다. 짧은 시간 내에 원하는 성과를 얻기는 힘들겠지만 이 책이 방향을 제시하는데 큰 도움이 될 것이다.

만화로 배우는 햄 용어

江頭剛 著/신국판/200p/정가 8,000원

해설을 아주 쉽게 풀었으며 책 마리에 있는 색인을 쓰면 사전과 같이 말의 뜻을 살펴 볼 수 있다. 햄의 교과서에서는 절대로 나오지 않는 속어가 소개되어 있다.

  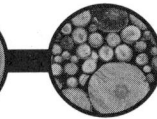

www.cyber.co.kr   www.upto.co.kr   성안당

경기도 고양시 일산구 장항동 596-16 TEL:02)844-0511(代) FAX:02)844-8177

반도체 제조장치 입문

前田 和夫 著/임종성 譯/4·6배판/212p/정가 10,000원

전체적 구성은 제10장으로 이루어져 있으며, 제0장에서는 산업으로서의 반도체 제조장치를 해설하였고, 제1장에서는 반도체 디바이스의 제조공정과의 관계를, 제2장에서는 반도체 제조기술의 정보와 함께 장치의 기술사를 다뤘다. 제3장부터 제5장까지는 반도체 제조장치가 가지는 역할, 분류, 구조, 방식 및 장치에 대해 설명하였고, 제6장에서는 반도체 공장의 현장 관점에서 반도체 제조장치를 조명해 봤으며, 제7장에서는 반도체 제조장치의 기본적 요소, 제8장에서는 반도체 제조장치 기술의 로드 맵, 제9장에서는 21세기의 반도체 제조장치에 대해 기술하였다.

디지털 방송

사단법인 영상정보 미디어학회 編/한국전자통신연구원 譯/신국판/265p/정가 10,000원

이 책은 TV 방송의 디지털화에 대한 개요와 시스템의 기본 방향에 대해 설명하고 디지털 TV 방송 시스템을 구성하는 주요 요소 기술인 영상 신호와 음성 신호의 고성능 부호화 기술, 신호의 다중화 기술, 오류 정정 기술, 파형 정정 기술, 변복조 기술에 대해 그 개요를 설명했다. 또한 디지털 TV 방송의 수신을 위한 기술 및 방송국내 스튜디오의 디지털화와 방송 프로그램 소재의 중계 등 전송 시스템의 디지털화에 대해서도 설명했다.

패스 전기자기학 1

전자기사검정연구회 著/4·6배판/510p/정가 15,000원

■출제 기준 항목별로 요점 정리를 상세하게 하여 내용을 체계적으로 파악할 수 있게 하였다. ■적중성 높은 문제들을 엄선하여 기본 문제와 그에 따른 응용 문제들을 다양하게 실어 출제 범위 내의 핵심 내용을 완전히 이해하고 응용, 파생 문제에 대한 해석 능력을 배양할 수 있도록 하였다. ■각 문제마다 상세히 해설하여 혼자 공부하기에 어려움이 없도록 하였다. ■부록에는 최근 출제된 전자기사·산업기사 문제를 수록하여 최근 출제 경향을 쉽게 파악할 수 있도록 하였다.

패스 회로이론 2

전자기사검정연구회 著/4·6배판/527p/정가 15,000원

■출제 기준 항목별로 요점 정리를 상세하게 하여 내용을 체계적으로 파악할 수 있게 하였다. ■적중성 높은 문제들을 엄선하여 기본 문제와 그에 따른 응용 문제들을 다양하게 실어 출세 범위 내의 핵심 내용을 완전히 이해하고 응용, 파생 문제에 대한 해석 능력을 배양할 수 있도록 하였다. ■각 문제마다 상세히 해설하여 혼자 공부하기에 어려움이 없도록 하였다. ■부록에는 최근 출제된 전자기사·산업기사 문제를 수록하여 최근 출제 경향을 쉽게 파악할 수 있도록 하였다.

패스 전자회로 3

전자기사검정연구회 著/4·6배판/420p/정가 15,000원

■출제 기준 항목별로 요점 정리를 상세하게 하여 내용을 체계적으로 파악할 수 있게 하였다. ■적중성 높은 문제들을 엄선하여 기본 문제와 그에 따른 응용 문제들을 다양하게 실어 출제 범위 내의 핵심 내용을 완전히 이해하고 응용, 파생 문제에 대한 해석 능력을 배양할 수 있도록 하였다. ■각 문제마다 상세히 해설하여 혼자 공부하기에 어려움이 없도록 하였다. ■부록에는 최근 출제된 전자기사·산업기사 문제를 수록하여 최근 출제 경향을 쉽게 파악할 수 있도록 하였다.

패스 물리전자공학 4

전자기사검정연구회 著/4·6배판/510p/정가 15,000원

■출제 기준 항목별로 요점 정리를 상세하게 하여 내용을 체계적으로 파악할 수 있게 하였다. ■적중성 높은 문제들을 엄선하여 기본 문제와 그에 따른 응용 문제들을 다양하게 실어 출제 범위 내의 핵심 내용을 완전히 이해하고 응용, 파생 문제에 대한 해석 능력을 배양할 수 있도록 하였다. ■각 문제마다 상세히 해설하여 혼자 공부하기에 어려움이 없도록 하였다. ■부록에는 최근 출제된 전자기사 문제를 수록하여 최근 출제 경향을 쉽게 파악할 수 있도록 하였다.

패스 전자계측 5

전자기사검정연구회 著/4·6배판/400p/정가 15,000원

■출제 기준 항목별로 요점 정리를 상세하게 하여 내용을 체계적으로 파악할 수 있게 하였다. ■적중성 높은 문제들을 엄선하여 기본 문제와 그에 따른 응용 문제들을 다양하게 실어 출제 범위 내의 핵심 내용을 완전히 이해하고 응용, 파생 문제에 대한 해석 능력을 배양할 수 있도록 하였다. ■각 문제마다 상세히 해설하여 혼자 공부하기에 어려움이 없도록 하였다. ■부록에는 최근 출제된 전자산업기사 문제를 수록하여 최근 출제 경향을 쉽게 파악할 수 있도록 하였다.

패스 전자계산기일반 6

전자기사검정연구회 著/4·6배판/237p/정가 10,000원

■출제 기준 항목별로 요점 정리를 상세하게 하여 내용을 체계적으로 파악할 수 있게 하였다. ■적중성 높은 문제들을 엄선하여 기본 문제와 그에 따른 응용 문제들을 다양하게 실어 출제 범위 내의 핵심 내용을 완전히 이해하고 응용, 파생 문제에 대한 해석 능력을 배양할 수 있도록 하였다. ■각 문제마다 상세히 해설하여 혼자 공부하기에 어려움이 없도록 하였다. ■부록에는 최근 출제된 전자기사·산업기사 문제를 수록하여 최근 출제 경향을 쉽게 파악할 수 있도록 하였다.

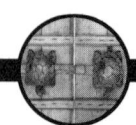

[역자 소개]

임 종 성

부산 출생
고려대학교 전자공학과 졸업
삼성전자 기흥공장 공장장 역임
현, 서울일렉트론(주) 대표이사

반도체 제조장치 입문

정가 : 15,000원

검
인

지은이 : 前田 和夫
옮긴이 : 임 종 성
펴낸이 : 이 종 춘

펴낸곳 : ⚙성안당 .com

주 소 : 고양시 일산구 장항동 596-15
전 화 : (02)844-0511
팩 스 : (02)844-8177
등 록 : 1973.2.1 제13-12호

2000. 5. 4   초판1쇄발행
2001. 2. 15   초판2쇄발행
2004. 8. 20   초판3쇄발행
2005. 7. 1   초판4쇄발행

ⓒ 2000~2005 성안당.com   ISBN 89-315-3149-4

| 물류 및
영업본부 | 전 화 : (02) 844-0511(대) | (031) 903-3380(대) |
| | 팩 스 : (02) 844-8177 | (031) 901-8177(대) |

독자 상담 서비스 : 080-544-0511   홈페이지 : **www.cyber.co.kr**